内 容 简 介

本书是基于作者多年来在北京大学讲授"组合数学"课程的讲义补充、修改而成的,内容包括组合计数、存在性结果、图论基础、集合相交理论、组合设计、组合的代数和概率方法等. 本书注重对基本概念、基本理论和基本方法的理解和掌握,强调组合思想及组合数学在各个领域的应用.

全书分为十章,第一章给出了本书用到的一些基本概念以及初等计数方法;第二章至第五章给出几种组合计数的方法,如递推关系、生成函数、容斥原理、Pólya 计数定理等,以及几个重要的组合数,如 Catalan 数、Stirling 数、分拆数等;第六章给出鸽笼原理以及它的推广——Ramsey 理论和相异代表系等存在性结果;第七章介绍了图论的基础知识;第八章介绍了初步的集合相交理论;第九章介绍了组合设计理论;第十章简要介绍了组合数学的概率方法. 书中每章之后都配有丰富的习题,书末给出了习题的解答或提示,便于教师教学与学生自学时选用和参考.

本书可以作为高等院校数学及相关学科的本科生和研究生"组合数学"课程的教材或教学参考书,也可供数学、计算机、生物、信息通信、经济等学科的科技工作者参考.

北京大学数学教学系列丛书

组 合 数 学

冯荣权　宋春伟　编著

图书在版编目(CIP)数据

组合数学 / 冯荣权，宋春伟编著. — 北京：北京大学出版社，2015.8
（北京大学数学教学系列丛书）
ISBN 978-7-301-26105-7

Ⅰ.①组⋯　Ⅱ.①冯⋯ ②宋⋯　Ⅲ.①组合数学-高等学校-教材　Ⅳ.①O157

中国版本图书馆CIP数据核字(2015)第157352号

书　　　名	组合数学
著作责任者	冯荣权　宋春伟　编著
责 任 编 辑	曾琬婷
标 准 书 号	ISBN 978-7-301-26105-7
出 版 发 行	北京大学出版社
地　　　址	北京市海淀区成府路205号　100871
网　　　址	http://www.pup.cn　新浪微博：@北京大学出版社
电 子 信 箱	zpup@pup.cn
电　　　话	邮购部 62752015　发行部 62750672　编辑部 62767347
印 刷 者	三河市北燕印装有限公司
经 销 者	新华书店
	880毫米×1230毫米　A5　10.25印张　300千字
	2015年8月第1版　2025年3月第6次印刷
定　　　价	39.00元

未经许可，不得以任何方式复制或抄袭本书之部分或全部内容。
版权所有，侵权必究
举报电话：010-62752024　电子信箱：fd@pup.pku.edu.cn
图书如有印装质量问题，请与出版部联系，电话：010-62756370

"北京大学数学教学系列丛书"编委会

名誉主编：姜伯驹

主　　编：张继平

副 主 编：李　忠

编　　委：（按姓氏笔画为序）

　　　　　　王长平　刘张炬　陈大岳　何书元

　　　　　　张平文　郑志明　柳　彬

编委会秘书：方新贵

责 任 编 辑：刘　勇

作者简介

冯荣权 北京大学数学科学学院教授、博士生导师，教育部大学数学课程教学指导委员会委员，中国数学会理事、北京数学会秘书长、中国密码学会理事、中国密码学会密码数学专业委员会和学术工作委员会委员、中国组合数学与图论学会理事，《数学的实践与认识》副主编. 主要研究方向为密码学与信息安全及代数组合论，主持或参加多项国家自然科学基金、国家 863 计划、国家 973 计划、教育部留学回国人员基金和中央办公厅国家密码发展基金等项目，参与的项目"数学专业本科生课程体系建设"获得第六届高等教育国家级教学成果奖二等奖和北京市教育教学成果奖 (高等教育) 一等奖，项目"北京大学代数类课程体系的综合改革"获得第七届北京市高等教育教学成果奖一等奖. 主持的课程"线性代数" 2008 年被评为国家级精品课程 (网络教育)，入选第四批国家级精品资源共享课 (网络教育课程) 立项项目. 在国内外核心期刊上发表论文 80 余篇，合作翻译出版《数学天书的证明 (第三、四版)》.

宋春伟 北京大学数学科学学院教授、博士生导师，从事组合数学与图论领域的研究工作. 在北京大学多次讲授"组合数学""高等代数""高等数学"等课程，在日本东京工业大学曾主讲"数理情报科学先端特别讲座—— Topics in Advanced Combinatorics: Extremal Combinatorics and Algebraic/Probabilistic Methods".

序　言

　　自 1995 年以来，在姜伯驹院士的主持下，北京大学数学科学学院根据国际数学发展的要求和北京大学数学教育的实际，创造性地贯彻教育部"加强基础，淡化专业，因材施教，分流培养"的办学方针，全面发挥我院学科门类齐全和师资力量雄厚的综合优势，在培养模式的转变、教学计划的修订、教学内容与方法的革新，以及教材建设等方面进行了全方位、大力度的改革，取得了显著的成效. 2001 年，北京大学数学科学学院的这项改革成果荣获全国教学成果特等奖，在国内外产生很大反响.

　　在本科教育改革方面，我们按照加强基础、淡化专业的要求，对教学各主要环节进行了调整，使数学科学学院的全体学生在数学分析、高等代数、几何学、计算机等主干基础课程上，接受学时充分、强度足够的严格训练；在对学生分流培养阶段，我们在课程内容上坚决贯彻"少而精"的原则，大力压缩后续课程中多年逐步形成的过窄、过深和过繁的教学内容，为新的培养方向、实践性教学环节，以及为培养学生的创新能力所进行的基础科研训练争取到了必要的学时和空间. 这样既使学生打下宽广、坚实的基础，又充分照顾到每个人的不同特长、爱好和发展取向. 与上述改革相适应，积极而慎重地进行教学计划的修订，适当压缩常微、复变、偏微、实变、微分几何、抽象代数、泛函分析等后续课程的周学时，并增加了数学模型和计算机的相关课程，使学生有更大的选课余地.

　　在研究生教育中，在注重专题课程的同时，我们制定了 30

多门研究生普选基础课程(其中数学系 18 门),重点拓宽学生的专业基础和加强学生对数学整体发展及最新进展的了解.

教材建设是教学成果的一个重要体现. 与修订的教学计划相配合, 我们进行了有组织的教材建设. 计划自 1999 年起用 8 年的时间修订、编写和出版 40 余种教材. 这就是将陆续呈现在大家面前的"北京大学数学教学系列丛书". 这套丛书凝聚了我们近十年在人才培养方面的思考, 记录了我们教学实践的足迹, 体现了我们教学改革的成果, 反映了我们对新世纪人才培养的理念, 代表了我们新时期的数学教学水平.

经过 20 世纪的空前发展, 数学的基本理论更加深入和完善, 而计算机技术的发展使得数学的应用更加直接和广泛, 而且活跃于生产第一线, 促进着技术和经济的发展, 所有这些都正在改变着人们对数学的传统认识. 同时也促使数学研究的方式发生巨大变化. 作为整个科学技术基础的数学, 正突破传统的范围而向人类一切知识领域渗透. 作为一种文化, 数学科学已成为推动人类文明进化、知识创新的重要因素, 将更深刻地改变着客观现实的面貌和人们对世界的认识. 数学素质已成为今天培养高层次创新人才的重要基础. 数学的理论和应用的巨大发展必然引起数学教育的深刻变革. 我们现在的改革还是初步的. 教学改革无禁区, 但要十分稳重和积极; 人才培养无止境, 既要遵循基本规律, 更要不断创新. 我们现在推出这套丛书, 目的是向大家学习. 让我们大家携起手来, 为提高中国数学教育水平和建设世界一流数学强国而共同努力.

张继平

2002 年 5 月 18 日

于北京大学蓝旗营

前　言

　　组合数学 (Combinatorics) 主要研究满足一定条件的组态 (或者说安排) 的存在性、计数及构造等问题, 它大体上可分为代数与计数组合学、图论、组合设计、组合优化等. 这些组态, 通常是优美或有实际应用意义的. 如同数学的整体特征一样, 组合数学既是一种艺术, 也是一门科学. 有时人们也称组合数学为离散数学, 因为组合数学的对象是离散的. 但是, 在有些组合数学家看来, "离散数学" 似乎应该和图论联系得更紧密些. 当然, 数学的各大分支之间尚且彼此联系微妙, 细致的划分也就见仁见智. 美国数学会赋予组合数学独立的分类号 05, 在其最新的 2010 分类中则将 05 这一分类细划为计数、设计、图论、极值和代数组合学五个子领域.

　　作为基础数学的一个古老而又新颖的分支, 从传统上讲, 组合数学比较依赖于聪明才智与精巧细致的推理. 这的确是组合数学的主要特征之一. 从积极的方面, 组合数学也许会永远如此美丽下去. 而在消极的层面上, 则曾有人抱怨道, 组合数学犹如众多散乱的珍珠, 缺乏将之连成一起的系统理论. 然而, 近百年来组合数学所经历的飞速进步, 特别是最近几十年的革命性发展, 使那些看法渐渐流于成见. 或许可以说, 英国数学家 MacMahon 在 20 世纪初出版的《组合数学分析》一书拉开了现代组合数学的序幕. 从那以后, 组合数学的新成果如雨后春笋般涌现出来. Ramanujan, Hardy 和 Littlewood 发展了源自 Euler 的整数分拆, 当代的 Andrews 结合了 Tableaux 理论使之更为系统、丰富. Tutte 开辟了现代图论. Erdős 在数学的众多分支作出了令人惊叹的贡献, 他将组合数学与数论、概率论等奇妙地连接在一起, 他的大量工作, 特别是他所提出的一些猜想, 还在影响着今天的组合数学. 特别要提及的是，通过 Rota 和 Stanley 等几代组合数学家的努力，代数与计数组合学这个组合数学的核心分支最终得以发展成为一门公理化、体系化的学科。从 Erdős 开始的组合中的概率方法，经过 Lovász, Graham, Alon, Spencer 等继续发展，已成为一门全新的学科，并且得到日新月异的发展。这样，到了 20 世纪晚期，组合数学已经渐趋成熟．一方面，组合的内容更加丰富、深刻，问题的研究也更加依赖于一些深刻、成熟的工具；另一方面，研究的系统化也帮助了一些重大问题的解决，如图论中的四色定理的简化证明和强完美图定理的证明．与此同时，随着组合数学的发展，人们惊喜地发现它在表示论、数论、代数几何乃至泛函分析等其他主流数学分支中也有着超乎想象的应用．近年菲尔兹奖的颁发更印证了这一趋势．有的菲尔兹奖得主本人即是组合数学家，如 Gowers (1998)，还有一些获奖者的工作与组合数学深刻相关，如 Okounkov (2006) 和 Tao (2006)．近年的国际数学家大会报告者包括许多组合数学家，如 Macdonald (1998), Alon (2002), Stanley (2006), Dinur (2010), Rödl (2014) 等，Lovász 还担任 2007—2010 年的国际数学联盟执委会主席，这些都彰显了组合数学在数学界与日俱增的影响力．至于组合数学在通信调度、金融分析、经济军工等实际领域的应用，堪称广泛而巨大，这里无须赘言．

目前，北京大学开设的"组合数学"课程为专业选修课，同时面向数学科学学院的本科生与研究生．该课程以理论学习为主，强调系统性、组合思路的独特性和重要性．目的是让学生通过一个学期的学习能够对组合数学的对象、基本概念和主要的工具与方法获得基本了解，感悟组合思想．对于有潜质的学生，希望通过该课程的学习激发他们进一步深造的兴趣，引导使之最终走进组合数学的殿堂．本书是基于笔者多年来在北京大学讲授"组合数学"课程的讲义补充修改而成的．

本书内容量适合每周 4 学时的一个学期课程．若课时不足，根据作者的教学实践，作为研究生和高年级本科生一个学期的课程，教师可以讲授前五章的全部，再根据具体情况选讲后五章的部分内容．

本书的编写参考了国内外众多组合数学的优秀教材与专著, 它们让笔者深受教益. 因所涉较多, 难以一一列举, 在此特向这些著作的作者及所有组合数学界前辈、同行致以敬意和谢忱. 在本书的编写过程中, 王彬、赵彤远、赵沨、付云皓、胡志、王子龙、陆珞、张梦瑶、甘文颖、杨珏慜、樊昊阳、卢道帝、谢磊、胡涵、夏素缦、陈辰超、匡斯萌、张瑞祥、罗马、费哲、郭溢譞、林博、兰洋、王坤等同学作出过贡献, 在此一并感谢.

北京大学出版社的曾琬婷女士为本书的出版给予了许多帮助, 特此致谢.

冯荣权　宋春伟

2015 年 7 月于北京大学

目　录

第一章　预备知识 1
　§1.1　集合, 关系, 函数 1
　§1.2　偏序集 3
　§1.3　初等计数方法 6
　§1.4　组合恒等式 14
　习题一 19

第二章　递推关系与生成函数 22
　§2.1　线性齐次递推关系 22
　§2.2　线性非齐次递推关系 27
　§2.3　生成函数理论 30
　　　2.3.1　普通生成函数 39
　　　2.3.2　指数型生成函数 43
　　　2.3.3　Dirichlet 生成函数 50
　习题二 56

第三章　容斥原理及其推广 59
　§3.1　容斥原理在计数理论中的应用 59
　§3.2　偏序集上的 Möbius 反演 66
　§3.3　生成函数与容斥原理的推广 77
　习题三 81

第四章　特殊计数序列 83
　§4.1　Catalan 数, Dyck 路, q-模拟和组合统计量 83
　§4.2　Schröder 数, Schröder 路和格路径 95
　§4.3　第一、二类 Stirling 数 100

§4.4 分拆数 · 109
习题四 · 116

第五章 Pólya 计数定理 · 120
§5.1 问题的提出 · 120
§5.2 置换群, 群在集合上的作用 · 121
§5.3 Pólya 计数定理 · 128
§5.4 带权的 Pólya 计数定理 · 132
习题五 · 139

第六章 鸽笼原理, Ramsey 理论和相异代表系 · · · · · · · · · 140
§6.1 鸽笼原理及其应用 · 140
§6.2 从鸽笼原理到 Ramsey 定理 · · · · · · · · · · · · · · · · · · 146
§6.3 相异代表系和 Hall 定理 · 152
习题六 · 156

第七章 图论简介 · 159
§7.1 一些基本概念 · 159
§7.2 树 · 165
§7.3 欧拉图和 Hamilton 图 · 169
§7.4 染色理论 · 172
§7.5 匹配与覆盖 · 178
§7.6 完美图 · 183
习题七 · 188

第八章 代数结构与集合相交的理论 · · · · · · · · · · · · · · · · · 191
§8.1 偶镇与奇镇 · 191
§8.2 相交的集合 · 196
§8.3 几个经典结果 · 204
§8.4 多项式空间 · 209
习题八 · 214

第九章　组合设计 · 216
　§9.1　关联结构 · 216
　§9.2　t-设计 · 218
　§9.3　平衡不完全区组设计 · 223
　§9.4　Hadamard 矩阵和 Hadamard 设计 · · · · · · · · · · · · · · · · · 232
　§9.5　差集 · 238
　§9.6　正交拉丁方 · 243
　习题九 · 254

第十章　概率的方法 · 260
　§10.1　几个例子 · 260
　§10.2　线性与修补 · 265
　§10.3　二阶矩 · 275
　§10.4　Lovász 局部定理 · 285
　习题十 · 291

参考文献 · 292

习题答案与提示 · 298

第一章 预备知识

本章作为开端, 简要回顾一些基础知识并介绍最基本的计数方法.

§1.1 集合, 关系, 函数

定义 1.1.1 把人们直观或思维中某些确定的能够区分的对象汇合在一起, 使之成为一个整体, 这一整体就是**集合**. 组成集合的这些对象, 称为这一集合的**元素** (简称为**元**).

假定读者熟悉 $\cap, \cup, \supseteq, \subseteq, \in$ 等符号及其含义. 若无特殊说明, 则集合中元素两两不同. 若集合中元素可重复, 则有如下定义:

定义 1.1.2 **多重集**是元素可以重复出现的集合, 把某个元素 a_i 出现的次数 n_i ($n_i = 0, 1, \cdots, \infty$), 叫做该元素的**重数**. 通常把含有 k 种不同元素的多重集 S 记做 $\{n_1 \cdot a_1, n_2 \cdot a_2, \cdots, n_k \cdot a_k\}$, 有时也记做 $\{a_1^{n_1}, a_2^{n_2}, \cdots, a_k^{n_k}\}$.

定义 1.1.3 给定集合 A, 称 A 中的元素个数为集合 A 的**基数**, 记做 $|A|$. 若 $|A| = n$, 称 A 为一个 n-**集合**.

定义 1.1.4 给定集合 A, 称 A 所有子集构成的集合为集合 A 的**幂集**, 记做 $P(A)$. 若 A 为一个 n-集合, 则显然 $|P(A)| = 2^n$.

例 1.1.5 图是一个二元组, 通常记做 $G = (V, E)$, 其中 V 是一个集合, 其里面的元素称为**顶点** (故 V 有时也称为**顶点集**), E 是 V 所有 2-子集组成的集合的一个子集, 称为**边集**, E 中的元素称为**边**.

对于 $V = \{v_1, v_2, \cdots, v_n\}$, V 的所有 2-子集的集合记为 $\binom{V}{2}$, 熟知 $\left|\binom{V}{2}\right| = \dfrac{n(n-1)}{2}$. 任取 $E \subseteq \binom{V}{2}$, 便得到一个图 (V, E), 故以 V

为顶点集的图共有 $2^{\frac{n(n-1)}{2}}$ 个.

特别地, 若取 $E = \binom{V}{2}$, 则得到的图称为**完全图**. n 个顶点的完全图常记为 K_n. 若取边集 $E = \{\{v_i, v_{i+1}\} \mid 1 \leqslant i \leqslant n,\ 但\ v_{n+1} = v_1\}$, 则得到的图称为**圈图** (或圈). n 个顶点的圈常记为 C_n.

关于图的进一步讨论参见第七章.

定义 1.1.6 若 A 的非空子集的集合 $\mathcal{P} = \{A_1, A_2, \cdots, A_k\}$ 满足
$$A = \bigcup_{i=1}^{k} A_i, \quad 且 \quad A_i \cap A_j = \varnothing\ (i \neq j),$$
则称 $\mathcal{P}$ 是集合 A 的一个**划分**.

定义 1.1.7 设 A, B 为两个集合, 它们的 **Cartesion 积**定义为
$$A \times B = \{(a, b) \mid a \in A, b \in B\}.$$

当 $|A| = m$, $|B| = n$ 时, 显然有 $|A \times B| = m \times n$.

一个从 A 到 B 的**二元关系** R, 记为 $R: A \to B$, 定义为 $A \times B$ 的一个子集. 若 $|A| = m$, $|B| = n$, 则从 A 到 B 的二元关系有 2^{mn} 个. 二元关系 R 的定义域为 $\{a \in A \mid 存在\ b \in B,\ 使得\ (a,b) \in R\}$, 值域为 $\{b \in B \mid 存在\ a \in A,\ 使得\ (a,b) \in R\}$. 若 $(a,b) \in R$, 则称 a 与 b 有二元关系 R. 对于 $a \in A$, a 的像为
$$R(a) = \{b \in B \mid (a,b) \in R\},$$
故 R 的值域为 $\bigcup_{a \in A} R(a)$. 对于 $b \in B$, b 的原像为
$$R^{-1}(b) = \{a \in A \mid (a,b) \in R\}.$$

R 的**反关系** $R^{-1}: B \to A$ 定义为
$$R^{-1} = \{(b,a) \mid (a,b) \in R\}.$$

设 R 是 A 上的一个二元关系, 即一个 A 到 A 的二元关系, 称 R 是**自反的**, 如果对任意 $a \in A$, 有 $(a,a) \in R$; 称 R 是**对称的**, 如

果对 $(a,b) \in R$, 有 $(b,a) \in R$; 称 R 是**反对称**的, 如果对 $(a,b) \in R$, $(b,a) \in R$, 有 $a = b$; 称 R 是**传递**的, 如果对 $(a,b) \in R$, $(b,c) \in R$, 有 $(a,c) \in R$.

定义 1.1.8 设 R 是集合 A 上的一个二元关系. 若 R 是自反的、对称的和传递的, 则称 R 是定义在 A 上的一个**等价关系**. 此时, 若 $(x,y) \in R$, 则称 x **等价于** y, 记做 $x \sim y$.

设 R 为一等价关系, 对任意 $a \in A$, 则 a 的像

$$R(a) = \{b \in A \mid (a,b) \in R\}$$

称为包含元素 a 的等价类. 显然, 集合 A 上一等价关系的等价类为集合 A 的一个划分. 反之, 从 A 的一个划分 $\mathcal{P}$ 也可得到 A 上的一个等价关系 R, 定义为: $(a,b) \in R$ 当且仅当 a,b 在 $\mathcal{P}$ 的某个元素中.

定义 1.1.9 设 f 是从 A 到 B 的一个二元关系. 若 f 满足 $|f(a)| = 1$, $\forall\, a \in A$, 则称 f 是从 A 到 B 的一个**映射**. 对于映射 f, 若对任意 $a_1, a_2 \in A$, $a_1 \neq a_2$, 有 $f(a_1) \neq f(a_2)$, 则称 f 为**单射**; 若对于任意 $b \in B$, 都有 $f^{-1}(b) \neq \varnothing$, 则称 f 为**满射**.

若 $|A| = m$, $|B| = n$, 则从 A 到 B 的映射有 n^m 个. 对于映射 f, 若 f^{-1} 也是映射, 则称 f 为**双射**. 显然, f 为双射当且仅当 f 既为单射又为满射.

定理 1.1.10 设 A, B 为两个基数相同的有限集, f 为 A 到 B 的一个映射, 则 f 为单射当且仅当 f 为满射.

§1.2 偏 序 集

定义 1.2.1 设 X 是一个非空集合, P 是定义在 X 上的具有自反性、反对称性及传递性的二元关系, 则称 $\mathbf{P} = (X, P)$ 为一个**偏序集**. 在不引起混淆的情况下, 有时也直接称 X 是一个偏序集. 符合上述性质的关系称为**偏序关系**.

通常用 $x \leqslant y$ 来描述 X 中的元素 x, y 满足偏序集 (X, P) 中 P 所规定的关系,即 $(x, y) \in P$ 记为 $x \leqslant y$,这样偏序集 (X, P) 也可写成 $(X, \leqslant)$. 根据 "$\leqslant$",自然地定义 X 上的二元关系 "$<$":$x < y$ 表示 $x \leqslant y$ 且 $x \neq y$.

例 1.2.2 设 $\mathbb{Z}^+$ 为全体正整数组成的集合. 对于 $a, b \in \mathbb{Z}^+$,规定 $a \leqslant b$ 当且仅当 $a | b$,则易验证 $\mathbb{Z}^+$ 为一个偏序集.

例 1.2.3 设 S 是一个集合,$P(S)$ 为 S 的幂集. 对于 $A, B \in P(S)$,规定 $A \leqslant B$ 当且仅当 $A \subseteq B$,则易验证 $P(S)$ 为一个偏序集. 当 S 是无限集时,令 $P_f(S)$ 表示 S 所有有限子集组成的集合. 对于 $A, B \in P_f(S)$,仍如上规定 $A \leqslant B$,则 $P_f(S)$ 也为一个偏序集.

例 1.2.4 设 V 是域 F 上的一个线性空间,$L(V)$ 为 V 的所有子空间所组成的集合. 对于 $U, W \in L(V)$,规定 $U \leqslant W$ 当且仅当 $U \subseteq W$,则易验证 $L(V)$ 为一个偏序集. 当 V 的维数无限时,令 $L_f(V)$ 表示由 V 的所有有限维子空间组成的集合. 对于 $U, W \in L_f(V)$,仍如上规定 $U \leqslant W$,则易见 $L_f(V)$ 也是一个偏序集.

定义 1.2.5 给定偏序集 $\mathbf{P} = (X, P)$. 若对 X 中任意两个元素 x, y,$x \leqslant y$ 与 $y \leqslant x$ 必有一者成立,则称 $\mathbf{P}$ 为一个**全序集**,也称为**链**. 若对 X 中任意两个相异的元素 x, y,$x \leqslant y$ 与 $y \leqslant x$ 都不成立 (即两两不可比较),则称 $\mathbf{P}$ 为**反链**. 有限链或反链中的元素个数称为它的**长度**.

定义 1.2.6 给定偏序集 (X, P). 若 X' 是 X 的子集,则易验证 P 在 X' 上的限制也成为一个偏序集. 称 $\mathbf{P}' = (X', P)$ 为 $\mathbf{P} = (X, P)$ 的**子偏序集**. 在不引起混淆的情况下,有时也直接称 X' 是 X 的子偏序集. 偏序集 (X, P) 的最长子链的长度称为这个偏序集的**高度**,其最长子反链的长度称为这个偏序集的**宽度**.

例 1.2.7 在整除关系决定的偏序集 $\mathbf{P} = (\mathbb{Z}^+, |)$ 中,易验证 $(\{m \mid m = 2^k, k \in \mathbb{N}\}, |)$ 是 $\mathbf{P}$ 的子偏序集,它是一个链;而 $\mathbf{P}$ 的另一个子偏序集 $(\{p \mid p \text{ 是素数}\}, |)$ 则是反链. 在包含关系 $\subseteq$ 决定的偏

序集 $(P(S), \subseteq)$ 中，$(\{A \subseteq S \mid |A| = 1\}, \subseteq)$ 是它的一个子反链.

事实 1.2.8 对于 **P** 的两个子偏序集 A 和 B，如果 A 是链，B 是反链，则 $|A \cap B| \leqslant 1$.

定义 1.2.9 偏序集 X 的**极小元**是 X 中的一个元素 a，使得没有异于 a 的元素 x 满足 $x \leqslant a$，即若有 $x \leqslant a, x \in X$，则必有 $x = a$；而**最小元**是 X 中的一个元素 a，使得对任意 $x \in X$，均有 $a \leqslant x$. 类似地，X 的**极大元**是 X 中的一个元素 b，使得没有异于 b 的元素 y 满足 $b \leqslant y$；而**最大元**是 X 中的一个元素 b，使得对任意 $y \in X$，均有 $y \leqslant b$.

显然，一个链的极小元就是最小元，极大元也就是最大元.

例 1.2.10 偏序集的所有极小元形成一个反链，所有极大元也如此.

定理 1.2.11 设偏序集 $(X, \leqslant)$ 的高度为 n，则存在划分 $X = \bigcup_{i=1}^{n} A_i$，使得每一个 A_i 都是反链.

证明 首先注意不可能将 X 划分为更少的反链. 下面对 n 作归纳. 当 $n = 1$ 时，结论是显然的. 假设结论对 $n - 1$ 来说成立，下面看 n 的情形. 设 A_1 为 X 的所有极大元素组成的集合，则 A_1 为一个反链. 若 $X \setminus A_1$ 中有长度为 n 的链，则此链的最后一个元素为 X 中的极大元，属于 A_1，矛盾. 所以 $X \setminus A_1$ 的高度为 $n - 1$. 由归纳假设，$X \setminus A_1$ 可以划分为 $n - 1$ 个反链，从而 X 可以划分为 n 个反链. □

定理 1.2.12 (Dilworth 定理) 设有限偏序集 $(X, \leqslant)$ 的宽度为 m，则存在划分 $X = \bigcup_{i=1}^{m} C_i$，使得每一个 C_i 都是链.

证明 同上 X 当然不可能被划分为更少的链. 对 $|X|$ 作归纳. 当 $|X| = 1$ 时，结论显然成立. 假设结论对 $< |X|$ 成立，下面看 $|X|$ 的情形. 设 C_1 为 X 的一个极大链 (即 X 中无其他的链真包含 C_1)，考虑偏序集 $X \setminus C_1$. 若 $X \setminus C_1$ 的宽度为 $m - 1$，则结论正确. 若 $X \setminus C_1$ 的宽度为 m，设 $\{a_1, a_2, \cdots, a_m\}$ 为 $X \setminus C_1$ 中的一条反链. 定义 $S^- =$

$\{x \in X \mid$ 存在 i, 使得 $x \leqslant a_i\}$ 和 $S^+ = \{x \in X \mid$ 存在 i, 使得 $x \geqslant a_i\}$. 因为 $(X, \leqslant)$ 的宽度为 m, 可知

$$X = S^- \cup S^+, \quad \text{且} \quad S^- \cap S^+ = \{a_1, a_2, \cdots, a_m\}.$$

由于 C_1 为极大链, 所以 C_1 的最大元不在 S^- 中. 由归纳假设知, S^- 可划分为 m 个链 $S_1^-, S_2^-, \cdots, S_m^-$. 易验证 a_i 为 S_i^- 中的最大元. 事实上, 若 $x \in S_i^-$ 但是 $x > a_i$, 由 $x \in S^-$ 知, 存在 j, 使得 $x \leqslant a_j$. 这样 $a_i < a_j$, 与 a_i 和 a_j 不可比矛盾. 同样, 可把 S^+ 划分为 m 个链 $S_1^+, S_2^+, \cdots, S_m^+$, 且 a_i 为 S_i^+ 的最小元. 对任一 $1 \leqslant i \leqslant m$, 把 S_i^- 和 S_i^+ 通过 a_i 连接起来, 就把 X 划分为 m 个链. □

§1.3 初等计数方法

处理计数问题最基础的原理是在初等数学中提到的加法原理和乘法原理, 两者分别对应不同的情形和独立的步骤, 是最为基本的想法, 兹不赘述.

排列 (permutation) 与组合 (combination) 是计数理论中最基本的概念.

把集合 $\{a_1, a_2, \cdots, a_n\}$ 中的 n 个元素排成一排, 有多少种不同的排法? 答案为 $n(n-1)\cdots 2 \cdot 1$, 即 $n!$. 每一个这样的安排称为一个 n-排列. 而利用此集合中 r 个元素排成的一排, 称为这 n 个元素的一个 r-排列. n 个不同元素的 r-排列的个数为

$$n(n-1)\cdots(n-(r-1)) = \frac{n!}{(n-r)!}.$$

以上结果可以看做应用了乘法原理.

集合 $\{a_1, a_2, \cdots, a_n\}$ 中的元素通常默认为互异的. 如果排列中允许有相同的元素, 此时上述计数结果应为多少呢? 看下面这个例子, 把 3 个 A, 2 个 B, 4 个 C 和 1 个 D 这 10 个字母排成一排, 有多少种不同的排法 (即有多少个不同的长度为 10 的字符串)? 如果把这 10 个字母都看成不同的, 即 3 个 A 看成 A_1, A_2, A_3, 等等, 则有 $10!$ 个字符

串, 但这时这 3 个 A 的任一种排列都得到同一个字符串, 其他的字母也是这样, 所以最后的答案为 $\frac{10!}{3!2!4!1!}$. 这种排列称之为**有重复元素的排列**.

类似地, 由 r 个 C 及 $n-r$ 个 R 可构成 $\frac{n!}{r!(n-r)!}$ 个长度为 n 的字. 如果用 C 表示 "选取", 用 R 表示 "拒绝", 则上面的问题可改成: 从 n 个不同的物体中选取 r 个的选法数是多少? 每一个这样的选取称为这 n 个元素的一个 r-组合. 注意到每一个 (无序的) r-组合对应着 $r!$ 个 (有序的) r-排列 (r-组合有时候也称为 r 个元素的 "无序排列"), 所以 n 个元素的 r-组合数等于 $\frac{n!}{r!(n-r)!}$, 记为 $\binom{n}{r}$ (读做 "n 选取 r"). 因此, 一个 n-集合的所有 r-子集个数为 $\binom{n}{r} = \frac{n!}{r!(n-r)!}$.

现在, 有重复元素的排列又可以看做多重组合. 一般地, 将 r_1 个 a_1, r_2 个 a_2, $\cdots$, r_k 个 a_k 排成一排 ($r_1 + r_2 + \cdots + r_k = n$), 这相当于在 n 个位置中选取出 r_1 个位置留给 a_1, 再从剩下的 $n - r_1$ 个位置中选取出 r_2 个位置留给 a_2, $\cdots$, 最后的 r_k 个位置留给 a_k. 因此, 总的排法数为

$$\binom{n}{r_1}\binom{n-r_1}{r_2}\binom{n-r_1-r_2}{r_3}\cdots\binom{n-r_1-\cdots-r_{k-1}}{r_k}$$
$$= \frac{n!}{r_1!(n-r_1)!} \frac{(n-r_1)!}{r_2!(n-r_1-r_2)!} \cdots \frac{(n-r_1-\cdots-r_{k-1})!}{r_k!0!}$$
$$= \frac{n!}{r_1!r_2!\cdots r_k!}.$$

称以上的排法数为**多重选取数**或**多重组合数**.

通过以上的讨论, 可总结出关于排列、组合 (即选取) 和多重选取 (即多重组合或有重复元素的排列) 的计数公式.

定义 1.3.1 排列数即

$$P(n,r) = n(n-1)(n-r-1) = \frac{n!}{(n-r)!},$$

其计数的是在 n 个元素中取出 r 个排成一排的方法数.

定义 1.3.2 **组合数**, 或称为**选取数**, 即
$$C(n,r) = \frac{P(n,r)}{r!} = \frac{n!}{(n-r)!r!} = \binom{n}{r},$$
读做 "n 选取 r", 其计数的是从 n 个元素中选取 r 个的方法数.

一般地, 如果 $n < r$, 则默认 $P(n,r) = C(n,r) = 0$. 事实上, 这样的排列或组合原本就不存在.

定义 1.3.3 关于参数为 $n, r_1, \cdots, r_k$ 的**多重选取数**即
$$\binom{n}{r_1, r_2, \cdots, r_k} = \frac{n!}{r_1!r_2!\cdots r_k!},$$
其中要求 $n = \sum_{i=1}^{k} r_i$.

显然, 参数为 n, r_1, r_2 的多重选取数即
$$\binom{n}{r_1, r_2} = \binom{n}{r_1} = C(n, r_1).$$

从 n 个不同元素中取出 r 个元素排成一个圆环, 称为**环排列**. 按某种固定的顺序 (如逆时针) 看去, 完全相同者被认为是同一个环排列 (但 a—b—c—a 和 a—c—b—a 则被认为是不同的). 对固定的 n 个元素, 取其中 r 个进行环排列, 每一个环排列均对应 r 种不同的直线排列, 且不同环排列展成的直线排列彼此也必不相同. 注意到把全部环排列展开所得的直线排列, 恰好就是全部的直线排列, 因此可得到从 n 个元素中取出 r 个元素组成的环排列个数为 $\frac{n!}{(n-r)!} \cdot \frac{1}{r}$. 特别地, 将 n 个元素全部取出的环排列个数为 $\frac{n!}{n} = (n-1)!$.

定义 1.3.4 从 n 个不同元素中取出 r 个排成一个圆环的方法数是 $\frac{n!}{(n-r)!} \cdot \frac{1}{r}$, 称为**环排列数**.

例 1.3.5 8 对夫妇坐成一排, 每对夫妇要坐在一起, 则有多少种不同坐法? 若围着圆桌坐, 有多少种不同坐法?

解 8 对夫妇排成一排 (不考虑每对夫妇如何坐) 有 8! 种排法, 而每对夫妇有 $2! = 2$ 种坐法, 所以答案为 $2^8 \cdot 8!$. 若这 8 对夫妇围着一个圆桌坐, 此时这 8 对夫妇排成一个圆排列, 有 7! 种排法, 每对夫妇仍有 $2! = 2$ 种坐法, 答案为 $2^8 \cdot 7!$. □

例 1.3.6 4 个 C 和 8 个 R 的排列中没有两个 C 是相邻的, 有多少种这样的排列?

解 先把这 8 个 R 排成一排, 这只有一种方式. 再把 4 个 C 插入这些 R 的前后及中间共 9 个位置上. 注意条件要求任意两个 C 不能相邻, 即等价于这 9 个位置中每个位置最多插入一个 C, 从而答案就是从 9 个位置中选出 4 个位置插入 C 的方法数, 即 $\binom{9}{4}$. □

注 1.3.7 在某些已排好物体的前后及中间位置上再加入其他物体, 这种方法称为**插空法**, 是一种简单而重要的计数方法.

例 1.3.8 把集合 $\{1, 2, \cdots, n\}$ 划分成 b_1 个 1-子集, b_2 个 2-子集, $\cdots$, b_k 个 k 元集, 其中 $\sum_{i=1}^{k} ib_i = n$, 这样的分法有多少种?

解 从排列数出发. n 个元素的全排列有 $n!$ 种. 而对于每个划分, 其中 b_i 个 i-子集是没有顺序的, 且划分中每个集合的元素也是没有顺序的, 因此每个划分对应 $b_1! b_2! \cdots b_k! (1!)^{b_1} (2!)^{b_2} \cdots (k!)^{b_k}$ 个不同的 n-排列. 所以答案为

$$\frac{n!}{b_1! b_2! \cdots b_k! (1!)^{b_1} (2!)^{b_2} \cdots (k!)^{b_k}}.$$

或者从多重选取数出发, 再考虑划分得到的 i-子集彼此之间是没有顺序的, 则有

$$\frac{\binom{n}{1, \cdots, 1, 2, \cdots, 2, \cdots, k, \cdots, k}}{b_1! b_2! \cdots b_k!}$$

种分法. 这和上面的答案是一样的 (以上多重选取公式中的 i 有 b_i 个,

$1 \leqslant i \leqslant k$). □

注 1.3.9 进一步，一个 n-集合的全体划分数为

$$\sum_{b_1+2b_2+\cdots+nb_n=n} \frac{n!}{b_1!b_2!\cdots b_n!(1!)^{b_1}(2!)^{b_2}\cdots(n!)^{b_n}}.$$

例 1.3.10 记集合 $[n] = \{1, 2, \cdots, n\}$. 熟知 $[n]$ 到其自身的双射 (即 n 元置换) 全体在映射合成下构成一个群，即 n 元对称群 S_n，其中任一置换 σ 均可表示为 S_n 中一些互不相交 (即两两无公共元素) 的轮换之积，且这种表示方式在不考虑轮换次序的意义下唯一，称为 σ 的**轮换分解**. 对 $\sigma \in S_n$，用 $l_i(\sigma)$ 表示 σ 的轮换分解中长度为 i 的轮换个数，则称 $(l_1(\sigma), l_2(\sigma), \cdots, l_n(\sigma))$ 为 σ 的**轮换型号**，记为 $\text{type}(\sigma)$. 若 $1l_1 + 2l_2 + \cdots + nl_n = n$，则 S_n 中轮换型号为 $(l_1, l_2, \cdots, l_n)$ 的置换有多少个？

解 与上例的方法类似，知所求结果为

$$\frac{n!}{l_1!l_2!\cdots l_n!(1!)^{l_1}(2!)^{l_2}\cdots(n!)^{l_n}} \prod_{i=1}^{n}((i-1)!)^{l_i} = \frac{n!}{l_1!l_2!\cdots l_n!1^{l_1}2^{l_2}\cdots n^{l_n}}.$$

此即 **Cauchy 公式**. □

例 1.3.11 用 p_n 表示随机选取的 n 个人中至少有 2 人生日相同的概率 (不考虑闰年的情况)，则 n 最小为多少可使得 $p_n > \dfrac{1}{2}$？

解 容易计算 n 个人中任 2 人生日都不相同的概率为

$$\frac{365 \times 364 \times \cdots \times (365-n+1)}{365^n},$$

故

$$p_n = 1 - \frac{365!}{(365-n)!365^n}.$$

利用 Stirling 公式 $n! \approx n^n e^{-n}\sqrt{2\pi n}$，有

$$p_n \approx 1 - \left(\frac{365}{365-n}\right)^{365.5-n} e^{-n}.$$

计算可知, 最小的满足条件的 n 是 23. □

同样可以得到, 若 $n \geqslant 41$, 则

$$p_n \geqslant 0.9.$$

如果允许重复, 那么从 n 个不同物体中选取 r 个排成一排的方法数当然是 n^r. 组合数呢? 也就是说, 如果 n 个不同物体中的每一个都可以被重复选取任意多次, 那么选取一个基数是 r 的多重集有多少种方法? 设第 i 个物体被选取了 x_i 次, 则此问题等价于求方程

$$x_1 + x_2 + \cdots + x_n = r$$

的非负整数解个数. 这又等价于求包含 r 个 "|" 和 $n-1$ 个 "+" 的序列个数 (例如 |||++||+|| 就表示方程 $x_1+x_2+x_3+x_4=7$ 的一个非负整数解 $(3,0,2,2)$), 所以答案是 $\binom{r+n-1}{r}$.

以上结果也可以如下证明 (其思想源自 Euler): 设想这 n 个物体和自然数 $1, 2, \cdots, n$ 一一对应, 于是所考虑的任何组合便可看成一个含 r 个数的多重集 $\{c_1, c_2, \cdots, c_r\}$. 因为与次序无关, 不妨认为 $c_1 \leqslant c_2 \leqslant \cdots \leqslant c_r$. 下面构造另一组数 $\{d_1, d_2, \cdots, d_r\}$ 和它对应, 其中 $d_i = c_i + i - 1, 1 \leqslant i \leqslant r$. 这样即使有的 c_i 有重复, 但这些 d_i 就不会有相同的了. 并且, 任一种 $\{c_1, c_2, \cdots, c_r\}$ 的取法, 都对应一种 $\{d_1, d_2, \cdots, d_r\}$ 的取法, 反之亦然, 从而这两个组合计数问题等价. 注意到 c_i 最大可取 n, 故 d_i 最大可取 $n+r-1$. 因此, 从 n 个不同物体中可重复地任意多次选取一个基数是 r 的多重集的方法数, 等于从 $n+r-1$ 个不同元素中不重复地选取 r 个元素的方法数, 即 $\binom{n+r-1}{r}$.

定理 1.3.12 令 S 为具有 n 种类型元素的一个多重集, 每种元素均可以被重复选取任意多次, 则 S 的 r-组合数为 $\binom{r+n-1}{r}$.

例 1.3.13 一家面包房生产 8 种炸面包圈. 如果将一打炸面包圈

装进盒内,则一共可能有多少种不同的盒装组合? 若每盒必定包含所有的 8 种炸面包圈呢?

解 由上述定理知,所求结果依次为

$$\binom{12+8-1}{12} = \binom{19}{12}$$

及

$$\binom{4+8-1}{4} = \binom{11}{4}. \qquad \square$$

例 1.3.14 方程 $x_1 + x_2 + x_3 + x_4 = 20$ 的满足 $x_1 \geqslant 3$, $x_2 \geqslant 1$, $x_3 \geqslant -1$, $x_4 \geqslant 0$ 的整数解有多少个?

解 令 $y_1 = x_1 - 3$, $y_2 = x_2 - 1$, $y_3 = x_3 + 1$, $y_4 = x_4$, 则问题等价于求方程 $y_1 + y_2 + y_3 + y_4 = 17$ 的非负整数解的个数. 故所求解的个数为

$$\binom{17+4-1}{17} = \binom{20}{17}. \qquad \square$$

例 1.3.15 用字符串 NASHVILLETENNESSEE 中包含的字母, 可组成多少个长度为 18 的字符串, 使得第一个 N 在所有的 S 之前并且 T 在第一个 E 之后?

解 首先, 原字符串共有 3 个 N, 3 个 S, 2 个 L, 5 个 E 以及 A, H, V, I, T 各一个. 其次, 分步进行满足要求的排列: 第一步, 先排好 5 个 E, 有一种方法, 再把 T 插入, 注意 T 在第一个 E 之后, 故有 $\binom{5}{1}$ 种方法; 第二步, 考虑 3 个 N 与 3 个 S, 按要求将一个 N 固定在最前, 再将余下的 2 个 N 与 3 个 S 排序, 有 $\binom{5}{2}$ 种方法; 第三步, 只考虑 2 个 L 与 A, H, V, I 各一个的排列, 有 $\binom{6}{2,1,1,1,1} = \dfrac{6!}{2}$ 种方法; 第四步, 将排好序的三组字符进行混合排列, 此时看做每组 6 个的三组无分别的字符的排列 (因为组内顺序已定, 故可不考虑组间顺序), 有 $\binom{18}{6,6,6}$

种方法. 故答案为

$$\binom{5}{1}\binom{5}{2}\frac{6!}{2}\binom{18}{6,6,6}.$$ □

注 1.3.16 以上关于 3 个 N 与 3 个 S, 也可以将它们先任意排序, 有 $\binom{6}{3}$ 种方法, 再由 N 与 S 地位的对称性知满足条件的排列占一半, 即 $\frac{1}{2}\binom{6}{3}$. 这与 $\binom{5}{2}$ 是相等的.

一般地, 把 n 个球放进 m 个篮子中, 有多少种方法? 这个问题有很多需要说明之处, 如 n 个球是完全相同的还是各自不同的; 至于 m 个篮子, 是有 1 到 m 的编号还是根本就不加区分; 还有放球的方式, 每个篮子都不能空还是至多装 1 个球, 或者没有任何限制. 用映射的严格数学语言描述如下:

例 1.3.17 设集合 A 的基数为 n, 集合 B 的基数为 m, 有多少个从 A 到 B 的映射 $f: A \to B$?

解 根据 A, B 的元素分别是否可区分以及 f 为单射、满射或不加限制, 共有 12 种情况. 下面不加证明地在表 1.1 中给出计数的结果 (完全证明涉及生成函数等后续理论).

表 1.1

集合 A 中的元素 (基数为 n)	集合 B 中的元素 (基数为 m)	映射 f	f 的个数
各自不同	各自不同	不加限制	m^n
各自不同	各自不同	单射	$(m)_n$
各自不同	各自不同	满射	$m! S(n,m)$
各自不同	全部相同	不加限制	$\sum_{i=1}^{m} S(n,i)$
各自不同	全部相同	单射	$\delta(n \leqslant m)$
各自不同	全部相同	满射	$S(n,m)$

续表

集合 A 中的元素 (基数为 n)	集合 B 中的元素 (基数为 m)	映射 f	f 的个数
全部相同	各自不同	不加限制	$\binom{n+m-1}{n}$
全部相同	各自不同	单射	$\binom{m}{n}$
全部相同	各自不同	满射	$\binom{n-1}{m-1}$
全部相同	全部相同	不加限制	$\sum_{i=1}^{m} p_i(n)$
全部相同	全部相同	单射	$\delta(n \leqslant m)$
全部相同	全部相同	满射	$p_m(n)$

表 1.1 中, $(m)_n$ 表示 $m(m-1)\cdots(m-n+1)$, $S(n,i)$ 和 $p_i(n)$ 分别是第二类 Stirling 数与分拆数 (以后章节会讲到), 而

$$\delta(n \leqslant m) = \begin{cases} 1, & n \leqslant m, \\ 0, & \text{其他}. \end{cases}$$

以上理论称为**十二重计数方法**, 参见 [71, pp.31–40]. □

§1.4 组合恒等式

按照前面的约定, 关于组合数 $\binom{n}{k}$, 有

$$\binom{n}{k} = \begin{cases} \dfrac{n!}{k!(n-k)!}, & n \geqslant k, \\ 0, & n < k. \end{cases}$$

定理 1.4.1 (二项式定理) 设 n 为正整数, 则

$$(x+y)^n = \sum_{k=0}^{n} \binom{n}{k} x^k y^{n-k}.$$

二项式定理的证明方法有很多种, 可以用归纳法, 也可以考虑基本的组合意义, 这里就略过了. 今后, 组合数 $\binom{n}{k}$ 也称为二项式系数. 以下性质都是二项式定理显而易见的推论.

性质 1.4.2 设 $n \geqslant k \geqslant 0$, 则
$$\binom{n}{k} = \binom{n}{n-k}.$$

性质 1.4.3 设 $n \geqslant 0$, 则
$$2^n = \sum_{k=0}^{n} \binom{n}{k}.$$

性质 1.4.4 设 $n \geqslant 1$, 则
$$0 = \sum_{k=0}^{n} (-1)^k \binom{n}{k}.$$

推论 1.4.5 设 $n \geqslant 1$, 则
$$\sum_{k \text{ 为奇数}} \binom{n}{k} = \sum_{k \text{ 为偶数}} \binom{n}{k}.$$

下面给出推论 1.4.5 的一个不依赖于性质 1.4.4 的组合证明.

证明 设 $X = \{1, 2, \cdots, n\}$, $A = \{S \subseteq X \mid |S| \text{ 为偶数且} 1 \in S\}$, $B = \{S \subseteq X \mid |S| \text{ 为奇数且} 1 \in S\}$, $C = \{S \subseteq X \mid |S| \text{ 为偶数且} 1 \notin S\}$, $D = \{S \subseteq X \mid |S| \text{ 为奇数且} 1 \notin S\}$. 构造映射 $f : A \to D$ 为 $f(S) = S \setminus \{1\}$, 显然 f 为双射, 所以 $|A| = |D|$. 类似地, 有 $|B| = |C|$. 因此
$$\sum_{k \text{ 为奇数}} \binom{n}{k} = |B| + |D| = |A| + |C| = \sum_{k \text{ 为偶数}} \binom{n}{k}. \qquad \Box$$

性质 1.4.6 (Vandermonde 恒等式) 设 $n, m \geqslant 0$, 则
$$\binom{m+n}{k} = \sum_{i=0}^{k} \binom{m}{i} \binom{n}{k-i}.$$

证明 比较等式 $(x+1)^{m+n} = (x+1)^m(x+1)^n$ 两边 x^k 的系数,即可得到结论. □

比较系数法是组合数学中处理多项式、级数的一种很有用的方法. 它也可以看做"双计数"的一种特例 (所谓的"双计数", 即从两个不同角度分别考察计数, 互为阐释, 是组合数学中极为重要的思想). 例如, 考察

$$(1-x)^{m-1} = (1-x)^m(1-x)^{-1} = (1-x)^m(1+x+x^2+\cdots)$$

中 x^k 的系数, 可得到

$$(-1)^k \binom{m-1}{k} = \sum_{i=0}^{k}(-1)^i \binom{m}{i}.$$

Vandermonde 恒等式也可如下证明: $\binom{m+n}{k}$ 是 $(m+n)$-集合 $A \cup B$ 中 k-子集的个数, 这里 $A = \{1, \cdots, m\}$, $B = \{m+1, \cdots, m+n\}$, 而其中包含 A 中 i 个元素的 k-子集的个数为 $\binom{m}{i}\binom{n}{k-i}$, 所以和式 $\sum_{i=0}^{m} \binom{m}{i}\binom{n}{k-i}$ 便是对所有的 i 来计这些子集的个数.

推论 1.4.7 在 Vandermonde 恒等式中, 令 $m = n = k$, 则有

$$\binom{2n}{n} = \sum_{i=0}^{n} \binom{n}{i}^2.$$

推论 1.4.8 (Pascal 恒等式) 在 Vandermonde 恒等式中, 令 $m = 1$, 则有

$$\binom{n+1}{k} = \binom{n}{k} + \binom{n}{k-1}.$$

性质 1.4.9 (朱世杰恒等式) 设 $n, m \geqslant 0$, 则

$$\binom{m+n+1}{n+1} = \sum_{i=0}^{m} \binom{n+i}{n}.$$

证明 比较等式

$$(x+1)^{m+n+1} = \underbrace{(x+1)(x+1)\cdots(x+1)}_{m+n+1 \text{ 个}}$$

两端 x^{n+1} 的系数,左端 x^{n+1} 的系数为 $\binom{m+n+1}{n+1}$;右端 x^{n+1} 的系数可看做从 $m+n+1$ 项中选取 $n+1$ 项利用其中的 x 的方法数,而此时按照产生第一个 x 的位置分类:第一个 x 选自第 j 项时,在剩余的 $m+n+1-j$ 项内选取其他 n 个 x,则剩余的项数至少为 n,至多为 $m+n$,且有 $\binom{m+n+1-j}{n}$ 种选取方式得到 x^n,从而右端 x^{n+1} 的系数为

$$\sum_{j=1}^{m+1} \binom{m+n+1-j}{n} = \sum_{i=0}^{m} \binom{n+i}{n}. \qquad \square$$

推论 1.4.10 在朱世杰恒等式中,令 $n=k, m=n-k$,则有

$$\binom{n+1}{k+1} = \sum_{i=0}^{n-k} \binom{k+i}{k} = \sum_{i=k}^{n} \binom{i}{k}.$$

定理 1.4.11 (Lucas 定理) 设 p 是一个素数,将 m 和 n 写成 p 进制数:$m = a_0 + a_1 p + \cdots + a_k p^k$,$n = b_0 + b_1 p + \cdots + b_k p^k$,其中 $0 \leqslant a_i, b_i < p\ (i=0,1,\cdots,k)$,则

$$\binom{m}{n} \equiv \prod_{i=0}^{k} \binom{a_i}{b_i} \pmod{p}.$$

证明 注意到当 $1 \leqslant j \leqslant p^i - 1, i \geqslant 1$ 时,$\binom{p^i}{j}$ 是 p 的倍数,故

$$(1+x)^{p^i} = 1 + x^{p^i} + \sum_{j=1}^{p^i-1} \binom{p^i}{j} x^j \equiv 1 + x^{p^i} \pmod{p}.$$

上式当 $i = 0$ 时显然成立. 所以

$$(1+x)^m = (1+x)^{\sum\limits_{i=0}^{k} a_i p^i} = \prod_{i=0}^{k}[(1+x)^{p^i}]^{a_i} \equiv \prod_{i=0}^{k}(1+x^{p^i})^{a_i}$$

$$= \prod_{i=0}^{k}\left[\sum_{j_i=0}^{a_i} x^{p^i j_i}\binom{a_i}{j_i}\right] \pmod{p}.$$

上式左端 x^n 的系数是 $\binom{m}{n}$; 注意到 n 表示成 p 进制数的唯一性, 由 $n = b_0 + b_1 p + \cdots + b_k p^k$ 可得上式右端 x^n 的系数为

$$\prod_{i=0}^{k}\binom{a_i}{b_i} \pmod{p}.$$

这说明

$$\binom{m}{n} \equiv \prod_{i=0}^{k}\binom{a_i}{b_i} \pmod{p}. \qquad \square$$

注 1.4.12 尽管 $\binom{m}{n}$ 可能相当大, 但应用 Lucas 定理可以相对容易地求出 $\binom{m}{n}$ 模 p 的余数. 本定理一个小小的应用是判别组合数 $\binom{m}{n}$ 的奇偶性. 在定理中取 $p = 2$ 可知, 只需将 m, n 表示为二进制数, 然后考察各个 $\binom{a_i}{b_i}$ 的情况, 则 $\binom{m}{n}$ 是奇数当且仅当所有 $\binom{a_i}{b_i}$ 都是 1, 即当且仅当对任意 $1 \leqslant i \leqslant k$, 均有 $a_i \geqslant b_i$.

定理 1.4.13 (多项式定理) 设 n 为正整数, 则

$$(x_1 + x_2 + \cdots + x_k)^n = \sum_{n_1+n_2+\cdots+n_k=n}\binom{n}{n_1, n_2, \cdots, n_k}x_1^{n_1}x_2^{n_2}\cdots x_k^{n_k},$$

其中

$$\binom{n}{n_1, n_2, \cdots, n_k} = \frac{n!}{n_1! n_2! \cdots n_k!},$$

即多重选取数, 今后也称为**多项式系数**.

证明 只需考虑 $x_1^{n_1} x_2^{n_2} \cdots x_k^{n_k}$ 在 $(x_1 + x_2 + \cdots + x_k)^n$ 展开式中的系数, 并应用多重选取的定义. □

例 1.4.14 确定 $(x_1 + x_2 + \cdots + x_5)^{10}$ 的展开式中 $x_1^3 x_2 x_3^4 x_5^2$ 的系数.

解 根据多项式定理知, 所求系数应为

$$\binom{10}{3,1,4,0,2} = \frac{10!}{3!4!2!} = 12600.$$
□

习 题 一

本章的习题证明, 要求从解释组合意义出发, 尽量不使用归纳法. 结果应表示为尽可能简洁的形式.

1. 构造一个从 $[0,1]$ 到 $(0,1)$ 的双射.

2. 构造一个高度为 l, 宽度为 w 的偏序集 X, 使得 $|X| = lw$.

3. 完成以下计数问题:

(a) 若允许重复, 则从 n 个不同元素中选取 r 个排成一排, 有多少种不同的排法?

(b) 26 个英文字母的全排列中, 使得任两个元音字母 (A, E, I, O, U) 都不相邻的排列共有多少个?

(c) 10 个字母的字符串中, 任两个相邻字母都不相同的有多少个?

(d) 从一副含 52 张牌的普通扑克牌中抽取 5 张牌, 则其中恰为一个 3 同张和 1 对的抽法有多少种? 又恰含有 2 对的抽法有多少种? 这里 3 同张指的是具有相同牌面点数的 3 张牌, 而 1 对是具有相同牌面点数的 2 张牌.

(e) 从 26 个字母中可重复地选取 4 个字母, 并以字母表的顺序进行排列, 则这样组成的字符串有多少个? 如果不可重复地选取, 这样的字符串又有多少个?

(f) 所有没有重复字母的长度为 3 的字符串中, 有多少个字符串中间一个字母为元音字母?

(g) 一种正十二面体的骰子, 12 个表面分别写有 1 到 12 的 12 个数字, 则扔一对这样的骰子, 有多少种可能的结果出现?

(h) 把 18 人分成 4 个小组, 使各组人数分别为 5, 5, 4, 4 人, 有多少种分法? 把 mn 个不同的物体分成 m 堆, 每堆 n 个物体, 有多少种分法?

(i) 从 5 个橘子和 7 个苹果中选水果 (至少选一个水果), 有多少种不同的选法?

4. 5 位绅士与 7 位女士坐成一排, 则任两绅士都不相邻的坐法有多少种? 若这些人坐成一圈, 则有多少种不同的坐法?

5. 把字符串 MISSISSIPPI 中所含的字母重新进行排列, 有多少种排法使得其中至少有 2 个相邻的 I?

6. 如上题, 把字符串 MISSISSIPPI 中所含的字母重新进行排列, 有多少种排法使得 M 与任何一个 S 均不相邻?

7. 设 $r \geqslant 1$, 表示出多重集 $\{5 \cdot x_1, \infty \cdot x_2, \cdots, \infty \cdot x_k\}$ 的 r-组合的个数.

8. 至多 m 个 A 和至多 n 个 B 排成一排, 有多少种排法 (不计空排)?

9. 不等式 $x_1 + x_2 + \cdots + x_9 < 2012$ 的正整数解有多少个? 非负整数解有多少个?

10. 设 n, k 是正整数, 证明: $(kn)!$ 可被 $(n!)^k$ 整除.

11. 证明下列组合恒等式:

(a) $\binom{n}{k}\binom{k}{j} = \binom{n}{j}\binom{n-j}{k-j}$;

(b) $\sum_k (-1)^k \binom{n-k}{m-k}\binom{n}{k} = 0$;

(c) $\sum_k \binom{n-k}{n-m}\binom{n}{k} = 2^m \binom{n}{m}$;

(d) $\sum_{k=0}^{n}\binom{n+k}{n}2^{-k}=2^{n}$;

(e) (**李善兰恒等式**)
$$\sum_{j}\binom{k}{j}\binom{\ell}{j}\binom{n+k+\ell-j}{k+\ell}=\binom{n+k}{k}\binom{n+\ell}{\ell};$$

(f) $\sum_{k}\binom{n}{k+j}\binom{m}{k}=\binom{m+n}{m+j}$;

(g) 对任意实数 α 及非负整数 r, 定义
$$\binom{\alpha}{r}=\frac{\alpha(\alpha-1)\cdots(\alpha-r+1)}{r!},$$
则
$$\binom{-a}{n}=(-1)^{n}\binom{a+n-1}{n}.$$

第二章 递推关系与生成函数

§2.1 线性齐次递推关系

组合数学通常研究离散的对象, 计数问题的结果一般是正整数. 如果一个问题的结果依赖于参数 n, 则可用 a_n 来表示这个结果. 在很多时候, 可以找到 a_n 的递推关系, 再通过解这个递推关系求解 a_n.

例 2.1.1 设 $n \geqslant 1, X_n = \{1, 2, \cdots, n\}$. 记 a_n 为 X_n 的子集个数, 求 a_n.

解 注意到每个 X_n 的子集加入元素 $n+1$ 或不加入元素 $n+1$, 均成为 X_{n+1} 的子集, 由不同的 X_n 的子集得到的 X_{n+1} 的子集也不同, 并且所有 X_{n+1} 的子集都可由这样的方式得到, 从而 $a_{n+1} = 2a_n$. 又初始条件为 $a_1 = 2$, 故

$$a_n = 2a_{n-1} = \cdots = 2^{n-1}a_1 = 2^n, \quad n \geqslant 1. \qquad \square$$

例 2.1.2 (Fibonacci 序列) 意大利比萨的斐波那契 (Leonardo Fibonacci) 在 1202 年出版的书《珠算原理》(*Liber Abaci*) 里, 提出一个有趣的问题: 假定一对刚出生的小兔一个月后就能长成大兔, 再过一个月便能生下一对小兔, 并且此后每个月都生一对小兔. 若不考虑死亡问题, 则一对刚出生的兔子, 一年内能繁殖成多少对兔子?

解 记 $f_n\,(n \geqslant 0)$ 为第 n 个月时大兔的对数, 则 $f_0 = 0, f_1 = 1$. 考察第 $n\,(n \geqslant 2)$ 个月时的大兔对数, 应由两部分组成: 一部分是第 $n-1$ 个月时就已是大兔的兔子, 共 f_{n-1} 对; 另一部分是第 n 个月时刚长成的大兔, 即第 $n-1$ 个月时出生的兔子, 它们由第 $n-2$ 个月时的大兔生出, 共有 f_{n-2} 对. 于是

$$f_n = f_{n-1} + f_{n-2}, \quad n \geqslant 2.$$

故第 n 个月时所有兔子的对数为 $f_n + f_{n-1}$,则所求即为 $f_{12} + f_{11}$ ($= f_{13}$). 由上面递推关系及初始值,计算得到 $f_{13} = 233$, 从而问题的答案为 233. □

定理 2.1.3 设 f_n 定义同上,则 $n \geqslant 0$ 时,有
$$f_n = \frac{1}{\sqrt{5}} \left(\frac{1+\sqrt{5}}{2} \right)^n - \frac{1}{\sqrt{5}} \left(\frac{1-\sqrt{5}}{2} \right)^n.$$

证明 记
$$g_n = \frac{1}{\sqrt{5}} \left(\frac{1+\sqrt{5}}{2} \right)^n - \frac{1}{\sqrt{5}} \left(\frac{1-\sqrt{5}}{2} \right)^n, \quad n \geqslant 0,$$

则易验证: $g_0 = f_0 = 0$, $g_1 = f_1 = 1$, 且当 $n \geqslant 2$ 时, $g_n = g_{n-1} + g_{n-2}$. 注意到 f_n 与 g_n 可由相同的初始值及递推关系得出,故
$$f_n = g_n = \frac{1}{\sqrt{5}} \left(\frac{1+\sqrt{5}}{2} \right)^n - \frac{1}{\sqrt{5}} \left(\frac{1-\sqrt{5}}{2} \right)^n, \quad n \geqslant 0. \quad \square$$

例 2.1.4 平面上 n 个圆相互交叠最多可将平面分成多少个区域?

解 记所求为 h_n, 则 $h_1 = 2$. 显而易见, 将平面分成最多个区域的情形发生在每两个圆都相交的情形. 当 $n \geqslant 2$ 时, 先把 $n-1$ 个圆在平面上相互交叠, 将平面分成 h_{n-1} 个区域, 再考察将第 n 个圆加入的情形, 可得第 n 个圆与前 $n-1$ 个圆有 $2(n-1)$ 个交点, 这些交点把第 n 个圆分成 $2(n-1)$ 段圆弧, 每段圆弧把其所在的原有区域分成两个, 即比原来多出一个区域, 故共多出 $2(n-1)$ 个区域, 所以
$$h_n = h_{n-1} + 2(n-1).$$

推导下去,当 $n \geqslant 2$ 时,有
$$\begin{aligned} h_n &= h_{n-1} + 2(n-1) \\ &= h_{n-2} + 2(n-2) + 2(n-1) \\ &= h_1 + 2 \cdot 1 + \cdots + 2(n-2) + 2(n-1) \\ &= 2 + 2 \cdot \frac{n(n-1)}{2} \\ &= n^2 - n + 2. \end{aligned}$$

上式对 $n=1$ 也成立, 故所求为 n^2-n+2. □

定义 2.1.5 称数列 $\{h_n\}_{n=0}^{\infty}$ 满足 k **阶常系数线性齐次递推关系**, 若对所有的 $n \geqslant k$, 有
$$h_n = a_1 h_{n-1} + a_2 h_{n-2} + \cdots + a_k h_{n-k},$$
其中 $a_k \neq 0\ (k \geqslant 1)$ 为常数.

设 q 为非零复数. 容易看出, $h_n = q^n$ 是上述 k 阶常系数线性齐次递推关系的解当且仅当 q 是 k 次多项式方程
$$g(x) = x^k - a_1 x^{k-1} - \cdots - a_{k-1} x - a_k = 0$$
的根. 称方程 $g(x) = x^k - a_1 x^{k-1} - \cdots - a_{k-1} x - a_k = 0$ 为上述常系数线性齐次递推关系的**特征方程**.

以下讨论常系数线性齐次递推关系的一般解法.

定理 2.1.6 若 k 阶常系数线性齐次递推关系
$$h_n = a_1 h_{n-1} + a_2 h_{n-2} + \cdots + a_k h_{n-k}, \quad a_k \neq 0, k \geqslant 1$$
的特征方程 $g(x) = 0$ 有 k 个互不相同的根 $q_1, q_2, \cdots, q_k$, 则
$$h_n = c_1 q_1^n + c_2 q_2^n + \cdots + c_k q_k^n, \quad n \geqslant 0 \tag{2.1}$$
是下述意义下的一般解: 无论给定怎样的初始值 $h_0, h_1, \cdots, h_{k-1}$, 都存在相应的常数 $c_1, c_2, \cdots, c_k$, 使得 (2.1) 式是满足上述递推关系和初始条件的唯一数列.

证明 易见, $g(x) = 0$ 没有零根 (注意 $a_k \neq 0$). 故对任意 $1 \leqslant i \leqslant k$, 数列 $\{q_i^n\}_{n=0}^{\infty}$ 满足上述递推关系, 进而任意的常系数线性组合得到的数列 $\{d_1 q_1^n + d_2 q_2^n + \cdots + d_k q_k^n\}_{n=0}^{\infty}$ 也满足上述递推关系.

对任意给定的初始值 $h_0, h_1, \cdots, h_{k-1}$, 方程组
$$x_1 q_1^i + x_2 q_2^i + \cdots + x_k q_k^i = h_i, \quad 0 \leqslant i \leqslant k-1$$

的系数矩阵 A 是 Vandermonde 矩阵, 故

$$\det(A) = \prod_{1 \leqslant i < j \leqslant k} (q_j - q_i) \neq 0,$$

从而上述方程组有唯一解 $x_i = c_i \ (0 \leqslant i \leqslant k-1)$. 置

$$h_n = c_1 q_1^n + c_2 q_2^n + \cdots + c_k q_k^n, \quad n \geqslant 0,$$

则数列 $\{h_n\}_{n=0}^{\infty}$ 既满足递推关系又满足初始条件. 由上述推导过程知, 这样的 $c_1, c_2, \cdots, c_k$ 也是唯一的. □

例 2.1.7 由字母 a, b, c 组成的长度为 n 的字符串在通信信道上传送, 满足条件: 不得有两个 a 连续出现在任一字符串中. 确定通信信道允许传送的字符串个数.

解 记 h_n 为允许传送的长度为 n 的字符串个数, 则 $h_1 = 3, h_2 = 8$. 看长度为 n 的字符串的最后一个符号, 若其不为 a, 则有 $2h_{n-1}$ 个字符串; 若最后一个符号为 a, 则倒数第 2 个符号一定不是 a, 这时有 $2h_{n-2}$ 个字符串. 故当 $n \geqslant 2$ 时, 有

$$h_n = 2h_{n-1} + 2h_{n-2}.$$

可定义 $h_0 = 1$, 因为这也满足上述递推关系. 解特征方程

$$x^2 - 2x - 2 = 0,$$

得到根

$$q_1 = 1 + \sqrt{3}, \quad q_2 = 1 - \sqrt{3}.$$

于是可设 h_n 为

$$h_n = c_1(1 + \sqrt{3})^n + c_2(1 - \sqrt{3})^n,$$

其中 c_1, c_2 为待定系数. 通过初始条件 $h_0 = 1, h_1 = 3$, 解得

$$c_1 = \frac{2 + \sqrt{3}}{2\sqrt{3}}, \quad c_2 = \frac{-2 + \sqrt{3}}{2\sqrt{3}}.$$

故
$$h_n = \frac{2+\sqrt{3}}{2\sqrt{3}}(1+\sqrt{3})^n + \frac{-2+\sqrt{3}}{2\sqrt{3}}(1-\sqrt{3})^n.\qquad \square$$

下面给出比定理 2.1.6 更一般的结论.

定理 2.1.8 设 k 阶常系数线性齐次递推关系

$$h_n = a_1 h_{n-1} + a_2 h_{n-2} + \cdots + a_k h_{n-k}, \quad a_k \neq 0, k \geqslant 1$$

的特征方程

$$g(x) = x^k - a_1 x^{k-1} - \cdots - a_{k-1}x - a_k = 0$$

有互异根 $q_1, q_2, \cdots, q_t$，其中 q_i 是 s_i 重根 ($1 \leqslant i \leqslant t, s_1 + s_2 + \cdots + s_t = k$)，则

$$h_n = \sum_{i=1}^{t} P_i(n) q_i^n \qquad (2.2)$$

是该递推关系的一般解，其中 $P_i(n)$ 是关于 n 的次数小于 s_i 的多项式.

定理 2.1.8 的证明比较复杂，但思想与定理 2.1.6 大致相同. 证明的关键是注意到若 q_i 是 s_i 重根，则对任意不超过 $s_i - 1$ 的 j，$h_n = n^j q_i^n$ 都是常系数线性齐次递推关系

$$h_n = a_1 h_{n-1} + a_2 h_{n-2} + \cdots + a_k h_{n-k} \quad a_k \neq 0, k \geqslant 1$$

的解，而这一点则可以通过 q_i 具有 $\left.\dfrac{\mathrm{d}^j g(x)}{x^j}\right|_{x=q_i} = 0$ 这样的分析性质得到. 详细过程就不赘述了，可参见文献 [19, pp.218–228].

例 2.1.9 求解线性齐次递推关系

$$h_n = -h_{n-1} + 3h_{n-2} + 5h_{n-3} + 2h_{n-4}, \quad n \geqslant 4,$$

初始条件为 $h_0 = 1, h_1 = 0, h_2 = 1, h_3 = 2$.

解 由上述定理，解特征方程

$$x^4 + x^3 - 3x^2 - 5x - 2 = 0,$$

得到根 $q_1 = -1$ (3 重), $q_2 = 2$. 于是可设 h_n 为

$$h_n = (c_1 n^2 + c_2 n + c_3)(-1)^n + c_4 2^n,$$

其中 c_1, c_1, c_3, c_4 为常数. 通过初始条件 $h_0 = 1, h_1 = 0, h_2 = 1, h_3 = 2$, 解得

$$c_1 = 0, \quad c_2 = -\frac{3}{9}, \quad c_3 = \frac{7}{9}, \quad c_4 = \frac{2}{9}.$$

所以

$$h_n = \left(\frac{7}{9} - \frac{3n}{9}\right)(-1)^n + \frac{2}{9} \cdot 2^n. \qquad \square$$

§2.2 线性非齐次递推关系

例 2.2.1 (Hanoi 塔问题) 设有三根木柱和套在其中第一根木柱上的 n 个圆盘，圆盘自上而下尺寸递增 (即最大的圆盘在底部). 今欲将圆盘全部转移到第二根木柱上，且仍保持圆盘上下顺序不变. 规定每次只能移动一片圆盘，移动时不允许将大圆盘放在小圆盘上面，且可利用第三根木柱存放圆盘. 问：最少需要多少次移动，才能完成满足要求的转移？

解 用 h_n 表示移动的次数，显然 $h_1 = 1$. 对于 n 个圆盘来说，先把上面的 $n-1$ 个圆盘转移到第三根木柱上，再把最下面的那个圆盘移到第二根木柱上，最后把第三根木柱上的 $n-1$ 个圆盘转移到第二根木柱上，由此可得

$$h_n = 2h_{n-1} + 1.$$

易见，当 $n \geqslant 0$ 时，有 $h_n = 2^n - 1$. $\qquad \square$

一般地，称数列 $\{h_n\}_{n=0}^\infty$ 满足 k **阶常系数线性非齐次递推关系**，若对所有的 $n \geqslant k$，有

$$h_n = a_1 h_{n-1} + a_2 h_{n-2} + \cdots + a_k h_{n-k} + f(n),$$

其中 $a_k \neq 0 \ (k \geqslant 1)$ 为常数, $f(n) \neq 0$ 是关于 n 的函数.

对于线性非齐次递推关系的通解, 可以通过求解其齐次部分的通解, 再找到一个满足原递推关系的特解来得到, 即

线性非齐次递推关系的通解 = 线性齐次递推关系的通解
$$+ \text{线性非齐次递推关系的一个特解},$$

其中所谓的 "特解" 并不唯一, 构造方法也不固定. 对于一般的 $f(n)$, 还不知道寻找它的特解的普遍方法, 一般只能用观察猜想特解的形式, 再用待定系数法来确定系数. 例如, 若 $f(n)$ 为 n 的 t 次多项式, 可设特解也是 n 的 t 次多项式, 即设特解为

$$p_t n^t + p_{t-1} n^{t-1} + \cdots + p_1 n + p_0,$$

其中 $p_i \ (0 \leqslant i \leqslant t)$ 为待定系数. 若 $f(n) = \alpha \beta^n$, 其中 α, β 为给定的常数, 且 β 为对应的齐次递推关系的特征方程的 $e \ (\geqslant 0)$ 重根, 则特解可设为 $p n^e \beta^n$, 这里 p 为待定系数. 有了关于递推关系的解的一般表达式, 再代入初始条件, 就能够确定满足初始条件的一般解了.

例 2.2.2 求解线性非齐次递推关系

$$h_n = 6 h_{n-1} - 9 h_{n-2} + 2n, \quad n \geqslant 2,$$

初始条件为 $h_0 = 1, h_1 = 0$.

解 先求原递推关系对应的线性齐次递推关系

$$A_n = 6 A_{n-1} - 9 A_{n-2}$$

的通解, 得到 $A_n = (an + b) 3^n$.

再寻找原线性非齐次递推关系的一个特解. 观察原递推关系的特点, 猜想 $B_n = cn + d$ (其中 c, d 待定) 应为一个特解. 代入原递推关系, 解得 $c = \dfrac{1}{2}, d = \dfrac{3}{2}$, 即 $B_n = \dfrac{1}{2} n + \dfrac{3}{2}$ 为一个特解. 故原线性非齐次递

推关系的通解可设为
$$h_n = A_n + B_n = (an+b)3^n + \frac{1}{2}n + \frac{3}{2}.$$
代入初始条件, 解得 $a = -\frac{1}{6}, b = -\frac{1}{2}$. 于是
$$h_n = \left(-\frac{n}{6} - \frac{1}{2}\right)3^n + \frac{1}{2}n + \frac{3}{2}. \qquad \square$$

注 2.2.3 注意, 必须在有了线性齐次递推关系的通解以及线性非齐次递推关系的特解并将它们相加得到 $A_n + B_n$ 以后, 才可以代入初始条件以获得通解的特征根系数. 这是因为初始条件是满足线性非齐次递推关系本身, 而并非其齐次部分.

有时也可将线性非齐次递推关系直接化为线性齐次递推关系来求解.

例 2.2.4 平面上有 n 条直线, 任意两条直线都不平行, 任意三条直线都不共点, 则这 n 条直线把平面分成多少个部分?

解 设 a_n 为所求, 易见 $a_0 = 1, a_1 = 2, a_2 = 4, \cdots$. 考察第 n 条直线, 在其他直线将平面划分为 a_{n-1} 个部分的基础上, 第 n 条直线与其他 $n-1$ 条直线有 $n-1$ 个交点, 从而自身被分成 n 段, 每段都将原来 a_{n-1} 块区域中的某部分一分为二, 于是形成 n 块新区域. 故当 $n \geqslant 1$ 时, $a_n = a_{n-1} + n$.

将 $a_{n-1} = a_{n-2} + (n-1)$ 和 $a_n = a_{n-1} + n$ 两式相减, 得到
$$a_n - a_{n-1} = a_{n-1} - a_{n-2} + 1, \quad \text{即} \quad a_n = 2a_{n-1} - a_{n-2} + 1.$$
再将 $a_n = 2a_{n-1} - a_{n-2} + 1$ 和 $a_{n-1} = 2a_{n-2} - a_{n-3} + 1$ 相减, 得到
$$a_n - a_{n-1} = 2a_{n-1} - 3a_{n-2} + a_{n-3},$$
即当 $n \geqslant 3$ 时, 有
$$a_n = 3a_{n-1} - 3a_{n-2} + a_{n-3}.$$

上述递推关系的特征方程为 $x^3 - 3x^2 + 3x - 1 = (x-1)^3$, 从而可设

$$a_n = c_0 + c_1 n + c_2 n^2, \quad n \geqslant 3,$$

其中常数 c_0, c_1, c_2 满足初始条件 $a_0 = 1, a_1 = 2, a_2 = 4$, 即

$$\begin{aligned} c_0 &= 1, \\ c_0 + c_1 + c_2 &= 2, \\ c_0 + 2c_1 + 4c_2 &= 4. \end{aligned}$$

解得 $c_0 = 1$, $c_1 = \dfrac{1}{2}$, $c_2 = \dfrac{1}{2}$, 从而

$$a_n = 1 + \frac{1}{2}n + \frac{1}{2}n^2 = \frac{n^2 + n + 2}{2}, \quad n \geqslant 3.$$

显然, 当 $n = 0, 1, 2$ 时, 上式也成立. □

应当注意的是, 以上考虑的递推关系都是常系数的, 即系数是与项数标号 n 无关的. 不仅如此, 递推关系中涉及的 k 也是独立于 n 的固定常数. 当递推关系更加复杂时, 就需要引入生成函数了.

§2.3 生成函数理论

生成函数是对应于给定数列的一个形式级数. 常见的一元生成函数有三种: 普通生成函数、指数型生成函数以及 Dirichlet 生成函数. 借助生成函数, 可以更好地解决含有递推关系的问题. 事实上, 递推关系可以给出生成函数必须满足的一个函数方程, 通过研究这个方程, 有时可得到逐项的显式公式 (如果存在的话). 而且, 生成函数的作用远不止于此, 它是一个强大的数学工具.

定义 2.3.1 数列 $\{a_n\}_{n=0}^{\infty}$ 的**普通生成函数**是下面的形式级数:

$$f(x) = \sum_{n=0}^{\infty} a_n x^n.$$

定义 2.3.2 数列 $\{a_n\}_{n=0}^{\infty}$ 的**指数型生成函数**是下面的形式级数：

$$f(x) = \sum_{n=0}^{\infty} \frac{a_n}{n!} x^n.$$

定义 2.3.3 数列 $\{a_n\}_{n=1}^{\infty}$ 的 **Dirichlet 生成函数**是下面的形式级数：

$$f(s) = \sum_{n=1}^{\infty} \frac{a_n}{n^s}.$$

例 2.3.4 数列 $\{1\}_{n=0}^{\infty}$ 的普通生成函数是

$$\sum_{n=0}^{\infty} x^n = \frac{1}{1-x}.$$

同一个数列 $\{1\}_{n=0}^{\infty}$，它的指数型生成函数是

$$\sum_{n=0}^{\infty} \frac{x^n}{n!} = \mathrm{e}^x.$$

而数列 $\{1\}_{n=1}^{\infty}$ 的 Dirichlet 生成函数则是

$$\sum_{n=1}^{\infty} \frac{1}{n^s} := \zeta(s).$$

这个函数就是著名的 Riemann-Zeta 函数.

注 2.3.5 上面几个公式中的 "=" 的意义是 "形式收敛". 从解析上讲, 若级数 A 与另一级数 B 分别在某个区间上收敛到同一形式, 则 A 和 B 必定是同一级数, 从而可以通过级数 B 的表达形式来找到 A. 因此, 我们一般无须考虑这些生成函数在何处收敛. 而利用收敛到的闭形式 (即和函数) 的最终目的之一也是导出原始级数比较简单的表达形式, 例如

$$\ln(1+x) = \sum_{n=1}^{\infty} \frac{(-1)^{n-1}}{n} x^n.$$

注 2.3.6 可以定义形式级数上的运算. 下面以普通生成函数为例加以说明. 若形式级数的系数在域 F 中, 也称其为域 F 上的形式级数. 域 F 上的所有形式级数组成的集合记为 $F[[x]]$. 对于形式级数 $f(x) = \sum_{n=0}^{\infty} a_n x^n$, $g(x) = \sum_{n=0}^{\infty} b_n x^n \in F[[x]]$, 定义

$$f(x) + g(x) = \sum_{n=0}^{\infty} (a_n + b_n) x^n$$

和

$$f(x) g(x) = \sum_{n=0}^{\infty} c_n x^n,$$

其中 $c_n = \sum_{k=0}^{n} a_k b_{n-k} \ (n \geqslant 0)$. 容易证明 $F[[x]]$ 在这样的加法和乘法下构成一个环. 进一步, 对于 $f(x) = \sum_{n=0}^{\infty} a_n x^n$, 定义

$$f'(x) = \sum_{n=1}^{\infty} n a_n x^{n-1} = \sum_{n=0}^{\infty} (n+1) a_{n+1} x^n$$

为 $f(x)$ 的**形式微商**或**形式导数**.

如果生成函数是有限项的级数, 它对应的就是一个有限项的数列 (或者说自某一项以后全部为零的数列), 这时形式级数就是一个多项式.

定义 2.3.7 若形式级数 $f(x) = \sum_{n=0}^{\infty} a_n x^n$ 是多项式, 或形式级数 $g(x) = \sum_{n=0}^{\infty} b_n x^n$ 满足 $b_0 = 0$, 则可以定义 $f(x)$ 与 $g(x)$ 的**复合**

$$f(g(x)) = \sum_{n=0}^{\infty} a_n (g(x))^n.$$

当相关的复合存在, 且 $f(g(x)) = g(f(x)) = x$ 时, 则称 $g(x)$ 为 $f(x)$ 的**复合逆**.

有时候,用 $[x^n]f(x)$ 表示 $f(x)$ 中 x^n 的系数,用 $\{a_n\}_{n=0}^{\infty} \leftrightarrow f(x)$ 表示数列 $\{a_n\}_{n=0}^{\infty}$ 的生成函数是 $f(x)$. 如果不加注明,则此生成函数为普通生成函数. 可用生成函数来解递推关系.

例 2.3.8 用生成函数法解例 2.1.1.

解 例 2.1.1 中 $\{a_n\}_{n=0}^{\infty}$ 的普通生成函数为

$$f(x) = \sum_{n=0}^{\infty} a_n x^n = 1 + \sum_{n=1}^{\infty} a_n x^n = 1 + \sum_{n=0}^{\infty} 2a_n x^{n+1}$$
$$= 1 + 2x \sum_{n=0}^{\infty} a_n x^n = 1 + 2xf(x),$$

所以

$$f(x) = \frac{1}{1-2x} = \sum_{n=0}^{\infty}(2x)^n = \sum_{n=0}^{\infty} 2^n x^n.$$

比较系数得 $a_n = 2^n$. □

也可以用生成函数直接解决一些计数问题,看下面这个例子.

例 2.3.9 设有三种物体 a, b, c. 令 a_n 表示从中不重复地选取 n 种物体的方法数,则 $\{a_n\}_{n=0}^{\infty}$ 对应的普通生成函数可如下得出:

$$((ax)^0 + (ax)^1)((bx)^0 + (bx)^1)((cx)^0 + (cx)^1)$$
$$= (1+ax)(1+bx)(1+cx)$$
$$= 1 + (a+b+c)x + (ab+bc+ca)x^2 + abcx^3.$$

上式中 x^i 的系数表明选取 i 种物体的选取方式. 例如,x^2 的系数为 $ab + bc + ca$,表明选取 2 种物体时选取的是 a 和 b,或者 b 和 c,或者 c 和 a 这三种方式. 若仅仅求选取方法数,则只令 $a = b = c = 1$ 即可. 这时,有

$$\{a_n\} \leftrightarrow (1+x)^3.$$

这样我们就得到 $a_n = \binom{3}{n}$.

现在改变规则: 设 a 可取 $0, 1$ 或 2 次, b 可取 0 或 1 次, c 可取偶数次. 令 b_n 表示选取 n 个物体的方法数, 则 $\{b_n\}_{n=0}^{\infty}$ 对应的普通生成函数即

$$(1+x+x^2)(1+x)(1+x^2+x^4+\cdots) = \frac{1+x+x^2}{1-x}$$
$$= (1+x+x^2)\sum_{n=0}^{\infty} x^n$$
$$= 1 + 2x + 3\sum_{n=2}^{\infty} x^n.$$

从以上的生成函数不难看出, 当 $n \geqslant 2$ 时, $b_n = 3$.

通过下面两个例子, 可学习如何求出生成函数, 并使之成为计数问题的有效工具.

例 2.3.10 给定正整数 k, 令 h_n 表示方程

$$x_1 + x_2 + \cdots + x_k = n$$

的非负整数解的个数. 我们已经知道

$$h_n = \binom{n+k-1}{n}.$$

求 $\{h_n\}_{n=0}^{\infty}$ 对应的普通生成函数的闭形式.

解 令 $h(x)$ 表示 $\{h_n\}_{n=0}^{\infty}$ 的普通生成函数, 则有

$$h(x) = \underbrace{(1+x+x^2+\cdots)(1+x+x^2+\cdots)\cdots(1+x+x^2+\cdots)}_{k \text{ 个}}$$
$$= \left(\sum_{i_1=0}^{\infty} x^{i_1}\right)\left(\sum_{i_2=0}^{\infty} x^{i_2}\right)\cdots\left(\sum_{i_k=0}^{\infty} x^{i_k}\right)$$
$$= \frac{1}{(1-x)^k}. \qquad \square$$

推论 2.3.11 $\left\{\binom{n+k-1}{n}\right\}_{n=0}^{\infty} \leftrightarrow \dfrac{1}{(1-x)^k}.$

例 2.3.12 从数量不限的苹果、香蕉、橘子和梨中,选取 n 个水果装成一袋,且选取的苹果数是偶数,香蕉数是 5 的倍数,橘子最多有 4 个,而梨最多有 1 个. 记这样的装法有 h_n 种,求 h_n.

解 令 $g(x)$ 为 $\{h_n\}_{n=0}^{\infty}$ 的普通生成函数,则

$$g(x) = (1 + x^2 + x^4 + \cdots)(1 + x^5 + x^{10} + \cdots)$$
$$\cdot (1 + x + x^2 + x^3 + x^4)(1 + x)$$
$$= \frac{1}{1-x^2} \cdot \frac{1}{1-x^5} \cdot \frac{1-x^5}{1-x}(1+x)$$
$$= \frac{1}{(1-x)^2} = \sum_{n=0}^{\infty} \binom{n+1}{n} x^n,$$

从而由推论 2.3.11 有 $h_n = n + 1$. □

例 2.3.13 用生成函数法求解常系数线性齐次递归关系.

解 设 $\{h_n\}_{n=0}^{\infty}$ 满足 k 阶常系数线性齐次递推关系

$$h_n = a_1 h_{n-1} + a_2 h_{n-2} + \cdots + a_k h_{n-k}, \quad a_k \neq 0, k \geqslant 1.$$

$\{h_n\}_{n=0}^{\infty}$ 的普通生成函数为 $f(x) = \sum_{n=0}^{\infty} h_n x^n$. 设

$$k(x) = x^k g\left(\frac{1}{x}\right) = 1 - \sum_{i=1}^{k} a_i x^i,$$

则 $c(x) = k(x) f(x)$ 中 x^{k+r} $(r \geqslant 0)$ 的系数为

$$h_{k+r} - a_1 h_{k+r-1} - a_2 h_{k+r-2} - \cdots - a_k h_r = 0,$$

即 $c(x)$ 是一个次数小于 k 的多项式. 设上面递推关系的特征方程的互不相同根为 $q_1, q_2, \cdots, q_t$,而 q_i 的重数为 s_i ($1 \leqslant i \leqslant t, s_1 + s_2 + \cdots + s_t = k$),则

$$g(x) = x^k - a_1 x^{k-1} - \cdots a_{k-1} x - a_k$$
$$= (x - q_1)^{s_1} (x - q_2)^{s_2} \cdots (x - q_t)^{s_t}.$$

故
$$k(x) = (1-q_1x)^{s_1}(1-q_2x)^{s_2}\cdots(1-q_tx)^{s_t}.$$

有理分式 $f(x) = \dfrac{c(x)}{k(x)}$ 可以表示为部分分式

$$f(x) = \sum_{i=1}^{t}\sum_{\ell=1}^{s_i}\frac{\beta_{i\ell}}{(1-q_ix)^\ell},$$

这里 $\beta_{i\ell}$ 为适当的常数. 由于

$$\frac{\beta}{(1-qx)^\ell} = \beta(1-qx)^{-\ell} = \beta\sum_{n=0}^{\infty}\binom{n+\ell-1}{n}q^n x^n,$$

所以

$$\sum_{\ell=1}^{s_i}\frac{\beta_{i\ell}}{(1-q_ix)^\ell} = \sum_{\ell=1}^{s_i}\beta_{i\ell}\sum_{n=0}^{\infty}\binom{n+\ell-1}{n}q_i^n x^n = \sum_{n=0}^{\infty}(P_i(n)q_i^n)x^n,$$

其中 $P_i(n) = \sum_{\ell=1}^{s_i}\beta_{i\ell}\binom{n+\ell-1}{n}$ 为一个关于 n 的次数至多为 s_i-1 的多项式. 这样

$$f(x) = \sum_{n=0}^{\infty}\left(\sum_{i=1}^{t}P_i(n)q_i^n\right)x^n,$$

故 $h_n = \sum_{i=1}^{t}P_i(n)q_i^n$, 而 $P_i(n)$ 的系数由初始值 $h_0,h_1,\cdots,h_{k-1}$ 给出.

□

例 2.3.14 (Bell 数) 令 B_n 表示 $[n]$ 上所有划分的个数, 试找到计算 B_n 的公式.

解 讨论 $[n]$ 的划分中包含元素 n 的那个子集, 设其含有 k ($1 \leqslant k \leqslant n$) 个元素, 则剩余的 $k-1$ 个元素是从 $[n-1]$ 中选取的. 而剩余的那些子集为 $n-k$ 个元素的一个划分, 所以

$$B_n = \sum_{k=1}^{n}\binom{n-1}{k-1}B_{n-k}, \quad n \geqslant 1.$$

初始值为 $B_0 = 1, B_1 = 1$. 令 $B(x) = \sum_{n \geqslant 0} \dfrac{B_n}{n!} x^n$, 两边求导数, 得到

$$\begin{aligned}
\frac{\mathrm{d}B(x)}{\mathrm{d}x} &= \sum_{n=1}^{\infty} \frac{B_n}{(n-1)!} x^{n-1} \\
&= \sum_{n=1}^{\infty} \frac{1}{(n-1)!} \left(\sum_{k=1}^{n} \binom{n-1}{k-1} B_{n-k} \right) x^{n-1} \\
&= \sum_{n=1}^{\infty} \sum_{k=1}^{n} \frac{x^{k-1}}{(k-1)!} \frac{B_{n-k} x^{n-k}}{(n-k)!} \\
&= \sum_{k=1}^{\infty} \frac{x^{k-1}}{(k-1)!} \sum_{n \geqslant k} \frac{B_{n-k} x^{n-k}}{(n-k)!} \\
&= \sum_{k=1}^{\infty} \frac{x^{k-1}}{(k-1)!} \sum_{i \geqslant 0} \frac{B_i x^i}{i!} \quad (令\ i = n - k) \\
&= \mathrm{e}^x B(x).
\end{aligned}$$

解微分方程 $\dfrac{\mathrm{d}B(x)}{\mathrm{d}x} = \mathrm{e}^x B(x)$, 可得

$$B(x) = C \mathrm{e}^{\mathrm{e}^x};$$

其中 C 为待定常数. 由初始条件 $B(0) = 1$ 得到 $C = \mathrm{e}^{-1}$, 即

$$B(x) = \mathrm{e}^{\mathrm{e}^x - 1},$$

从而

$$\begin{aligned}
B(x) &= \frac{1}{\mathrm{e}} \sum_{k=0}^{\infty} \frac{(\mathrm{e}^x)^k}{k!} = \frac{1}{\mathrm{e}} \sum_{k=0}^{\infty} \frac{1}{k!} \sum_{n=0}^{\infty} \frac{k^n x^n}{n!} \\
&= \frac{1}{\mathrm{e}} \sum_{n=0}^{\infty} \left(\sum_{k=0}^{\infty} \frac{k^n}{k!} \right) \frac{x^n}{n!}.
\end{aligned}$$

因此

$$B_n = \frac{1}{\mathrm{e}} \sum_{k=0}^{\infty} \frac{k^n}{k!}. \qquad \square$$

以下介绍一些关于形式级数的一般性质和概念.

定义 2.3.15 若形式级数 $f(x) = \sum_{n=0}^{\infty} a_n x^n$ 与 $g(x) = \sum_{n=0}^{\infty} b_n x^n$ 满足 $f(x)g(x) = 1$, 则称 $g(x)$ 为 $f(x)$ 的**乘法逆**.

性质 2.3.16 形式级数 $f(x) = \sum_{n=0}^{\infty} a_n x^n$ 有乘法逆的充分必要条件是 $a_0 \neq 0$.

证明 显见, 若 $f(x)$ 有乘法逆, 则 $a_0 b_0 = 1$, 从而 $a_0 \neq 0$. 反之, 若 $a_0 \neq 0$, 则令 $b_0 = \dfrac{1}{a_0}$, 并且当 $n \geqslant 1$ 时, 归纳地定义

$$b_n = \frac{-1}{a_0} \sum_{k=1}^{n} a_k b_{n-k}.$$

如此得到的 b_n 满足

$$c_n = \sum_{k=0}^{n} a_k b_{n-k} = \begin{cases} 1, & n = 0, \\ 0, & n \geqslant 1. \end{cases}$$

故存在 $f(x)$ 的乘法逆 $g(x) = \sum_{n=0}^{\infty} b_n x^n$. □

性质 2.3.17 设形式级数 $f(x) = \sum_{n=0}^{\infty} a_n x^n$ 与 $g(x) = \sum_{n=0}^{\infty} b_n x^n$ 互为复合逆, 并且 $a_0 = 0$, 则有 $b_0 = 0$ 且 $a_1 \neq 0, b_1 \neq 0$.

证明 注意到 $0 = g(f(0)) = g(0)$, 故 $b_0 = 0$. 设

$$f(x) = \sum_{n \geqslant r} a_n x^n, \quad g(x) = \sum_{n \geqslant s} b_n x^n, \quad r \geqslant 1, s \geqslant 1, a_r b_s \neq 0,$$

则

$$x = f(g(x)) = a_r (b_s)^r x^{rs} + \cdots.$$

因此 $rs = 1, r = 1, s = 1$, 从而 $a_1 = a_r \neq 0, b_1 = b_s \neq 0$. □

事实 2.3.18 若形式级数 $f(x) = \sum_{n=0}^{\infty} a_n x^n$ 满足 $f'(x) = 0$, 则 $f(x)$ 是常数级数 a_0.

事实 2.3.19 若形式级数 $f(x) = \sum_{n=0}^{\infty} a_n x^n$ 满足 $f'(x) = f(x)$, 则 $f(x) = c\mathrm{e}^x$, 其中 c 是某个常数.

证明 由条件得

$$\sum_{n=0}^{\infty}(n+1)a_{n+1}x^n = f'(x) = f(x) = \sum_{n=0}^{\infty} a_n x^n.$$

对比系数知 $(n+1)a_{n+1} = a_n$, 归纳可得 $n \geqslant 0$ 时, $a_n = \dfrac{a_0}{n!}$, 从而

$$f(x) = \sum_{n=0}^{\infty} \frac{a_0}{n!} x^n = a_0 \mathrm{e}^x. \qquad \square$$

2.3.1 普通生成函数

事实 2.3.20 若 $f(x) = \sum_{n=0}^{\infty} a_n x^n$, 则 $\{a_{n+1}\}_{n=0}^{\infty}$ 的普通生成函数是

$$\frac{f(x) - a_0}{x}.$$

事实 2.3.21 若 $f(x) = \sum_{n=0}^{\infty} a_n x^n$, 则 $\{a_{n+2}\}_{n=0}^{\infty}$ 的普通生成函数是

$$\frac{f(x) - a_0 - a_1 x}{x^2}.$$

性质 2.3.22 若 $f(x) = \sum_{n=0}^{\infty} a_n x^n$, 则 $\{a_{n+k}\}_{n=0}^{\infty}$ 的普通生成函数是

$$\frac{f(x) - a_0 - a_1 x - \cdots - a_{k-1} x^{k-1}}{x^k}.$$

事实 2.3.23 若 $f(x)=\sum_{n=0}^{\infty}a_n x^n$,则 $\{na_n\}_{n=0}^{\infty}$ 的普通生成函数是

$$x\mathrm{D}f,$$

这里为了方便,用 $x\mathrm{D}$ 表示运算 $x\dfrac{\mathrm{d}}{\mathrm{d}x}$.

推论 2.3.24 $\{n\}_{n=0}^{\infty} \leftrightarrow x\mathrm{D}\left(\dfrac{1}{1-x}\right)=\dfrac{x}{(1-x)^2}.$

事实 2.3.25 若 $f(x)=\sum_{n=0}^{\infty}a_n x^n$,则 $\{n^k a_n\}_{n=0}^{\infty}$ 的普通生成函数是

$$(x\mathrm{D})^k f = (x\mathrm{D})[(x\mathrm{D})^{k-1}f].$$

性质 2.3.26 若 $f(x)=\sum_{n=0}^{\infty}a_n x^n$,$P$ 是任一多项式,则 $\{P(n)a_n\}_{n=0}^{\infty}$ 的普通生成函数是

$$P(x\mathrm{D})f.$$

例 2.3.27 求和

$$\sum_{n=0}^{\infty}\frac{n^2+4n+5}{n!}.$$

解 由于

$$\mathrm{e}^x=\sum_{n=0}^{\infty}\frac{1}{n!}x^n,$$

故

$$((x\mathrm{D})^2+4(x\mathrm{D})+5)\mathrm{e}^x=\sum_{n=0}^{\infty}\frac{n^2+4n+5}{n!}x^n,$$

即

$$(x^2+5x+5)\mathrm{e}^x=\sum_{n=0}^{\infty}\frac{n^2+4n+5}{n!}x^n.$$

在上式中,令 $x=1$,顺便得到

$$\sum_{n=0}^{\infty}\frac{n^2+4n+5}{n!}=11\mathrm{e}. \qquad \square$$

性质 2.3.28 若 $f(x) = \sum_{n=0}^{\infty} a_n x^n$, $g(x) = \sum_{n=0}^{\infty} b_n x^n$ (即 $f(x), g(x)$ 分别是数列 $\{a_n\}_{n=0}^{\infty}$ 和 $\{b_n\}_{n=0}^{\infty}$ 的普通生成函数), 则 $f(x)g(x)$ 是数列 $\left\{\sum_{k=0}^{n} a_k b_{n-k}\right\}_{n=0}^{\infty}$ 的普通生成函数.

性质 2.3.29 若 $f(x) = \sum_{n=0}^{\infty} a_n x^n$ (即 $f(x)$ 是数列 $\{a_n\}_{n=0}^{\infty}$ 的普通生成函数), k 为正整数, 则 $f^k(x)$ 是数列

$$\left\{\sum_{n_1+n_2+\cdots+n_k=n} a_{n_1} a_{n_2} \cdots a_{n_k}\right\}_{n=0}^{\infty}$$

的普通生成函数.

例 2.3.30 令 $f(n,k)$ 表示正整数 n 写成 k 个非负整数有序和的方法数, 例如 $f(4,2) = 5$. 试求 $f(n,k)$ 的显式表达式.

解 数列 $\{1\}_{n=0}^{\infty}$ 的普通生成函数是 $\dfrac{1}{1-x}$, 故 $\dfrac{1}{(1-x)^k}$ 是数列

$$\left\{\sum_{n_1+n_2+\cdots+n_k=n} 1\right\}_{n=0}^{\infty}$$

的普通生成函数. 上面的数列就是 $\{f(n,k)\}_{n=0}^{\infty}$, 从而

$$f(n,k) = [x^n] \frac{1}{(1-x)^k} = \binom{n+k-1}{n}. \qquad \square$$

推论 2.3.31 若 $f(x) = \sum_{n=0}^{\infty} a_n x^n$, k 为正整数, 则 $\dfrac{f(x)}{1-x}$ 是数列 $\left\{\sum_{j=0}^{n} a_j\right\}_{n=0}^{\infty}$ 的普通生成函数.

例 2.3.32 (调和级数) H_n 定义如下:

$$H_n = \begin{cases} 0, & n = 0, \\ 1 + \dfrac{1}{2} + \cdots + \dfrac{1}{n}, & n \geq 1. \end{cases}$$

求 $\{H_n\}_{n=0}^{\infty}$ 的普通生成函数.

解 要求的函数是 $\dfrac{1}{1-x}$ 乘以 $\left\{\dfrac{1}{n}\right\}_{n=1}^{\infty}$ 的普通生成函数. 后者当然就是

$$f(x) = \sum_{n=1}^{\infty} \frac{x^n}{n}.$$

由 $f'(x) = \sum_{n=1}^{\infty} x^{n-1} = \dfrac{1}{1-x}$, 经过简单的计算就可以得到 $f(x) = -\ln(1-x)$. 所以

$$\sum_{n=0}^{\infty} H_n x^n = -\frac{1}{1-x}\ln(1-x) = \frac{1}{1-x}\ln\frac{1}{1-x}. \qquad \square$$

例 2.3.33 用硬币垒成一个"喷泉"如下: 每行的硬币都连续摆在一起, 除最下一行外, 每枚硬币恰好置于其下面一行的两枚硬币之间. 令 f_n 表示如此可能垒成的最下一行恰有 n 枚硬币的"喷泉"数, 试求 $\{f_n\}_{n=0}^{\infty}$ 的普通生成函数.

解 首先 $f_0 = 1$. 对 $n \geqslant 1$, 若只有一行, 则数目为 1; 若有多于一行, 设从下面往上数第二行有 k 枚硬币, 则 $1 \leqslant k \leqslant n-1$, 且这 k 枚硬币所在的位置有 $n-k$ 种, 所以

$$f_n = \sum_{k=1}^{n-1}(n-k)f_k + 1 = \sum_{k=1}^{n}(n-k)f_k + 1.$$

令 $\{f_n\}_{n=0}^{\infty}$ 的普通生成函数为 $f(x)$, 则

$$\begin{aligned}
f(x) &= \sum_{n=0}^{\infty} f_n x^n = \sum_{n=0}^{\infty}\left(\sum_{k=1}^{n}(n-k)f_k + 1\right)x^n \\
&= \sum_{n=0}^{\infty}\left(\sum_{k=1}^{n}(n-k)f_k\right)x^n + \sum_{n\geqslant 0} 1 \cdot x^n \\
&= \sum_{n=0}^{\infty}\left(\sum_{k=1}^{n}(n-k)f_k\right)x^n + \frac{1}{1-x}.
\end{aligned}$$

设 $g(x) = f(x) - 1$,即 $g(x)$ 为 g_n 的普通生成函数,其中 $g_0 = f_0 - 1 = 0$,而 $n \geqslant 1$ 时,$g_n = f_n$,则有

$$\sum_{k=1}^{n}(n-k)f_k = \sum_{k=1}^{n}(n-k)g_k = \sum_{k=0}^{n}(n-k)g_k.$$

然而 $\{n\}_{n=0}^{\infty}$ 的普通生成函数是 $(x\mathrm{D})\dfrac{1}{1-x} = \dfrac{x}{(1-x)^2}$,所以

$$\sum_{n=0}^{\infty}\left(\sum_{k=0}^{n}(n-k)g_k\right)x^n = \frac{x}{(1-x)^2}g(x) = \frac{x}{(1-x)^2}(f(x)-1).$$

由

$$f(x) = \frac{x}{(1-x)^2}(f(x)-1) + \frac{1}{1-x}$$

解得

$$f(x) = \frac{1-2x}{1-3x+x^2}. \qquad \square$$

注 2.3.34 经过计算,可求得上例中的 f_n 为

$$f_n = \frac{-1+\sqrt{5}}{2\sqrt{5}}\left(\frac{3+\sqrt{5}}{2}\right)^n + \frac{1+\sqrt{5}}{2\sqrt{5}}\left(\frac{3-\sqrt{5}}{2}\right)^n.$$

2.3.2 指数型生成函数

事实 2.3.35 若 $f(x) = \sum\limits_{n=0}^{\infty}\dfrac{a_n}{n!}x^n$,则 $\{a_{n+1}\}_{n=0}^{\infty}$ 的指数型生成函数是

$$\sum_{n=0}^{\infty}\frac{a_{n+1}}{n!}x^n = \sum_{n=1}^{\infty}\frac{na_n}{n!}x^{n-1} = f'(x).$$

性质 2.3.36 若 $f(x) = \sum\limits_{n=0}^{\infty}\dfrac{a_n}{n!}x^n$,则 $\{a_{n+k}\}_{n=0}^{\infty}$ 的指数型生成函数是 $\mathrm{D}^k f$.

例 2.3.37 回忆 Fibonacci 数列 $\{f_n\}_{n=0}^\infty$, 满足 $f_{n+2} = f_{n+1} + f_n$, 初始条件为 $f_0 = 0, f_1 = 1$. 用生成函数的方法再次求解 f_n.

解 令 $f(x)$ 为 $\{f_n\}_{n=0}^\infty$ 的指数型生成函数. 性质 2.3.36 立即给出

$$f''(x) = f'(x) + f(x).$$

解此常系数线性齐次微分方程, 得到

$$f(x) = c_1 e^{\frac{1+\sqrt{5}}{2}x} + c_2 e^{\frac{1-\sqrt{5}}{2}x},$$

其中 c_1, c_2 是待定系数. 初始条件转化为 $f(0) = 0, f'(0) = 1$, 代入解得 $c_1 = \dfrac{1}{\sqrt{5}}, c_2 = \dfrac{-1}{\sqrt{5}}$, 从而

$$f(x) = \frac{e^{\frac{1+\sqrt{5}}{2}x} - e^{\frac{1-\sqrt{5}}{2}x}}{\sqrt{5}}.$$

最后, 得

$$f_n = \left[\frac{x^n}{n!}\right] f(x) = \frac{\left(\dfrac{1+\sqrt{5}}{2}\right)^n - \left(\dfrac{1-\sqrt{5}}{2}\right)^n}{\sqrt{5}}. \qquad \square$$

事实 2.3.38 若 $f(x) = \sum_{n=0}^\infty \dfrac{a_n}{n!} x^n$, 则 $\{na_n\}_{n=0}^\infty$ 的指数型生成函数是 xDf.

性质 2.3.39 若 $f(x) = \sum_{n=0}^\infty \dfrac{a_n}{n!} x^n$, 则 $\{P(n)a_n\}_{n=0}^\infty$ 的指数型生成函数是 $P(xD)f$.

性质 2.3.40 若 $f(x) = \sum_{n=0}^\infty \dfrac{a_n}{n!} x^n, g(x) = \sum_{n=0}^\infty \dfrac{b_n}{n!} x^n$ (即 $f(x), g(x)$ 分别是数列 $\{a_n\}_{n=0}^\infty$ 和 $\{b_n\}_{n=0}^\infty$ 的指数型生成函数), 则 $f(x)g(x)$ 是数列 $\left\{\sum_{k=0}^n \binom{n}{k} a_k b_{n-k}\right\}_{n=0}^\infty$ 的指数型生成函数.

例 2.3.41 回忆 Bell 数. 令 B_n 表示 $[n]$ 上所有划分的个数, 则有

$$B_n = \sum_{k=1}^{n} \binom{n-1}{k-1} B_{n-k} = \sum_{i=0}^{n-1} \binom{n-1}{n-i-1} B_i. \quad (\text{令 } i = n-k)$$

所以

$$B_{n+1} = \sum_{k=0}^{n} \binom{n}{n-k} B_k = \sum_{k=0}^{n} \binom{n}{k} B_k.$$

初始条件为 $B_0 = 1, B_1 = 1$. 利用上述指数型生成函数的性质, 再次求解 B_n.

解 考虑 $\{B_n\}_{n=0}^{\infty}$ 的指数型生成函数 $B(x)$. 利用递推关系及上述指数型生成函数的性质, 又 $\{1\}_{n=0}^{\infty}$ 的指数型生成函数为 e^x, 立即有

$$B'(x) = \mathrm{e}^x B(x),$$

且 $B(0) = 1$. 解此微分方程, 得

$$B(x) = \mathrm{e}^{\mathrm{e}^x - 1}.$$

以下同例 2.3.14. □

通过下面两个例子, 来体会普通生成函数和指数型生成函数的区别.

例 2.3.42 (Catalan 括号串) 考虑符合下面要求的 "合法" 括号串: n 个左括号与 n 个右括号从左至右排成一排, 要求在任何一个位置, 其左边的左括号至少不比右括号少. 令 f_n 表示这样的合法括号串总数. 显然 $f_1 = 1, f_2 = 2, f_3 = 5$. 定义 $f_0 = 1$. 求 $\{f_n\}_{n=0}^{\infty}$ 的生成函数.

解 令 g_n 表示 n 对括号能形成的本原括号串的总数. 本原括号串不仅合法, 而且在到达尽头之前任何一个位置, 其左边的左括号始终比右括号为多. 因为每一个本原括号串去掉第一个左括号和最后一个右括号必为一个合法括号串, 反之亦然, 从而 $g_1 = f_1, g_n = f_{n-1}$. 设 k

为一合法符号串中从左开始第一次达到左、右括号数相等的左、右括号数, 则 $1 \leqslant k \leqslant n$, 且有递归关系

$$f_n = \sum_{k=1}^{n} g_k f_{n-k} = \sum_{k=1}^{n} f_{k-1} f_{n-k}, \quad n \geqslant 1.$$

注意 $n=0$ 时递归不成立. 等号右边的形式让我们自然想到应该利用普通生成函数, 而不是指数型生成函数. 令 $f(x)$ 表示 $\{f_n\}_{n=0}^{\infty}$ 的普通生成函数 (注意等式的右边虽然和 $f^2(x)$ 很像, 但有所不同). 令 $b_0 = 0$, 且当 $k \geqslant 1$ 时, $b_k = f_{k-1}$, 则

$$f_n = \sum_{k=1}^{n} f_{k-1} f_{n-k} = \sum_{k=1}^{n} b_k f_{n-k} = \sum_{k=0}^{n} b_k f_{n-k}.$$

这说明

$$\begin{aligned}
f(x) - 1 &= \sum_{n=1}^{\infty} \left(\sum_{k=0}^{n} b_k f_{n-k} \right) x^n + b_0 f_n \\
&= \sum_{n=0}^{\infty} \left(\sum_{k=0}^{n} b_k f_{n-k} \right) x^n = \left(\sum_{n=0}^{\infty} b_n x^n \right) f(x) \\
&= \left(\sum_{n=1}^{\infty} f_{n-1} x^n \right) f(x) = x f^2(x),
\end{aligned}$$

从而

$$f(x) = \frac{1 \pm \sqrt{1-4x}}{2x}.$$

由初值 $f(0) = 1$ 可知, 应有

$$f(x) = \frac{1 - \sqrt{1-4x}}{2x}. \qquad \square$$

注 2.3.43 上例进一步计算有

$$f(x) = \sum_{n=1}^{\infty} 2^{n-1} \frac{1 \cdot 3 \cdot 5 \cdots (2n-3)}{n!} x^{n-1} = \sum_{n=0}^{\infty} \frac{1}{n+1} \binom{2n}{n} x^n.$$

所以 $f_n = \dfrac{1}{n+1} \dbinom{2n}{n}$, 此即 Catalan 数 (见第四章).

例 2.3.44 置换 $\sigma \in S_n$ 称为**错位排列**, 如果对任意 $1 \leqslant i \leqslant n$, 均有 $\sigma(i) \neq i$. 令 d_n 表示 S_n 中错位排列的总数. 易见

$$n! = \sum_{k=0}^{n} \binom{n}{k} d_{n-k}.$$

这促使我们考虑 d_n 的指数型生成函数 $D(x) = \sum_{n=0}^{\infty} d_n \frac{x^n}{n!}$. 由于 $\{1\}_{n=0}^{\infty}$ 的指数型生成函数为 e^x, 而 $\{n!\}_{n=0}^{\infty}$ 的指数型生成函数为

$$\sum_{n \geqslant 0} \frac{n!}{n!} x^n = \sum_{n \geqslant 0} x^n = \frac{1}{1-x},$$

由前面的递推关系可得 $\dfrac{1}{1-x} = \mathrm{e}^x D(x)$, 即 $D(x) = \dfrac{\mathrm{e}^{-x}}{1-x}$.

也可以利用错位排列数 d_n 的另外递推关系求解. 考虑 $\sigma \in S_{n+1}$ 的最后一位 $\sigma(n+1)$ 的取值, 它有 n 种可能. 若 $\sigma(n+1) = i$ 且 $\sigma(i) = n+1$, 则 σ 为 $[n]\backslash\{i\}$ 上的一个错位排列; 若 $\sigma(n+1) = i$ 但 $\sigma(i) \neq n+1$, 则用 i 替代 $n+1$ 可得到 $[n]$ 上的一个错位排列. 这便得到递推关系 $d_{n+1} = n(d_n + d_{n-1})$ (注意到这个递推关系不是常系数的). 所以

$$\begin{aligned} D'(x) &= \sum_{n=0}^{\infty} \frac{d_{n+1}}{n!} x^n = \sum_{n=0}^{\infty} \frac{d_n}{(n-1)!} x^n + \sum_{n=0}^{\infty} \frac{d_{n-1}}{(n-1)!} x^n \\ &= xD'(x) + xD(x) \end{aligned}$$

或

$$\frac{D'(x)}{D(x)} = -1 + \frac{1}{1-x},$$

从而 $D(x) = \dfrac{1}{1-x} \mathrm{e}^{-x+c}$, c 为待定常数. 当 $x = 0$ 时, $D(0) = d_0 = 1$, 得到 $c = 0$, 这也求出 $D(x) = \dfrac{\mathrm{e}^{-x}}{1-x}$.

展开得到

$$D(x) = \frac{\mathrm{e}^{-x}}{1-x} = \frac{1}{1-x} \sum_{i=0}^{\infty} \frac{(-1)^i}{i!} x^i = \sum_{n=0}^{\infty} \left(\sum_{i=0}^{n} \frac{(-1)^i}{i!} \right) x^n,$$

所以
$$d_n = n! \sum_{i=0}^{n} \frac{(-1)^i}{i!}.$$

这表明, 在 S_n 中任取一个置换, 它是错位排列的概率为 $\dfrac{d_n}{n!}$, 其极限是 e^{-1} ($n \to \infty$). 这真是个奇妙但并不显然的事实.

性质 2.3.45 若 $f(x) = \sum_{n=0}^{\infty} \dfrac{a_n}{n!} x^n$, $g(x) = \sum_{n=0}^{\infty} \dfrac{b_n}{n!} x^n$, $h(x) = \sum_{n=0}^{\infty} \dfrac{c_n}{n!} x^n$ (即 $f(x), g(x), h(x)$ 分别是数列 $\{a_n\}_{n=0}^{\infty}, \{b_n\}_{n=0}^{\infty}, \{c_n\}_{n=0}^{\infty}$ 的指数型生成函数), 则 $f(x)g(x)h(x)$ 是数列

$$\left\{ \sum_{\substack{i+j+k=n \\ i,j,k \geqslant 0}} \binom{n}{i,j,k} a_i b_j c_k \right\}_{n=0}^{\infty}$$

的指数型生成函数.

性质 2.3.46 若 $f(x) = \sum_{n=0}^{\infty} \dfrac{a_n}{n!} x^n$ (即 $f(x)$ 是数列 $\{a_n\}_{n=0}^{\infty}$ 的指数型生成函数), 则 $f^k(x)$ 是数列

$$\left\{ \sum_{\substack{n_1+n_2+\cdots+n_k=n \\ n_i \geqslant 0, i=1,\cdots,k}} \binom{n}{n_1, n_2, \cdots, n_k} a_{n_1} a_{n_2} \cdots a_{n_k} \right\}_{n=0}^{\infty}$$

的指数型生成函数.

定理 2.3.47 令 h_n 表示多重集 $S = \{n_1 \cdot t_1, n_2 \cdot t_2, \cdots, n_k \cdot t_k\}$ 的满足某种选取规则 P 的 n-排列数, 其中 $n_i \geqslant 0$ ($1 \leqslant i \leqslant k$). 记仅由 t_i 组成的满足性质 P 的 n-排列数为 $a_n^{(i)}$, 数列 $\{a_n^{(i)}\}_{n=0}^{\infty}$ 的指数型生成函数为 $f_i(x)$ ($1 \leqslant i \leqslant k$), 则数列 $\{h_n\}_{n=0}^{\infty}$ 的指数型生成函数为

$$h(x) = \prod_{i=1}^{k} f_i(x).$$

证明 设 $f_i(x) = \sum_{j=0}^{\infty} \dfrac{a_j^{(i)}}{j!} x^j$ $(1 \leqslant i \leqslant k)$, 则

$$h_n = \sum_{\substack{m_1+m_2+\cdots+m_k=n \\ 0 \leqslant m_i \leqslant n_i}} \binom{n}{m_1, m_2, \cdots, m_k} \prod_{i=1}^{k} a_{m_i}^{(i)}$$

$$= \sum_{\substack{m_1+m_2+\cdots+m_k=n \\ 0 \leqslant m_i \leqslant n_i}} n! \frac{\prod_{i=1}^{k} a_{m_i}^{(i)}}{\prod_{i=1}^{k} m_i!} = \left[\frac{x^n}{n!}\right] \prod_{i=1}^{k} f_i(x),$$

从而

$$h(x) = \prod_{i=1}^{k} f_i(x). \qquad \square$$

注 2.3.48 一般地, 若 $n_i = \infty$, 且所循规则 P 对元素 t_i 的选取没有限制, 则

$$f_i(x) = \mathrm{e}^x;$$

若 $n_i < \infty$, 且规则 P 对元素 t_i 的选取没有限制, 则

$$f_i(x) = \sum_{j=0}^{n_i} \frac{x^j}{j!}.$$

有时元素 t_i 的选取受到限制, 例如 t_i 只能有大于 1 的奇数个, 此时 t_i 满足该规则的 n-排列数即为

$$a_j^{(i)} = \begin{cases} 1, & j = 3, 5, 7, 9, \cdots, \\ 0, & \text{其他}, \end{cases}$$

于是

$$f_i(x) = \sum_{j=1}^{\infty} \frac{x^{2j+1}}{(2j+1)!} = \frac{\mathrm{e}^x - \mathrm{e}^{-x} - 2x}{2}.$$

例 2.3.49 用红、白、蓝三种颜色对 1 行 n 列的棋盘上所有方格进行涂色. 若要求涂成红色的方格数为偶数, 则有多少种涂色方法?

解 用 h_n 表示这样涂色的方法数,且设数列 $\{h_n\}_{n=0}^{\infty}$ 的指数型生成函数为 $h(x)$. 易见

$$h(x) = \left(1 + \frac{x^2}{2!} + \frac{x^4}{4!} + \cdots\right)\left(1 + \frac{x}{1!} + \frac{x^2}{2!} + \cdots\right)^2$$
$$= \frac{1}{2}(e^x + e^{-x})(e^x)^2 = \frac{1}{2}(e^{3x} + e^x)$$
$$= \frac{1}{2}\left(\sum_{n=0}^{\infty} \frac{(3x)^n}{n!} + \sum_{n=0}^{\infty} \frac{x^n}{n!}\right)$$
$$= \frac{1}{2}\sum_{n=0}^{\infty}(3^n + 1)\frac{x^n}{n!},$$

因此

$$h_n - \frac{3^n + 1}{2}. \qquad \square$$

例 2.3.50 确定每位数字都是奇数且 1 和 3 出现偶数次的 n 位数个数 h_n.

解 设 $\{h_n\}_{n=0}^{\infty}$ 的指数型生成函数为 $h(x)$, 则

$$h(x) = \left(1 + \frac{x^2}{2!} + \frac{x^4}{4!} + \cdots\right)^2\left(1 + \frac{x}{1!} + \frac{x^2}{2!} + \cdots\right)^3$$
$$= \left(\frac{e^x + e^{-x}}{2}\right)^2 e^{3x} = \frac{1}{4}(e^{5x} + 2e^{3x} + e^x)$$
$$= \sum_{n=0}^{\infty} \frac{5^n + 2\cdot 3^n + 1}{4} \cdot \frac{x^n}{n!}.$$

因此

$$h_n = \frac{5^n + 2\cdot 3^n + 1}{4}. \qquad \square$$

2.3.3 Dirichlet 生成函数

性质 2.3.51 若 $f(s) = \sum_{n=1}^{\infty} \frac{a_n}{n^s}, g(s) = \sum_{n=1}^{\infty} \frac{b_n}{n^s}$ 分别是数列 $\{a_n\}_{n=1}^{\infty}$

和 $\{b_n\}_{n=1}^{\infty}$ 的 Dirichlet 生成函数, 则 $f(s)g(s)$ 是数列

$$\left\{\sum_{d|n} a_d b_{\frac{n}{d}}\right\}_{n=1}^{\infty}$$

的 Dirichlet 生成函数.

性质 2.3.52 若 $f(s) = \sum_{n=1}^{\infty} \dfrac{a_n}{n^s}$ 是数列 $\{a_n\}_{n=1}^{\infty}$ 的 Dirichlet 生成函数, 则 $f^k(s)$ 是数列

$$\left\{\sum_{n_1 n_2 \cdots n_k = n} a_{n_1} a_{n_2} \cdots a_{n_k}\right\}_{n=1}^{\infty}$$

的 Dirichlet 生成函数.

例 2.3.53 已知数列 $\{1\}_{n=1}^{\infty}$ 的 Dirichlet 生成函数是 Riemann-Zeta 函数

$$\zeta(s) = \sum_{n=1}^{\infty} \frac{1}{n^s},$$

求以 $\zeta^2(s)$ 为其 Dirichlet 生成函数的数列.

解 由前面的性质有

$$[n^{-s}]\zeta^2(s) = \sum_{d|n} 1 = d(n),$$

这里 $d(n)$ 是 n 的正因子个数, 则所求即为 $\{d(n)\}_{n=1}^{\infty}$. $\square$

例 2.3.54 类似地, $\zeta^k(s)$ 生成了 n 的可分解为 k 个有序正因子积的方法数, $(\zeta(s) - 1)^k$ 生成了 n 的可分解为 k 个有序非平凡正因子 (每个都大于 1) 积的方法数.

定义 2.3.55 **数论函数**是指定义域为 $\mathbb{Z}^+$ 的函数. 如果数论函数 $f(x)$ 对任意互素的正整数 m, n, 有 $f(mn) = f(m)f(n)$, 则称 $f(x)$ 具有**积性**.

由积性的定义可知，一个积性数论函数被它在素数幂上的取值唯一确定：
$$f(n) = f(p_1^{a_1})f(p_2^{a_2})\cdots f(p_r^{a_r}),$$
这里 n 的素因子分解为 $n = p_1^{a_1}p_2^{a_2}\cdots p_r^{a_r}$（$p_i$ 为素数，a_i 为正整数，$1 \leqslant i \leqslant r$）. 例如，对于积性数论函数 $f(x)$，若知道 p 是素数，$m \in \mathbb{N}^+$ 时，$f(p^m) = p^{2m}$，则对于一切正整数 n，有 $f(n) = n^2$. 又对任意不恒为 0 的积性数论函数 $f(n)$，显然有 $f(1) = 1$.

例 2.3.56 $d(n)$ 是一个积性数论函数.

以下除非特别声明，p 均表示素数.

定理 2.3.57 若 f 是积性数论函数，则 $\{f(n)\}_{n=1}^{\infty}$ 的 Dirichlet 生成函数有下面的表达形式：
$$\sum_{n=1}^{\infty} \frac{f(n)}{n^s} = \prod_{p}\left(\sum_{k=0}^{\infty} f(p^k)p^{-ks}\right).$$

证明 当 $n \geqslant 2$ 时，设 n 的素因子分解为 $n = p_1^{a_1}p_2^{a_2}\cdots p_r^{a_r}$，这里 p_i 为素数，a_i 为正整数，$1 \leqslant i \leqslant r$，则
$$[n^{-s}]\prod_{p}\left(\sum_{k=0}^{\infty} f(p^k)p^{-ks}\right) = [n^{-s}]\prod_{i=1}^{r} f(p_i^{a_i})p_i^{-a_i s} = \prod_{i=1}^{r} f(p_i^{a_i})$$
$$= f\left(\prod_{i=1}^{r} p_i^{a_i}\right) = f(n).$$

易知上式对 $n = 1$ 也成立，从而结论成立. $\square$

例 2.3.58 利用积性数论函数的上述性质，将 $\zeta(s)$ 化为乘积形式.

解 常值函数 $f: \mathbb{Z}^+ \to 1$ 是一个积性数论函数，从而
$$\zeta(s) = \prod_{p}\left(\sum_{k=0}^{\infty} p^{-ks}\right) = \prod_{p} \frac{1}{1-p^{-s}} = \frac{1}{\prod_{p}(1-p^{-s})}. \quad \square$$

定义 2.3.59 Möbius 函数是一个积性数论函数，它在素数幂上如下定义：
$$\mu(p^a) = \begin{cases} +1, & a = 0, \\ -1, & a = 1, \\ 0, & a \geqslant 2. \end{cases}$$

注 2.3.60 A. F. Möbius (1790—1868) 曾经做过高斯的助手，虽然后来以天文学家为职业，但他的主要贡献却是在几何学与拓扑学上.

事实 2.3.61 考察数列 $\{\mu(n)\}_{n=1}^{\infty}$ 的 Dirichlet 生成函数 $\widetilde{\mu}(s)$. 由于
$$\widetilde{\mu}(s) = \sum_{n=1}^{\infty} \frac{\mu(n)}{n^s} = \prod_p \left(1 - p^{-s}\right),$$
从而 $\widetilde{\mu}(s)\zeta(s) = 1$, 也即
$$\frac{1}{\zeta(s)} = \sum_{n=1}^{\infty} \frac{\mu(n)}{n^s}.$$

定理 2.3.62 若两数列 $\{a_n\}_{n=1}^{\infty}$, $\{b_n\}_{n=1}^{\infty}$ 满足对任意 $n \geqslant 1$, 有
$$a_n = \sum_{d|n} b_d,$$
则对任意 $n \geqslant 1$, 有
$$b_n = \sum_{d|n} \mu\left(\frac{n}{d}\right) a_d.$$

证明 令 $A(s)$, $B(s)$ 分别为 $\{a_n\}_{n=1}^{\infty}$, $\{b_n\}_{n=1}^{\infty}$ 的 Dirichlet 生成函数，由性质 2.3.51 有
$$A(s) = B(s)\zeta(s),$$
从而
$$B(s) = \frac{A(s)}{\zeta(s)} = A(s)\widetilde{\mu}(s),$$
此即
$$b_n = \sum_{d|n} \mu\left(\frac{n}{d}\right) a_d. \qquad \square$$

例 2.3.63 一个由 0 和 1 组成的序列称为**本原**的, 当且仅当它不能写成多于一个完全相同的子列的并置. 例如, 全长为 4 的 0,1 序列共计 16 个, 其中本原序列有 12 个, 非本原序列有 4 个: 0000, 1111, 0101 和 1010. 令 f_n 表示长度为 n 的 0,1 本原序列的个数, 求 f_n 的显式表达式.

解 令 a_n 表示长度为 n 的所有 0,1 序列个数, 则 $a_n = 2^n$. 容易看出, 对任一长度为 n 的 0,1 序列, 存在唯一的 d, 使得序列可以写成 $\frac{n}{d}$ 个长度为 d 的本原序列的并置, 这里 $d|n$. 反之, 若 $d|n$, 将 $\frac{n}{d}$ 个长度为 d 的本原序列并置, 可得到一个长度为 n 的普通 0,1 序列 (该序列是本原的当且仅当 $n = d$). 于是, 当 $n \geqslant 1$ 时, 有

$$a_n = \sum_{d|n} f_d.$$

故当 $n \geqslant 1$ 时, 有

$$f_n = \sum_{d|n} \mu\left(\frac{n}{d}\right) a_d = \sum_{d|n} \mu\left(\frac{n}{d}\right) 2^d. \qquad \square$$

例 2.3.64 (分圆多项式) 如果复数 ξ 是方程 $x^n - 1 = 0$ 的一个根, 且满足 $\xi^m - 1 \neq 0 \ (1 \leqslant m \leqslant n - 1)$, 则称 ξ 为 n 次**本原单位根**. 一般地, 全部 n 次本原单位根为

$$\{e^{\frac{2\pi i k}{n}} \mid 0 \leqslant k \leqslant n - 1, \gcd(n, k) = 1\}.$$

熟知, 以所有 n 次单位根为全部根的多项式为

$$x^n - 1 = \prod_{k=0}^{n-1}(x - e^{\frac{2\pi i k}{n}}).$$

定义**分圆多项式**为以所有 n 次本原单位根为全部根的多项式

$$\phi_n(x) = \prod_{\substack{0 \leqslant k \leqslant n-1, \\ \gcd(n,k)=1}} (x - e^{\frac{2\pi i k}{n}}).$$

试用 $\{x^d - 1\}_{d=0}^{\infty}$ 中的多项式表示 $\phi_n(x)$.

解 注意到对于任一 n 次单位根 ξ, 都存在 n 的唯一正因子 d, 使得 ξ 是 d 次本原单位根, 从而 ξ 是 $\phi_d(x)$ 的根; 而对于 n 的任一正因子 d, $\phi_d(x)$ 的根显然也是一个 n 次单位根, 且不同的 $\phi_d(x)$ 没有相同的根. 因此, 多项式

$$\prod_{k=0}^{n-1}(x - e^{\frac{2\pi i k}{n}}) = x^n - 1$$

可以分解为分圆多项式之积:

$$x^n - 1 = \prod_{d|n} \phi_d(x).$$

两边取对数, 得

$$\ln(x^n - 1) = \sum_{d|n} \ln \phi_d(x).$$

故

$$\ln \phi_n(x) = \sum_{d|n} \mu\left(\frac{n}{d}\right) \ln(x^d - 1),$$

也即

$$\phi_n(x) = \prod_{d|n} (x^d - 1)^{\mu(\frac{n}{d})}. \qquad \square$$

由上例我们得到下面的定理.

定理 2.3.65 设 n 是正整数, 则

$$\phi_n(x) = \prod_{d|n} (x^d - 1)^{\mu(\frac{n}{d})}.$$

例 2.3.66 求 $\phi_{12}(x)$.

解 由上述定理知

$$\phi_{12}(x) = \prod_{d|12}(x^d - 1)^{\mu(\frac{12}{d})}$$

$$= (x-1)^0(x^2-1)^1(x^3-1)^0(x^4-1)^{-1}(x^6-1)^{-1}(x^{12}-1)^1$$

$$= \frac{(x^2-1)(x^{12}-1)}{(x^4-1)(x^6-1)}$$

$$= x^4 - x^2 + 1. \qquad \square$$

注 2.3.67 虽然在分圆多项式 $\phi_n(x)$ 的定义中出现复数, 但由于 $\phi_n(x)$ 是一个整系数多项式除以一个首 1 (即首项系数为 1) 的整系数多项式, 故分圆多项式也是整系数多项式.

习 题 二

以下各题所得的生成函数应尽量化简.

1. 求长度为 n 的不包含连续 0 的 0,1 序列的个数.

2. 由 X, Y, Z, U 组成的长度为 n 且有偶数个 U 的字符串有多少个?

3. 给定方程 $x_1 + x_2 + x_3 + x_4 = r$, 其中 x_1, x_2, x_3, x_4 为非负整数, 且 $x_1 \leqslant 4$, x_2 为小于 9 的奇数, x_3 和 x_4 均为小于 10 的偶数. 设 a_r 表示上述方程解的个数, 求 $\{a_r\}_{n=0}^{\infty}$ 的生成函数.

4. 用 $a(n,r)$ 表示从 $1, 2, \cdots, n$ 中选出 r 个数使得任意两个都不相邻的取法数 ($a(0,0) = 1$). 证明:

$$a(n,r) = a(n-1, r) + a(n-2, r-1).$$

利用这个递推关系证明:

$$a(n,r) = \binom{n-r+1}{r}.$$

5. 从 a, b, c 中可重复地选取 4 个字母, 其中至少有 2 个 a, 则可组成多少个字符串?

6. 确定所有数字至少是 5 的 n 位数的个数, 其中 6 和 8 都出现偶数次, 9 至少出现一次, 但对于数字 5 和 7 则没有限制.

7. 对 Fibonacci 数列 $\{f_n\}_{n=0}^\infty$, 证明: 若正整数 k, m 满足 $k|m$, 则必有 $f_k|f_m$.

8. 解递推关系
$$a_n = -5a_{n-1} - 6a_{n-2} + 3n^2, \quad n \geqslant 2,$$
$$a_0 = 0, \quad a_1 = 1.$$

9. 在单位圆周上置 $2n$ 个等间隔的点. 令 a_n 表示将这些点连成对使得所连线段不相交的方法数, 求 $\{a_n\}_{n=0}^\infty$ 的生成函数.

10. 令 a_n 表示在一个 n-集合上完成某个任务的方法数, $a_0 = 0$. 对于 $n \geqslant 1$, 令 b_n 表示将集合 $[n]$ 划分成任意的连续、非空区间段, 然后在这些非空区间段上完成前面任务的方法数, $b_0 = 1$. 设 $\{a_n\}_{n=0}^\infty$ 和 $\{b_n\}_{n=0}^\infty$ 的普通生成函数分别为 $f(x)$ 和 $g(x)$, 证明:
$$g(x) = \frac{1}{1 - f(x)}.$$

11. 令 a_n 表示在一个 n-集合上完成某个任务的方法数, $a_0 = 0$. 对于 $n \geqslant 1$, 令 b_n 表示将集合 $[n]$ 划分成任意的非空子集, 然后在这些非空子集上完成前面任务的方法数, $b_0 = 1$. 设 $\{a_n\}_{n=0}^\infty$ 和 $\{b_n\}_{n=0}^\infty$ 的指数型生成函数分别为 $f(x)$ 和 $g(x)$, 证明:
$$g(x) = e^{f(x)}.$$

12. 令 $f(n, k, h)$ 表示把 n 分成恰好 k 个至少为 h 的**有序**正整数和的方法数, 求 $\{f(n, k, h)\}_{n=0}^\infty$ 的普通生成函数 $\sum_{n=0}^\infty f(n, k, h) x^n$ 及 $f(n, k, h)$ 的显式公式.

13. 对正整数 n, k, 定义 $g(n, k)$ 如下: 把 n 分成恰好 k 个**有序**正整数 $n_1, \cdots, n_k$ 之和, 再把这些正整数相乘, 得到积 $n_1 \cdots n_k$. 考虑每一个分法得到的积. $g(n, k)$ 就是所有这样的积之和. 求 $g(n, k)$ 及数列 $\{g(n, k)\}_{n=0}^\infty$ 的生成函数.

14. 令 $p(n)$ 表示 n 的分拆数, 即 n 的**无序**正整数和的个数. 例如, 由 $3 = 1+1+1 = 2+1 = 3$ 有 $p(3) = 3$. 试求数列 $\{p(n)\}_{n=0}^{\infty}$ 的生成函数.

15. 令 $D_k(n)$ 表示 S_n 中恰有 k 个不动点的置换个数, 证明:
$$\sum_{n,k=0}^{\infty} D_k(n) \frac{x^n y^k}{n!} = \frac{\mathrm{e}^{-x(1-y)}}{1-x}.$$

16. 称一个数论函数 $f(n)$ 具有**强积性**, 如果对任意 $m, n \in \mathbb{N}$, 有 $f(m)f(n) = f(mn)$. 令 λ 为在所有素数上取值为 -1 的强积性数论函数, 求 $\{\lambda(n)\}_{n=1}^{\infty}$ 的 Dirichlet 生成函数, 并由此证明:
$$\sum_{d|n} \lambda(d) = \begin{cases} 1, & n \text{ 是完全平方数}, \\ 0, & \text{其他}. \end{cases}$$

17. 熟知级数 $\sum_{n=1}^{\infty} \frac{1}{n}$ 是发散的, 证明: 级数 $\sum_{p \text{ 为素数}} \frac{1}{p}$ 也是发散的 (由此可得到素数有无限个).

第三章 容斥原理及其推广

§3.1 容斥原理在计数理论中的应用

容斥原理又称筛法,是一个古老而简便的工具. 它与现代计数手段相结合,又衍生出许多新意. 首先以两个简单的例子开始本节的内容.

例 3.1.1 某班有 100 人,其中会打篮球的有 45 人,会打乒乓球的有 53 人,会打排球的有 55 人;既会打篮球也会打乒乓球的有 28 人,既会打篮球也会打排球的有 32 人,既会打乒乓球也会打排球的有 35 人;三种球都会打的有 20 人. 问:三种球都不会打的有多少人?

解 设 $E_1 = \{$此班会打篮球的人$\}$,$E_2 = \{$此班会打乒乓球的人$\}$,$E_3 = \{$此班会打排球的人$\}$,则由条件知

$$|E_1| = 45, \quad |E_2| = 53, \quad |E_3| = 55;$$
$$|E_1 \cap E_2| = 28, \quad |E_1 \cap E_3| = 32, \quad |E_2 \cap E_3| = 35;$$
$$|E_1 \cap E_2 \cap E_3| = 20.$$

可如下计算出三种球都不会打的人数:先从总人数中减掉会打三种球中某一种的人数;此时会打两种球的人数被减掉了两次,会打三种球的人数被减掉了三次,为了得到所求,应加上它们;上一步中会打三种球的人数被加了三次,从而应再减一次. 易知这样所得结果确是所求,即结果为

$$100 - |E_1| - |E_2| - |E_3| + |E_1 \cap E_2| + |E_1 \cap E_3| + |E_2 \cap E_3| - |E_1 \cap E_2 \cap E_3|$$
$$= 100 - 45 - 53 - 55 + 28 + 32 + 35 - 20 = 22.$$

所以三种球都不会打的有 22 人. □

注 3.1.2 对于此类问题,可借助文氏图 (Venn Diagram) 来获得直观的解答,也可以从集合的角度来求解. 本例中我们采用的是后者. 另外, 本例中根据条件得到了 7 个关于集合的等式后, 可设只会打某一种球、只会打某两种球、三种球都会打的人数为 7 个未知量, 由上述等式列出 7 个线性方程, 通过解这个线性方程组求得各部分的人数. 但这种方法不具备一般性, 无法引出容斥原理的思想.

例 3.1.3 求 1 到 500 中不能被 2 和 3 整除的整数个数.

解 这是熟知的初等问题. 与上题类似, 答案是

$$500 - \left\lfloor \frac{500}{2} \right\rfloor^{①} - \left\lfloor \frac{500}{3} \right\rfloor + \left\lfloor \frac{500}{6} \right\rfloor = 167.\qquad\square$$

定理 3.1.4 (容斥原理) 设 S 为一有限集, $\mathcal{P} = \{P_1, P_2, \cdots, P_m\}$ 为一族性质. 对 $[m]$ 的任一子集 I, 令 X_I 表示 S 中满足性质 P_i (对所有 $i \in I$) 的那些元素构成的集合. 特别地, 当 $I = \{i\}$ 时, 简记 $X_{\{i\}}$ 为 X_i. 记 $\overline{X_I} = S \setminus X_I$, 则集合 S 中不具有 $\mathcal{P}$ 中任何一种性质的元素个数由下式给出:

$$\begin{aligned}|\overline{X_1} &\cap \overline{X_2} \cap \cdots \cap \overline{X_m}| \\ &= |S| - \sum_i |X_i| + \sum_{i<j} |X_i \cap X_j| \\ &\quad - \sum_{i<j<k} |X_i \cap X_j \cap X_k| + \cdots + (-1)^m |X_1 \cap X_2 \cap \cdots \cap X_m| \\ &= \sum_{I \subseteq [m]} (-1)^{|I|} |X_I|.\end{aligned} \qquad(3.1)$$

证明 对任意 $x \in S$, 记 $J_x = \{i \in [m] \mid x \in X_i\}$. 按 J_x 是否为空集讨论:

(1) $J_x = \varnothing$, 即 x 不在任意一个 X_i 中. 此时 x 对 (3.1) 式左端的贡献为 1; 对于右端, x 仅对 $|S|$ 贡献 1, 对其余和式贡献为 0, 从而 x 对右端贡献也为 1. 故 (3.1) 式成立.

---

①本书用 $\lfloor x \rfloor$ 表示不大于 x 且离 x 最近的整数, 而用 $\lceil x \rceil$ 表示不小于 x 且离 x 最近的整数.

(2) $J_x \neq \varnothing$, 即 x 在某些 X_i 中. 设 $j = |J_x|$, 则 $j > 0$. 此时 x 对 (3.1) 式左端的贡献为 0; 对于右端, 注意到 $x \in X_I$ 等价于 $I \subseteq J_x$, 从而 x 对 (3.1) 式右端的贡献为

$$\sum_{I \subseteq J_x} (-1)^{|I|} = \sum_{i=0}^{j} (-1)^i \binom{j}{i} = (1-1)^j = 0.$$

故 (3.1) 式成立.

综合 (1), (2), 有 (3.1) 式成立. □

容斥原理是一个很有用的计数原则, 它的另一表述为: 设 S 是一个 n-集合, $E_1, E_2, \cdots, E_m$ 是 S 的子集 (不一定互不相同), 对任意 $M \subseteq [m]$ 及 $0 \leqslant j \leqslant m$, 定义

$$n(M) = \left| \bigcap_{i \in M} E_i \right|, \quad n_j = \sum_{|M|=j} n(M),$$

则 S 中不在每个 E_i ($1 \leqslant i \leqslant m$) 中的元素个数为

$$n - n_1 + n_2 - n_3 + \cdots + (-1)^m n_m.$$

例 3.1.5 用容斥原理计算 n 元错位排列的个数 d_n.

解 对于 n 元置换及 $1 \leqslant i \leqslant n$, 定义性质 P_i 为 i 在置换下保持不变 (或 i 为不动点). 定义 A_i 为 n 元对称群 S_n 中所有满足性质 P_i 的置换组成的子集, 则

$$d_n = |\overline{A_1} \cap \overline{A_2} \cap \cdots \cap \overline{A_n}|.$$

对任意 $1 \leqslant i_1 < \cdots < i_k \leqslant n$, $|A_{i_1} \cap \cdots \cap A_{i_k}|$ 为 S_n 中具有不动点 $i_1, \cdots, i_k$ 的置换个数, 即 $(n-k)!$. 根据定理 3.1.4, 得到

$$\begin{aligned}
d_n &= |\overline{A_1} \cap \overline{A_2} \cap \cdots \cap \overline{A_n}| \\
&= |S_n| - \sum_i |A_i| + \sum_{i<j} |A_i \cap A_j| - \sum_{i<j<k} |A_i \cap A_j \cap A_k| \\
&\quad + \cdots + (-1)^n |A_1 \cap A_2 \cap \cdots \cap A_n| \\
&= n! - n(n-1)! + \binom{n}{2}(n-2)! - \binom{n}{3}(n-3)! + \cdots + (-1)^n \binom{n}{n}
\end{aligned}$$

$$= n! - \frac{n!}{1!} + \frac{n!}{2!} - \frac{n!}{3!} + \cdots + (-1)^n \frac{n!}{n!}$$
$$= n! \sum_{k=0}^{n} \frac{(-1)^k}{k!}.$$ □

例 3.1.6 有多少种方法可以把句子 "JOY IS MEAN" 中的字母重新排成一行, 使得 JOY, IS, MEAN 这三个词中的字母都不按原顺序连续出现?

解 令 S 表示 "JOY IS MEAN" 中字母的所有全排列构成的集合, P_1, P_2, P_3 分别表示一个排列中 JOY, IS, MEAN 出现这一性质, X_i 表示 S 中满足性质 P_i 的排列组成的集合, 则有

$$|S| = 9!, \quad |X_1| = (1+6)! = 7!, \quad |X_2| = (1+7)! = 8!,$$
$$|X_3| = (1+5)! = 6!, \quad |X_1 \cap X_2| = 6!, \quad |X_2 \cap X_3| = 5!,$$
$$|X_1 \cap X_3| = 4!, \quad |X_1 \cap X_2 \cap X_3| = 3!.$$

由容斥原理知, 满足要求的排列总数为

$$|\overline{X_1} \cap \overline{X_2} \cap \overline{X_3}| = 9! - (7! + 8! + 6!) + (6! + 5! + 4!) - 3!$$
$$= 317658.$$ □

例 3.1.7 从 $[n]$ 到 $\{y_1, \cdots, y_k\}$ 的满射有多少个? 找出一个可方便计算的公式.

解 设 S 为所有 $[n]$ 到 $\{y_1, \cdots, y_k\}$ 的映射的集合, 则 $|S| = k^n$. 定义性质 P_i 为 y_i 不是映射的像, A_i 为满足性质 P_i $(1 \leqslant i \leqslant k)$ 的所有从 $[n]$ 到 $\{y_1, \cdots, y_k\}$ 的映射的集合, 则对任意 $1 \leqslant i \leqslant k$, 有

$$|A_i| = (k-1)^n;$$

对任意 $1 \leqslant i_1 < \cdots < i_j \leqslant k$, 有

$$|A_{i_1} \cap \cdots \cap A_{i_j}| = (k-j)^n.$$

这样, 所求满射的个数为

$$|\overline{A_1} \cap \overline{A_2} \cap \cdots \cap \overline{A_k}|$$
$$= |S| - \sum_i |A_i| + \sum_{i<j} |A_i \cap A_j| - \sum_{i<j<\ell} |A_i \cap A_j \cap A_\ell|$$
$$+ \cdots + (-1)^k |A_1 \cap A_2 \cap \cdots \cap A_k|$$
$$= \sum_{j=0}^{k} (-1)^j \binom{k}{j} (k-j)^n = \sum_{j=0}^{k} (-1)^{k-j} \binom{k}{j} j^n. \qquad \Box$$

注 3.1.8 由此例本身的组合意义易知, 若 $k > n$, 则不存在这样的满射; 若 $k = n$, 则满射的个数是 $n! = k!$. 由此得到

$$\sum_{j=0}^{k} (-1)^{k-j} \binom{k}{j} j^n = \begin{cases} 0, & k > n, \\ n!, & k = n. \end{cases}$$

通过例 3.1.7 可以看出, 出现 $(-1)^i$ 这样的形式往往是可以用容斥原理帮助计数的象征.

例 3.1.9 令 f_n 表示多重集 $T = \{n_1 \cdot t_1, n_2 \cdot t_2, \cdots, n_k \cdot t_k\}$ 的 n-组合数, 其中 $0 \leqslant n_i \leqslant \infty$ $(1 \leqslant i \leqslant k)$. 从第一章中知道, 若 $n_i = \infty$ $(1 \leqslant i \leqslant k)$, 则

$$f_n = \binom{n+k-1}{n}$$

(事实上, 只需 $n_i \geqslant n$ $(1 \leqslant i \leqslant k)$, 即有相同的结论, 因为此时选取每种物体的个数已经相当于没有附加的限制). 记 $b_k(n)$ 表示从 k 种物体中不限个数重复选取 n 个物体的组合数 $\binom{n+k-1}{n}$, 试用 $b_i(j)$ 表示 f_n.

解 对 $1 \leqslant i \leqslant k$, 定义性质 P_i 为物体 t_i 被选取至少 n_i+1 次, 即违反规定选取次数的情况. 令 S 为物体 $\{t_1, t_2, \cdots, t_k\}$ 的所有不附加限制的 n-组合构成的集合, X_i 为 S 中满足性质 P_i 的那些组合构成的子集, 则

$$|S| = b_k(n), \quad f_n = |\overline{X_1} \cap \overline{X_2} \cap \cdots \cap \overline{X_k}|.$$

并且,在这样的设定下,易知对任意 $1 \leqslant i_1 < i_2 < \cdots < i_j \leqslant k$, $|X_{i_1} \cap X_{i_2} \cap \cdots \cap X_{i_j}|$ 表示从 $\{\infty \cdot t_1, \infty \cdot t_2, \cdots, \infty \cdot t_k\}$ 中选取 n 个物体,其中第 i_r 种物体数至少 $n_{i_r}+1$ 个的方法数 $(1 \leqslant r \leqslant j)$,这也等于从 $\{\infty \cdot t_1, \infty \cdot t_2, \cdots, \infty \cdot t_k\}$ 中不附加限制地选取 $n - \sum_{r=1}^{j}(n_{i_r}+1)$ 个物体的方法数,从而

$$|X_{i_1} \cap X_{i_2} \cap \cdots \cap X_{i_j}| = b_k\left(n - \sum_{r=1}^{j}(n_{i_r}+1)\right)$$

$$= \binom{n - \sum_{r=1}^{j}(n_{i_r}+1) + k - 1}{n - \sum_{r=1}^{j}(n_{i_r}+1)}.$$

故

$$\begin{aligned}
f_n &= |\overline{X_1} \cap \overline{X_2} \cap \cdots \cap \overline{X_k}| \\
&= |S| - \sum_{i=1}^{k}|X_i| + \sum_{i_1<i_2}|X_{i_1} \cap X_{i_2}| \\
&\quad - \cdots + (-1)^k|X_1 \cap X_2 \cap \cdots \cap X_k| \\
&= b_k(n) - \sum_{i=1}^{k}b_k(n-(n_i+1)) + \sum_{i_1<i_2}b_k\left(n - \sum_{r=1}^{2}(n_{i_r}+1)\right) \\
&\quad - \cdots + (-1)^k b_k\left(n - \sum_{r=1}^{k}(n_r+1)\right).
\end{aligned}$$

$\square$

这样便就有了利用容斥原理计算一般多重集的组合数的方法.

例 3.1.10 确定方程 $x_1 + x_2 + x_3 + x_4 = 18$ 满足 $1 \leqslant x_1 \leqslant 5$, $-2 \leqslant x_2 \leqslant 4, 0 \leqslant x_3 \leqslant 5$ 和 $3 \leqslant x_4 \leqslant 9$ 的整数解个数.

解 令 $y_1 = x_1 - 1, y_2 = x_2 + 2, y_3 = x_3, y_4 = x_4 - 3$,则方程转化为

$$y_1 + y_2 + y_3 + y_4 = 16, \tag{3.2}$$

相应的条件即 $0 \leqslant y_1 \leqslant 4$, $0 \leqslant y_2 \leqslant 6$, $0 \leqslant y_3 \leqslant 5$, $0 \leqslant y_4 \leqslant 6$. 这就转化为多重集的 n-组合数问题.

置 S 为方程 (3.2) 的所有非负整数解构成的集合, 定义性质 P_i 为 $y_i \geqslant n_i + 1$ ($1 \leqslant i \leqslant 4$), 这里 $n_1 = 4, n_2 = 6, n_3 = 5, n_4 = 6$, 令 X_i 表示 S 中满足性质 P_i ($1 \leqslant i \leqslant 4$) 的整数解构成的集合, 则

$$|S| = b_4(16) = \binom{16+4-1}{16} = 969, \quad |X_1| = b_4(11) = 364,$$
$$|X_2| = b_4(9) = 220, \quad |X_3| = b_4(10) = 286, \quad |X_4| = b_4(9) = 220,$$
$$|X_1 \cap X_2| = b_4(4) = 35, \quad |X_1 \cap X_3| = b_4(5) = 56,$$
$$|X_1 \cap X_4| = b_4(4) = 35, \quad |X_2 \cap X_3| = b_4(3) = 20,$$
$$|X_2 \cap X_4| = b_4(2) = 10, \quad |X_3 \cap X_4| = b_4(3) = 20.$$

由于 $5 + 6 + 7 = 18 > 16$, 任意三个及三个以上的 X_i 相交都是空集, 从而原方程解的个数为

$$|\overline{X_1} \cap \overline{X_2} \cap \overline{X_3} \cap \overline{X_4}| = 969 - (364 + 220 + 286 + 220)$$
$$+ (35 + 56 + 35 + 20 + 10 + 20)$$
$$= 55. \qquad \square$$

例 3.1.11 在 $[n]$ 上的所有排列中, 有多少个排列不含有任何一个下列二元子序列?

$$12, 23, 34, \cdots, (n-1)n.$$

通常用 Q_n 表示这个计数. 易见 Q_n 还可表达如下事实: 穿着球衣号为 $1, 2, \cdots, n$ 的小朋友按号码从小到大的顺序依次排成一列, 则有多少种方法让他们重新站队, 使得每个人前面的人都已换过? 方法数即是 Q_n.

解 对 $1 \leqslant i \leqslant n-1$, 令 P_i 表示二元子序列 $i(i+1)$ 出现这一性质, X_i 表示满足性质 P_i 的 n 元置换构成的集合. 显然 $|X_i| = (n-1)!$,

而对 $i,j \in [n]$，无论 $|j-i|=1$ 还是 $|j-i|>1$，都有 $|X_i \cap X_j| = (n-2)!$. 归纳地可得到，对任意 $i_1, i_2, \cdots, i_k$，有

$$|X_{i_1} \cap X_{i_2} \cap \cdots \cap X_{i_k}| = (n-k)!.$$

所以

$$Q_n = \sum_{k=0}^{n-1} (-1)^k \binom{n-1}{k} (n-k)!.$$

□

与定理 3.1.4 等价的对偶形式是下述定理:

定理 3.1.12 集合 S 的具有 $P_1, P_2, \cdots, P_m$ 中至少一种性质的元素个数由下式给出:

$$\begin{aligned}|X_1 \cup X_2 \cup \cdots \cup X_m| &= \sum_{i=1}^{m} |X_i| - \sum_{i<j} |X_i \cap X_j| \\ &\quad + \sum_{i<j<k} |X_i \cap X_j \cap X_k| \\ &\quad - \cdots + (-1)^{m-1} |X_1 \cap X_2 \cap \cdots \cap X_m|,\end{aligned}$$

其中第 j 个和式是对 $[m]$ 的所有 j-子集 $\{i_1, i_2, \cdots, i_j\}$ 得到的

$$(-1)^{j-1} |X_{i_1} \cap X_{i_2} \cap \cdots \cap X_{i_j}|$$

进行求和，$1 \leqslant j \leqslant m$.

§3.2 偏序集上的 Möbius 反演

第一章已给出偏序集的一些基本内容，本节进一步介绍偏序集上 Möbius 反演.

定义 3.2.1 给定偏序集 (X, P). 若对任意 $x, y \in X$，集合 $[x,y] := \{z \in X \mid x \leqslant z \leqslant y\}$ 都是有限集，则称 (X, P) 为一个**局部有限偏序集**.

例 3.2.2 第一章例子中的偏序集 $\mathbb{Z}^+$ 是局部有限的. 若 S 有限，则偏序集 $P(S)$ 是局部有限的. 但若 S 无限，则偏序集 $P(S)$ 不是局部

有限的. 事实上, $[\varnothing, S]$ 就是一个无限集. 而这时偏序集 $P_f(S)$ 是局部有限的. 对域 F 上线性空间那个例子, 也有类似的结果.

给定偏序集 (X, P), 考虑定义在 $X \times X$ 上的实值函数. 我们对下面这类函数特别感兴趣, 即函数 $f: X \times X \to \mathbb{R}$ 满足只要 $x \not\leqslant y$, 就有 $f(x, y) = 0$. 令 $\mathcal{F}(X)$ 表示所有这样的实值函数组成的集合.

定义 3.2.3 给定局部有限偏序集 (X, P). 对于 $\mathcal{F}(X)$ 中的两个函数 f 和 g, 定义它们的**卷积** $h = f * g$ 如下:

$$h(x, y) = \begin{cases} \sum_{x \leqslant z \leqslant y} f(x, z)g(z, y), & x \leqslant y, \\ 0, & \text{其他.} \end{cases}$$

显然 $h \in \mathcal{F}(X)$, 从而卷积是定义在 $\mathcal{F}(X)$ 上的一个二元运算.

容易验证, 卷积满足结合律, 即对任意 $f, g, h \in \mathcal{F}(X)$, 有

$$(f * g) * h = f * (g * h).$$

下面介绍 $\mathcal{F}(X)$ 中三种特别的函数.

定义 3.2.4 给定偏序集 (X, P), 在 $X \times X$ 上定义函数 δ:

$$\delta(x, y) = \begin{cases} 1, & x = y, \\ 0, & \text{其他.} \end{cases}$$

称 δ 为偏序集 (X, P) 上的 **δ-函数**.

在 $\mathcal{F}(X)$ 上定义 "+" 为普通的函数加法, 则不难验证 $(\mathcal{F}(X), +, *)$ 构成一个有单位元的环, δ 就是环 $\mathcal{F}(X)$ 上的单位元.

定义 3.2.5 给定偏序集 (X, P), 在 $X \times X$ 上定义函数 ζ:

$$\zeta(x, y) = \begin{cases} 1, & x \leqslant y, \\ 0, & \text{其他.} \end{cases}$$

称 ζ 为偏序集 (X, P) 上的 **ζ-函数**.

对于一个给定的 $\mathcal{F}(X)$ 中的函数 f, 若对任意 $x \in X$, 均有 $f(x,x) \neq 0$, 则可如下归纳地定义函数 $g \in \mathcal{F}(X)$:

$$g(y,y) = \frac{1}{f(y,y)}, \quad \forall\, y \in X,$$

$$g(x,y) = -\sum_{x \leqslant z < y} g(x,z) \frac{f(z,y)}{f(y,y)}, \quad \forall\, x < y, x, y \in X.$$

根据定义, 当 $x = y$ 时, 有 $g * f(y,y) = g(y,y)f(y,y) = 1$; 当 $x < y$ 时, 有

$$\begin{aligned} g * f(x,y) &= \sum_{x \leqslant z \leqslant y} g(x,z)f(z,y) \\ &= \sum_{x \leqslant z < y} g(x,z)f(z,y) + g(x,y)f(y,y) \\ &= \sum_{x \leqslant z < y} g(x,z)f(z,y) + \left(-\sum_{x \leqslant z < y} g(x,z)f(z,y)\right) \\ &= 0. \end{aligned}$$

故 $g * f = \delta$, 即 g 是 f 关于 $*$ 的左逆. 类似可证明 f 也存在右逆, 记为 g'. 由于

$$g' = \delta * g' = (g * f) * g' = g * (f * g') = g * \delta = g,$$

可知 f 的左逆和右逆是相同的, 从而可定义 $g = g'$ 是 f 关于 $*$ 的唯一的**逆** (注意, 这并不能说明 $\mathcal{F}(X)$ 是整环, 因为已经要求对任意 $x \in X$, 均有 $f(x,x) \neq 0$).

下面定义局部有限偏序集上的 Möbius 函数.

定义 3.2.6 给定偏序集 $\mathbf{P} = (X, P)$. 记 $\mathbf{P}$ 上的 ζ-函数 ζ 关于 $*$ 的逆为 μ, 称之为 $\mathbf{P}$ 上的 **Möbius 函数**, 即

$$\mu(y,y) = \frac{1}{\zeta(y,y)} = 1,$$

$$\mu(x,y) = -\sum_{x \leqslant z < y} \mu(x,z) \frac{\zeta(z,y)}{\zeta(y,y)} = -\sum_{x \leqslant z < y} \mu(x,z), \quad x < y.$$

注 3.2.7 只有局部有限偏序集上的 Möbius 函数才有定义, 这是由 Möbius 函数的定义涉及的卷积定义范围决定的. 当然, 对于有限偏序集, 其上的 Möbius 函数总是有定义的.

对于给定的偏序集 (X, P), 求解 δ 和 ζ 是清楚的, 而求解 Möbius 函数 μ 的精确表达式一般来说并不容易.

例 3.2.8 给定集合 S, 考虑偏序集 $(P_f(S), \subseteq)$. 证明: 其上的 Möbius 函数为 $\mu(A, B) = (-1)^{|B|-|A|}$, $A, B \in P_f(S)$ 且 $A \subseteq B$.

证明 对于 $A, B \in P_f(S)$ 且 $A \subseteq B$, 设 $n = |B| - |A|$. 下面对 n 作归纳. 当 $n = 0$ 时, $A = B$, 故

$$\mu(A, B) = \mu(A, A) = 1 = (-1)^{|B|-|A|},$$

从而 $n = 0$ 时结论成立. 假设对 $k \geq 0$, 结论当 $n \leq k$ 时成立, 则当 $n = k + 1$ 时, 有

$$\begin{aligned}\mu(A, B) &= -\sum_{A \subseteq C \subsetneq B} \mu(A, C) = -\sum_{A \subseteq C \subsetneq B} (-1)^{|C|-|A|} \\ &= -\sum_{i=0}^{|B|-|A|-1} \binom{|B|-|A|}{i}(-1)^i \\ &= -\left((1-1)^{|B|-|A|} - (-1)^{|B|-|A|}\right) \\ &= (-1)^{|B|-|A|},\end{aligned}$$

即结论对 $n = k + 1$ 成立. 由归纳原理知, 结论对一切 n 成立. □

例 3.2.9 考虑偏序集 $(\mathbb{Z}^+, |)$. 对任意 $x, y \in \mathbb{Z}^+$ 及 $x|y$, 将 $\dfrac{y}{x}$ 写成如下素数幂的形式:

$$\frac{y}{x} = \prod_{i=1}^{r} p_i^{a_i}, \quad a_i \geq 1.$$

证明：$(\mathbb{Z}^+, |)$ 上的 Möbius 函数为

$$\mu(x,y) = \begin{cases} 1, & x = y, \\ (-1)^r, & a_1 = a_2 = \cdots = a_r = 1, r \geqslant 1, \\ 0, & \max\{a_1, a_2, \cdots, a_r\} \geqslant 2 \text{ 或 } x \nmid y. \end{cases}$$

因此 $\mu(x,y)$ 恰与上一章中的经典 Möbius 函数 $\mu\left(\dfrac{y}{x}\right)$ 相等，从而偏序集上的 Möbius 函数可看做经典 Möbius 函数的推广．

证明 对于正整数 $\dfrac{y}{x}$，用归纳法证明命题．当 $\dfrac{y}{x} = 1$ 时，$\mu(x,y) = \mu(x,x) = 1$，从而命题对 $\dfrac{y}{x} = 1$ 成立．设 $k \geqslant 1$，$x|y$，且命题对 $\dfrac{y}{x} \leqslant k$ 时成立，则当 $\dfrac{y}{x} = \prod_{i=1}^{r} p_i^{a_i} = k+1$ 时，有

$$\begin{aligned} \mu(x,y) &= -\sum_{x|z|y, z \neq y} \mu(x,z) = -\sum_{x|z|y, z \neq y} \mu\left(\frac{z}{x}\right) \\ &= \mu\left(\frac{y}{x}\right) - \sum_{x|z|y} \mu\left(\frac{z}{x}\right) = \mu\left(\frac{y}{x}\right) - \sum_{t|\frac{y}{x}} \mu(t) \\ &= \mu\left(\frac{y}{x}\right), \end{aligned}$$

其中等式的最后一步运用了恒等式

$$\sum_{d|n} \mu(d) = 0$$

对任意 $n > 1$ 成立，从而命题对 $\dfrac{y}{x} = k+1$ 成立．由归纳原理知，命题对一切正整数 $\dfrac{y}{x}$ 成立，从而原命题成立． □

定理 3.2.10 (偏序集上的 Möbius 反演公式) 设偏序集 $(X, \leqslant)$ 满足对任意 $x \in X$，$\{z \in X \mid z \leqslant x\}$ 都是有限集．设 $\mu(x,y)$ 是偏序集 $(X, \leqslant)$ 上的 Möbius 函数 (由前条件易知 $(X, \leqslant)$ 是局部有限的，故其上的 Möbius 函数存在)，则对任意定义在 X 上的实值函数 F, G

以及任意 $x \in X$, 只要

$$G(x) = \sum_{z \leqslant x} F(z),$$

就有

$$F(x) = \sum_{y \leqslant x} G(y)\mu(y,x).$$

证明 由条件知

$$\sum_{y \leqslant x} G(y)\mu(y,x) = \sum_{y \leqslant x}\sum_{z \leqslant y} F(z)\mu(y,x) = \sum_{z \leqslant x} F(z) \sum_{z \leqslant y \leqslant x} \mu(y,x).$$

注意到

$$\sum_{z \leqslant y \leqslant x} \mu(y,x) = \begin{cases} 1, & z = x, \\ 0, & z < x, \end{cases}$$

故

$$\sum_{y \leqslant x} G(y)\mu(y,x) = F(x). \qquad \Box$$

例 3.2.11 给定偏序集 $(P_f(S), \subseteq)$. 设 F, G 为两个定义在 $P_f(S)$ 上的实值函数, 且对任意 $A \in P_f(S)$, 满足

$$G(A) = \sum_{B \subseteq A} F(B),$$

证明:

$$F(A) = \sum_{B \subseteq A} (-1)^{|A|-|B|} G(B).$$

证明 注意到在偏序集 $(P_f(S), \subseteq)$ 中, 对于 $A, B \in P_f(S)$ 且 $B \subseteq A$, 有 $\mu(B,A) = (-1)^{|A|-|B|}$. 由上述定理, 对任意 $A \in P_f(S)$, 有

$$F(A) = \sum_{B \subseteq A} \mu(B,A)G(B) = \sum_{B \subseteq A} (-1)^{|A|-|B|} G(B). \qquad \Box$$

容斥原理可看做定理 3.2.10 的一个推论.

例 3.2.12 (容斥原理) 设所考虑性质的集合为

$$\mathcal{P} = \{P_1, P_2, \cdots, P_m\}.$$

集合 S 中满足性质 P_i 的所有元素组成的集合记为 X_i $(1 \leqslant i \leqslant m)$. 研究偏序集 $\mathbf{P} = (P(\mathcal{P}), \subseteq)$. 其上的实值函数 F, G 分别定义如下: 对任意 $A \subseteq \mathcal{P}$, $F(A)$ 为集合 S 中具有 $\overline{A}$ 中的所有性质但不具有 A 中的任何性质的元素个数; $G(A)$ 为集合 S 中具有 $\overline{A}$ 中的所有性质的元素个数. 易见, 对任意 $A \subseteq \mathcal{P}$, 有

$$G(A) = \sum_{B \subseteq A} F(B),$$

故有

$$F(A) = \sum_{B \subseteq A} \mu(B, A) G(B) = \sum_{B \subseteq A} (-1)^{|A|-|B|} G(B).$$

特别地, 不具有 $\mathcal{P} = \{P_1, P_2, \cdots, P_m\}$ 中任何一种性质的元素个数由下式给出:

$$F(\mathcal{P}) = \sum_{B \subseteq \mathcal{P}} (-1)^{|\mathcal{P}|-|B|} G(B) = \sum_{A \subseteq \mathcal{P}} (-1)^{|A|} H(A),$$

其中最后一步是作变换 $A = \overline{B} = \mathcal{P} \setminus B$ 及令

$$H(A) = |\{x \mid x \in S, \ x \text{ 具有 } A \text{ 中的所有性质}\}|$$

(注意对任意 $B \subseteq \mathcal{P}$, $H(\overline{B}) = G(B)$).

由上可见, 偏序集上的 Möbius 反演是容斥原理的延伸. 关于偏序集上组合学的专门研究, 可以参考文献 [75]. 不过, 实际上偏序集上的 Möbius 反演不如经典的 Möbius 反演应用广泛. 下面以三个经典的例子来结束本节.

例 3.2.13 对于任意正整数 n, 确定 q 元域 $\mathbb{F}_q$ 上 n 次首 1 不可约多项式的个数.

解 域 $\mathbb{F}_q$ 上 n 次首 1 不可约多项式的个数至多为 q^n, 是可列的, 故 $\mathbb{F}_q$ 上所有首 1 不可约多项式可列 (可列个可列集的并可列), 把它们记为 $f_1(x), f_2(x), f_3(x), \cdots$, 次数分别为 $d_1, d_2, d_3, \cdots$.

对任意正整数 n, 令 A_n 表示 $\mathbb{F}_q$ 上所有 n 次首 1 多项式组成的集合,

$$B_n = \left\{ \{i_k\}_{k=1}^{\infty} \;\middle|\; n = \sum_{j=1}^{\infty} d_j i_j, \{i_k\}_{k=1}^{\infty} \text{ 为非负整数序列且其中只有有限项不为 } 0 \right\}.$$

任取 B_n 中一个数列 $\{i_k\}_{k=1}^{\infty}$, 它对应一个多项式

$$f(x) = \prod_{j=1}^{\infty} f_j(x)^{i_j},$$

且 $f(x)$ 是首 1 的, 次数为 $\sum_{j=1}^{\infty} d_j i_j = n$, 从而 $f(x) \in A_n$. 反之, 对于 A_n 中任一 n 次首 1 多项式 $f(x)$, 它可分解为

$$f(x) = \prod_{j=1}^{\infty} f_j(x)^{i_j},$$

这对应着一个数列 $\{i_k\}_{k=1}^{\infty}$, 其中只有有限项不为 0 且 $n = \sum_{j=1}^{\infty} d_j i_j$, 从而 $\{i_k\}_{k=1}^{\infty} \in B_n$. 所以, 从 B_n 到 A_n 存在一个满射. 由 $f_1(x), f_2(x), f_3(x), \cdots$ 均为不可约多项式以及多项式的唯一因式分解定理易知, 这个映射也是单射, 从而是双射. 所以 $|A_n| = |B_n|$. 又 $|A_n| = q^n$, 故 $\{|A_n|\}_{n=0}^{\infty}$ 的普通生成函数为

$$1 + qx + q^2 x^2 + \cdots = \frac{1}{1-qx}.$$

$|B_n|$ 为方程 $n = \sum_{j=1}^{\infty} d_j x_j$ 的非负整数解的个数, 所以 $\{|B_n|\}_{n=0}^{\infty}$ 的普

通生成函数为

$$(1+x^{d_1}+x^{2d_1}+\cdots)(1+x^{d_2}+x^{2d_2}+\cdots)\cdots$$
$$=\frac{1}{1-x^{d_1}}\cdot\frac{1}{1-x^{d_2}}\cdots=\prod_{i=1}^{\infty}\frac{1}{1-x^{d_i}}.$$

因此

$$\frac{1}{1-qx}=\prod_{i=1}^{\infty}\frac{1}{1-x^{d_i}}.$$

设 N_d 表示 $\mathbb{F}_q$ 上 d 次首 1 不可约多项式的个数, 则

$$\frac{1}{1-qx}=\prod_{d=1}^{\infty}\left(\frac{1}{1-x^d}\right)^{N_d}.$$

上式两端取对数, 得

$$\ln\frac{1}{1-qx}=\sum_{d=1}^{\infty}N_d\ln\frac{1}{1-x^d}.$$

利用 $\ln\dfrac{1}{1-z}=\sum\limits_{k=1}^{\infty}\dfrac{z^k}{k}$, 可得

$$\sum_{n=1}^{\infty}\frac{(qx)^n}{n}=\sum_{d=1}^{\infty}N_d\sum_{j=1}^{\infty}\frac{x^{jd}}{j}.$$

对比上式两端 x^n 的系数, 得到

$$\frac{q^n}{n}=\sum_{d|n}N_d\frac{1}{n/d},$$

即 $q^n=\sum\limits_{d|n}dN_d$. 利用 Möbius 反演公式, 得到

$$nN_n=\sum_{d|n}\mu(d)q^{\frac{n}{d}},$$

所以

$$N_n=\frac{1}{n}\sum_{d|n}\mu\left(\frac{n}{d}\right)q^d. \qquad \square$$

注 3.2.14 显然任意 1 次多项式一定是不可约的, 所以 $\mathbb{F}_q$ 上 1 次首 1 不可约多项式的个数为 q. 设 $n \geqslant 2$, 且 n 的素因子分解为 $n = p_1^{a_1} p_2^{a_2} \cdots p_r^{a_r}$, 其中 $p_1, p_2, \cdots, p_r$ 是互不相同的素数, $a_i \geqslant 1$ $(1 \leqslant i \leqslant r)$, 则有

$$nN_n = q^n - \sum_{i=1}^{r} q^{n/p_i} + \sum_{1 \leqslant i < j \leqslant r} q^{n/(p_i p_j)} + \cdots + (-1)^r q^{n/(p_1 p_2 \cdots p_r)}.$$

故 nN_n 不能被 $q^{(n/(p_1 p_2 \cdots p_r))+1}$ 整除, 从而 $nN_n \neq 0$. 所以 $N_n > 0$. 即任意有限域上的任意次不可约多项式总是存在的. 由此便可证明 Galois 的重要结论: 对任意素数幂 $q = p^r$, 存在 q 元有限域.

例 3.2.15 欧拉函数 $\phi(n)$ 定义为

$$\phi(n) = |\{k \mid 1 \leqslant k \leqslant n, \gcd(k,n) = 1\}|, \quad n \geqslant 1,$$

即 $\phi(n)$ 是不超过 n 且与 n 互素的正整数个数. 试求 $\phi(n)$ 的计算公式.

解 对于正整数 n 及其正因子 d, 设

$$A_d = \{k \mid 1 \leqslant k \leqslant n, \gcd(k,n) = d\},$$

则

$$\begin{aligned}|A_d| &= |\{k \mid 1 \leqslant k \leqslant n, \gcd(k,n) = d\}| \\ &= \left|\left\{\frac{k}{d} \mid 1 \leqslant \frac{k}{d} \leqslant \frac{n}{d}, \gcd\left(\frac{k}{d}, \frac{n}{d}\right) = 1\right\}\right| \\ &= \phi\left(\frac{n}{d}\right).\end{aligned}$$

易知 $\{A_d\}_{d \mid n}$ 是 $[n]$ 的一个划分, 故

$$n = \sum_{d \mid n} |A_d| = \sum_{d \mid n} \phi\left(\frac{n}{d}\right) = \sum_{d \mid n} \phi(d).$$

利用 Möbius 反演公式, 得到

$$\phi(n) = \sum_{d \mid n} \mu\left(\frac{n}{d}\right) d = \sum_{d \mid n} \mu(d) \frac{n}{d}.$$

易知 $\phi(1) = 1$. 当 $n \geqslant 2$ 时, 设 n 的素因子分解为 $n = \prod_{i=1}^{r} p_i^{a_i}$ ($a_i \geqslant 1$, $1 \leqslant i \leqslant r$). 注意到若存在 p_i ($1 \leqslant i \leqslant r$), 使得 $p_i^2 | d$, 则 $\mu(d) = 0$, 所以

$$\phi(n) = \sum_{d|n} \mu(d) \frac{n}{d} = \sum_{k=0}^{r} \sum_{\{i_1, i_2, \cdots, i_k\} \subseteq [r]} (-1)^k \frac{n}{\prod_{j=1}^{k} p_{i_j}}$$

$$= n \prod_{i=1}^{r} \left(1 - \frac{1}{p_i}\right).$$ □

例 3.2.16 令 $h(n)$ 表示多重集 $S = \{n \cdot t_1, n \cdot t_2, \cdots, n \cdot t_k\}$ 的 n-环排列数, 试求 $h(n)$.

解 每一个环排列 τ 有一个最小周期 d (即 τ 可分解为 $\frac{n}{d}$ 个完全一致的长度为 d, 周期也为 d 的线排列, 这里 $d|n$). 同时, 每个周期为 d 的环排列对应 d 个长度为 d, 周期也为 d 的线排列. 令 $f(n)$ 表示长度为 n, 周期也为 n 的线排列的个数, 则有

$$h(n) = \sum_{d|n} \frac{f(d)}{d}.$$

另一方面, 在所有长度为 n 的线排列, 和所有长度为 d, 周期也为 d 的线排列之间 (针对所有的 $d|n$) 有一个显然的一一对应. 于是有

$$k^n = \sum_{d|n} f(d),$$

从而

$$f(n) = \sum_{d|n} \mu\left(\frac{n}{d}\right) k^d.$$

这样, 有

$$h(n) = \sum_{d|n} \frac{f(d)}{d} = \sum_{d|n} \frac{1}{d} \sum_{e|d} \mu\left(\frac{d}{e}\right) k^e$$

$$= \sum_{e|n} k^e \sum_{e|d|n} \frac{1}{d} \mu\left(\frac{d}{e}\right) = \sum_{e|n} k^e \sum_{b|\frac{n}{e}} \frac{1}{eb} \mu(b) \quad \left(\diamondsuit \frac{d}{e} = b\right)$$

$$= \sum_{e|n} k^e \frac{1}{n} \left(\sum_{b|\frac{n}{e}} \frac{\frac{n}{e}}{b} \mu(b) \right) = \frac{1}{n} \sum_{e|n} k^e \phi\left(\frac{n}{e}\right). \qquad \square$$

§3.3 生成函数与容斥原理的推广

设 S 为有限集, $\mathcal{P} = \{P_1, P_2, \cdots, P_m\}$ 为一族性质. 我们往往对以下类型的问题感兴趣: S 中有多少个元素恰好满足 $\mathcal{P}$ 中的 r 个性质? 前面研究的经典容斥原理, 实际是 $r = 0$ 的情形. 此外, 还有诸如 "S 中的元素平均说来满足多少个性质?" 之类的问题. 通常来说, 这样的问题不易回答. 但是, 如果问题转化为 "S 中有多少个元素至少满足 $\mathcal{P}$ 中的 r 个性质?", 则会相对简单. 注意在后面的问题中, 我们把前述问题中的 "恰好" 两个字, 代之以 "至少".

对 $x \in S$, 令 $\mathcal{P}(x)$ 表示 x 所满足的性质的集合, 用前面的符号标记则是 $\mathcal{P}(x) = \{P_i \in \mathcal{P} \mid i \in J_x\}$. 设 $Q \subseteq \mathcal{P}$ 是一些性质的集合, 令 $G(\supseteq Q) = \{x \in S \mid Q \subseteq \mathcal{P}(x)\}$ 表示 S 中至少满足 Q 中所有性质的那些元素组成的集合. 再令

$$g_r = \sum_{|Q|=r} |G(\supseteq Q)| \quad (当 r > m 时, 定义 g_r = 0)$$

和

$$e_r = |\{x \in S \mid |\mathcal{P}(x)| = |J_x| = r\}| \quad (当 r > m 时, 定义 e_r = 0).$$

注意 g_r 并不一定等于 S 中至少满足 $\mathcal{P}$ 中 r 个性质的元素个数 (实际是大于或等于, 因为对不同的 Q, $G(\supseteq Q)$ 中可能有公共元素), e_r 为 S

中所有恰好满足 $\mathcal{P}$ 中 r 个性质的元素个数, 从而 (计算有序对 (x, Q) (其中 $x \in S$, $Q \subseteq \mathcal{P}(x)$ 且 $|Q| = r$) 的个数, 即得)

$$g_r = \sum_{|Q|=r} |G(\supseteq Q)| = \sum_{|Q|=r} \sum_{\substack{x \in S \\ Q \subseteq \mathcal{P}(x)}} 1 = \sum_{x \in S} \sum_{\substack{|Q|=r \\ Q \subseteq \mathcal{P}(x)}} 1$$
$$= \sum_{x \in S} \binom{|\mathcal{P}(x)|}{r} = \sum_{n=r}^{m} \binom{n}{r} e_n.$$

现在, 令 $G(x)$ 和 $E(x)$ 分别表示 $\{g_n\}_{n=0}^{\infty}$, $\{e_n\}_{n=0}^{\infty}$ 的普通生成函数, 则有

$$G(x) = \sum_{r \geqslant 0} g_r x^r = \sum_{r \geqslant 0} \sum_{n \geqslant 0} \binom{n}{r} e_n x^r = \sum_{n \geqslant 0} e_n \sum_{r \geqslant 0} \binom{n}{r} x^r$$
$$= \sum_{n \geqslant 0} e_n (1+x)^n = E(1+x).$$

反过来, 这就等价于

$$E(x) = G(x-1).$$

注 3.3.1 $n = 0$ 的情形就是容斥原理:

$$e_0 = E(0) = G(-1) = \sum_{r=0}^{m} (-1)^r g_r.$$

一般地, 对于 $0 \leqslant n \leqslant m$, 有

$$e_n = \sum_{r=n}^{m} \binom{r}{n} (-1)^{r-n} g_r.$$

例 3.3.2 对于正整数 n, 确定 S_n 中恰有 k 个不动点的置换个数 e_k 及 e_k 的极限性质, 并求出 $\{e_k\}_{k=0}^{\infty}$ 的普通生成函数 (当 $k > n$ 时, $e_k = 0$).

解 对于 $1 \leqslant i \leqslant n$, 令 P_i 表示 "一个置换中 i 是不动点" 这个性质, $\mathcal{P} = \{P_1, P_2, \cdots, P_n\}$, 则 S_n 中所有恰好满足 $\mathcal{P}$ 中 k 个性质的元

素个数就是 S_n 中恰有 k 个不动点的置换个数 e_k, 从而

$$e_k = \sum_{r=k}^{n} \binom{r}{k}(-1)^{r-k}g_r = \sum_{r=k}^{n}\binom{r}{k}(-1)^{r-k}\binom{n}{r}(n-r)!$$

$$= \sum_{r=k}^{n}\binom{r}{k}(-1)^{r-k}\frac{n!}{r!} = \frac{n!}{k!}\sum_{r=k}^{n}\frac{(-1)^{r-k}}{(r-k)!} = \frac{n!}{k!}\sum_{i=0}^{n-k}\frac{(-1)^i}{i!}.$$

为了表示上的方便, 定义

$$\exp_{|m}(x) = \sum_{i=0}^{m}\frac{x^i}{i!},$$

则 $\lim_{m\to\infty}\exp_{|m}(x) = \mathrm{e}^x$, 从而

$$e_k = \frac{n!}{k!}\sum_{i=0}^{n-k}\frac{(-1)^i}{i!} = \frac{n!}{k!}\exp_{|n-k}(-1) \to \frac{n!}{k!}\mathrm{e}^{-1} \quad (n-k\to\infty).$$

$\{e_k\}_{k=0}^{\infty}$ 的普通生成函数是

$$E(x) = \sum_{k\geqslant 0}e_k x^k = \sum_{k\geqslant 0}\left(\sum_{r=k}^{n}\binom{r}{k}(-1)^{r-k}\frac{n!}{r!}\right)x^k$$

$$= n!\sum_{r=0}^{n}\sum_{k=0}^{r}\frac{1}{r!}\binom{r}{k}x^k(-1)^{r-k} = n!\sum_{r=0}^{n}\frac{1}{r!}(x-1)^r$$

$$= n!\exp_{|n}(x-1). \qquad \square$$

注 3.3.3 本例中, $E(x)$ 也可以通过求出

$$G(x) = \sum_{r=0}^{n}g_r x^r = \sum_{r=0}^{n}\binom{n}{r}(n-r)!x^r$$

$$= n!\sum_{r=0}^{n}\frac{x^r}{r!} = n!\exp_{|n}(x),$$

再利用 $E(x) = G(x-1)$ 得到. 通过本例, 又一次得到错位排列数

$$D_n = e_0 = E(0) = G(-1) = n!\exp_{|n}(-1) \to \frac{n!}{\mathrm{e}} \quad (n\to\infty).$$

另外,S_n 中元素 (置换) 平均含有的不动点数是

$$\frac{1}{n!}\sum_{k=0}^{n}ke_k = \frac{1}{n!}\sum_{k=0}^{n}\binom{k}{1}e_k = \frac{g_1}{n!} = \frac{n\cdot(n-1)!}{n!} = 1.$$

例 3.3.4 对给定的 $n,k,r \in \mathbb{Z}^+$,有多少个 n 元置换恰好含有 r 个长度为 k 的轮换?

解 令 $\mathcal{P}$ 为所有的 k-轮换组成的集合. 易见

$$|\mathcal{P}| = \binom{n}{k}(k-1)!.$$

下面讨论有限集 S_n. 对 $A \subseteq \mathcal{P}$,当且仅当 A 中的轮换互不相交时,存在 $\sigma \in S_n$ 包含 A 中的所有轮换. 考虑包含 j 个互不相交 k-轮换的置换,可得

$$g_j = (n-jk)!\frac{1}{j!}\binom{n}{k}(k-1)!\cdots\binom{n-(j-1)k}{k}(k-1)!$$
$$= (n-jk)!\frac{1}{j!}\frac{n!}{(n-jk)!(k!)^j}((k-1)!)^j = \frac{n!}{j!k^j}$$

$\Big($ 参考前例,顺便可以得到每个 n 元置换**平均**含有 $\frac{g_1}{n!} = \frac{n!/k}{n!} = \frac{1}{k}$ 个长度为 k 的轮换 $\Big)$,从而

$$G(x) = \sum_{j=0}^{\lfloor\frac{n}{k}\rfloor}g_j x^j = \sum_{j=0}^{\lfloor\frac{n}{k}\rfloor}\frac{n!}{j!k^j}x^j = n!\sum_{j=0}^{\lfloor\frac{n}{k}\rfloor}\frac{\left(\frac{x}{k}\right)^j}{j!} = n!\exp_{|\lfloor\frac{n}{k}\rfloor}\left(\frac{x}{k}\right).$$

最后,得

$$E(x) = n!\exp_{|\lfloor\frac{n}{k}\rfloor}\left(\frac{x-1}{k}\right),$$

其展开式中 x^r 的系数 e_r 即为所求. □

习 题 三

1. 设 $\{A_i\}_{i=1}^m$ 是 S 的一个子集族，则

   (a) S 中有多少个元素，至少包含于 $\{A_i\}_{i=1}^m$ 中某个集合？

   (b) S 中有多少个元素，恰好包含于 $\{A_i\}_{i=1}^m$ 中 r 个集合？

给出计算公式。

2. 对于正整数 n, m, k，用组合阐释的思想证明：

$$\sum_{i=0}^n (-1)^i \binom{n}{i} \binom{m+n-i}{k-i} = \binom{m}{k}.$$

3. 应用容斥原理的思想方法证明恒等式：

$$\sum_{i=0}^n \binom{n}{i}^2 x^i = \sum_{i=0}^n \binom{n}{i} \binom{2n-i}{n} (x-1)^i.$$

4. 小于或等于 1000 的正整数中，有多少个数不以 2, 3, 4, 5, 6, 7, 8, 9, 10 中的任何一个为因子？

5. (**Gauss 反演公式**) 设 a, b 是定义在 $\mathbb{N}$ 上并在 $\mathbb{R}$ 中取值的函数，q 是某个任意取定的素数幂。简记 $a(n)$ 为 a_n，$b(n)$ 为 b_n。定义

$$[n]_q = 1 + q + \cdots + q^{n-1},$$
$$[n]_q! = [n]_q [n-1]_q \cdots [1]_q,$$
$$\begin{bmatrix} n \\ k \end{bmatrix}_q = \frac{[n]_q!}{[k]_q! [n-k]_q!} \quad (\text{称为 \textbf{Gauss 系数}}).$$

证明：

$$b_n = \sum_{k=0}^n \begin{bmatrix} n \\ k \end{bmatrix}_q a_k, \quad \text{对任意 } n \in \mathbb{N} \text{ 成立,}$$

当且仅当

$$a_n = \sum_{k=0}^n (-1)^{n-k} q^{\binom{n-k}{2}} \begin{bmatrix} n \\ k \end{bmatrix}_q b_k, \quad \text{对任意 } n \in \mathbb{N} \text{ 成立.}$$

6. 证明 Möbius 反演公式的如下变形: 设两个函数序列

$$\{a_n(x)\}_{n=1}^{\infty} \quad 与 \quad \{b_n(x)\}_{n=1}^{\infty}$$

满足关系

$$a_n(x) = \sum_{d|n} b_{\frac{n}{d}}(x^d), \quad n \geqslant 1,$$

则必有

$$b_n(x) = \sum_{d|n} \mu\left(\frac{n}{d}\right) a_d(x^{\frac{n}{d}}), \quad n \geqslant 1.$$

第四章 特殊计数序列

§4.1 Catalan 数, Dyck 路, q-模拟和组合统计量

Catalan 理论既是计数组合学中最经典的范畴之一, 又是当代研究的热点问题. 当代组合数学大师 Richard P. Stanley 在他的著作 *Enumerative Combinatorics* 的第二卷 [72] 中, 列举了 66 种可以用 Catalan 数计数的事物; 并且, Stanley 在他的新著 [72] 中补充了更多可用 Catalan 数计数的事物, 总计已有 214 种!

在前面的例 2.3.42 中, 我们研究过 Catalan 括号串的数目并找到了它的生成函数. 现在正式地定义 Catalan 数.

定义 4.1.1 定义第 n 个 **Catalan 数** C_n 为如下长度为 $2n$ 的序列的个数: 序列由 n 个 0 与 n 个 1 组成, 且在任意起始序列 (即由序列某一元素前的所有元素组成的序列) 中, 0 的个数大于或等于 1 的个数. 这样的序列称为 n-**Catalan 序列** (简称为 **Catalan 序列**), 所有 n-Catalan 序列组成的集合记为 CW_n.

例 2.3.42 给出了下面的结果.

定理 4.1.2 Catalan 数 C_n 满足递推关系

$$C_n = \sum_{i=1}^{n} C_{i-1} C_{n-i}.$$

令 $C(x)$ 表示 $\{C_n\}_{n=0}^{\infty}$ 的普通生成函数, 其中 $C_0 = 1$, 则

$$C(x) = \frac{1 - \sqrt{1-4x}}{2x}.$$

为了找到 Catalan 数的确切表达形式, 需要推广二项式系数. 一般地, 二项式系数 $\binom{r}{k}$ 可以扩展到 r 为任意实数, k 为任意整数的情形. 令 $r \in \mathbb{R}, k \in \mathbb{Z}$, 定义推广的二项式系数如下:

$$\binom{r}{k} = \begin{cases} \dfrac{r(r-1)\cdots(r-k+1)}{k!}, & k \geqslant 1, \\ 1, & k = 0, \\ 0, & k < 0. \end{cases}$$

容易验证, 这和前面介绍的在 n, k 为非负整数情况下的选取数 $\binom{n}{k}$ 的定义

$$\binom{n}{k} = \begin{cases} \dfrac{n!}{k!(n-k)!} = \dfrac{n(n-1)\cdots(n-k+1)}{k!}, & n \geqslant k, \\ 1, & k = 0, \\ 0, & n < k \text{ 或 } k < 0 \end{cases}$$

是吻合的.

下面给出推广的牛顿二项式定理.

定理 4.1.3 对任意 $-1 < x < 1, r \in \mathbb{R}$, 有

$$(1+x)^r = \sum_{i=0}^{\infty} \binom{r}{i} x^i.$$

定理的证明可以在多数数学分析的教材中找到, 因为不涉及组合的思想或手段, 兹不赘述. 这个分析学的结果可以被灵活地用来推导形式级数的等式. 现在, 我们就能够利用它发现并证明 Catalan 数的通项公式.

定理 4.1.4 第 n 个 Catalan 数为

$$C_n = \frac{1}{n+1}\binom{2n}{n}.$$

证明 形式上展开 C_n 的生成函数得到

$$C(x) = \frac{1-\sqrt{1-4x}}{2x} = \frac{1}{2x}\left(1-(1-4x)^{\frac{1}{2}}\right)$$
$$= \frac{1}{2x}\left(1-\sum_{i=0}^{\infty}\binom{\frac{1}{2}}{i}(-4x)^i\right).$$

从而

$$C_n = [x^n]C(x) = \frac{1}{2}\binom{\frac{1}{2}}{n+1}(-1)^n 4^{n+1}$$
$$= \frac{1}{2}\cdot\frac{\frac{1}{2}\left(\frac{1}{2}-1\right)\cdots\left(\frac{1}{2}-n\right)}{(n+1)!}(-1)^n 4^{n+1}$$
$$= \frac{1}{2}\cdot\frac{\frac{1}{2}\left(1-\frac{1}{2}\right)\cdots\left(n-\frac{1}{2}\right)}{(n+1)!}4^{n+1}$$
$$= \frac{1}{2}\cdot\frac{1\cdot 1\cdot 3\cdots(2n-1)}{(n+1)!}2^{n+1}$$
$$= \frac{1}{2}\cdot\frac{(2n)!}{(2n)!!(n+1)!}2^{n+1}$$
$$= \frac{(2n)!}{n!(n+1)!} = \frac{1}{n+1}\binom{2n}{n}. \qquad \Box$$

注 4.1.5 单纯地证明定理 4.1.4, 也可以采用构造 "补集" 的方法, 略述如下:

n 个 0 与 n 个 1 不加限制地排在一起, 共可组成 $\binom{2n}{n}$ 个长度为 $2n$ 的序列, 其中的 C_n 个序列是 n-Catalan 序列, 其他的称之为补序列.

对任意的补序列 $u = u_1 u_2 \cdots u_{2n}$, 存在一个最小的 k ($1 \leqslant k \leqslant 2n-1$), 使得在第 k 个位置之前的任意起始序列中, 0 的个数都大于或等于 1 的个数, 但是从 u_1 到 u_k 之间 (包括 u_1 和 u_k) 1 的个数大于

0 的个数. 现在定义 $\varphi(u) = v = v_1 v_2 \cdots v_{2n}$, 其中

$$v_i = \begin{cases} 1 - u_i, & i \leqslant k, \\ u_i, & i > k. \end{cases}$$

易知 u_1 到 u_k 之间 1 的个数为 $\dfrac{k+1}{2}$, 0 的个数为 $\dfrac{k-1}{2}$, 从而 v 中 0 的个数为 $\dfrac{k+1}{2} + n - \dfrac{k-1}{2} = n+1$, 即 v 是由 $n+1$ 个 0 与 $n-1$ 个 1 排成的序列, 于是 φ 是将补序列映到由 $n+1$ 个 0 与 $n-1$ 个 1 排成的序列的映射. 由 $n+1$ 个 0 与 $n-1$ 个 1 排成的序列共有 $\binom{2n}{n+1}$ 个.

注意到对每一个由 $n+1$ 个 0 与 $n-1$ 个 1 组成的序列 v, 存在一个最小的 k $(1 \leqslant k \leqslant 2n-1)$, 使得从 v_1 到 v_k 之间 0 的个数第一次超过了 1 的个数. 把前 k 个位置的 1 换成 0, 0 换成 1, 便恢复了补序列 u, 且这种恢复方法是唯一的, 故 φ 是双射. 所以补序列共有 $\binom{2n}{n+1}$ 个, 非补序列即 n-Catalan 序列的个数为

$$C_n = \binom{2n}{n} - \binom{2n}{n+1} = \frac{1}{n+1}\binom{2n}{n}.$$

例 4.1.6 n 个非结合的二元加法运算由 n 对括号决定顺序, 可以有多少种加括号的方式? 例如, $n = 3$ 时共有下列 5 种加括号的方式:

$$(((a+b)+c)+d), \quad ((a+b)+(c+d)), \quad ((a+(b+c))+d),$$
$$(a+((b+c)+d)), \quad (a+(b+(c+d))).$$

解 不难看出上述加括号的方式与定义 4.1.1 中描述的序列有一个明显的一一对应, 故答案即是 C_n. □

例 4.1.7 古长安城气象升平, 街道整齐划一. 其外郭城以朱雀大街为中轴街, 十一条东西向大街和十四条南北向大街将外郭城分割为若干个坊. 某位喜欢思考的小吏每天上班需要横竖各自穿越五条大街

才能恰好到达. 若每条街和每条路的交叉点都可以自由穿行, 且该小吏出于忌讳不愿穿过起点和终点的直接连线 (即自然形成的 5×5 方格盘的对角线), 那么他可以在连续多少天内不重复路线, 也不绕远地上班?

解 易知答案为 $2C_5 = 2 \cdot 42 = 84$. □

以下介绍一些关于 q-模拟的预备知识.

定义 4.1.8 一个非负整数 n 的 q-**模拟**即形式级数 (或者说多项式) $1 + q + \cdots + q^{n-1}$, 记为 $[n]_q$. 在不引起混淆情况下, 也可以简记为 $[n]$. 类似定义 $n!$ 及二项式系数 $\binom{n}{k}$ 的 q-模拟 (简称为 q-**二项式系数**) 如下:

$$[n]! := [1][2] \cdots [n], \quad \begin{bmatrix} n \\ k \end{bmatrix} := \frac{[n]!}{[k]![n-k]!}.$$

更一般地, 定义 q-**多项式系数**:

$$\begin{bmatrix} n \\ m_1, m_2, \cdots, m_k \end{bmatrix} = \frac{[n]!}{[m_1]![m_2]! \cdots [m_k]!}.$$

易见 $\lim_{q \to 1} \begin{bmatrix} n \\ k \end{bmatrix} = \binom{n}{k}$.

先看一个计数结果恰是 q-模拟具体取值的例子.

例 4.1.9 任意取定素数幂 q. 设 $V_n(q)$ 是有限域 $\mathbb{F}_q$ 上的一个 n 维线性空间, 则 $V_n(q)$ 的 k 维子空间个数恰为 $\begin{bmatrix} n \\ k \end{bmatrix}$.

证明 令 $V = V_n(q)$. V 的任意一个 k 维子空间可由 V 中的线性无关向量组 $\boldsymbol{\alpha}_1, \boldsymbol{\alpha}_2, \cdots, \boldsymbol{\alpha}_k$ 生成, 而这样的有序向量组个数可如下计算: $\boldsymbol{\alpha}_1$ 有 $q^n - 1$ 种取法 ($\boldsymbol{\alpha}_1 \neq \boldsymbol{0}$), $\boldsymbol{\alpha}_2$ 有 $q^n - q$ 种取法 (与 $\boldsymbol{\alpha}_1$ 线性无关), $\cdots$, $\boldsymbol{\alpha}_k$ 有 $q^n - q^{k-1}$ 种取法 (与前面 $k-1$ 个线性无关的向量线性无关), 共 $(q^n - 1)(q^n - q) \cdots (q^n - q^{k-1})$ 个有序向量组. 另一方面, V 的任意一个给定的 k 维子空间, 均可由其自身的线性无关向量组 $\boldsymbol{\beta}_1, \boldsymbol{\beta}_2, \cdots, \boldsymbol{\beta}_k$ 生成, 由于这时此子空间中共有 q^k 个向量, 与上类似可得

有序线性无关向量组 $\beta_1, \beta_2, \cdots, \beta_k$ 共有 $(q^k-1)(q^k-q)\cdots(q^k-q^{k-1})$ 个. 综上可知, $V_n(q)$ 的 k 维子空间的个数是

$$\frac{(q^n-1)(q^n-q)\cdots(q^n-q^{k-1})}{(q^k-1)(q^k-q)\cdots(q^k-q^{k-1})} = \frac{(q^n-1)(q^{n-1}-1)\cdots(q^{n-k+1}-1)}{(q^k-1)(q^{k-1}-1)\cdots(q-1)}$$

$$= \begin{bmatrix} n \\ k \end{bmatrix}.\qquad\square$$

例 4.1.9 也顺便揭示了: q-二项式系数是关于 q 的多项式. 事实上, $\begin{bmatrix} n \\ k \end{bmatrix}$ 也称为 **Gauss 多项式**. 更一般地, q-多项式系数也是关于 q 的多项式.

很多组合恒等式也可以推广到 q-模拟的形式, 它们在 q-模拟的研究中有时候很有帮助. 例如, 通过简单计算可得到下面的性质.

引理 4.1.10 对任意 $n, k \geqslant 0$, 有

$$\begin{bmatrix} n \\ k \end{bmatrix} = q^k \begin{bmatrix} n-1 \\ k \end{bmatrix} + \begin{bmatrix} n-1 \\ k-1 \end{bmatrix}.$$

下面我们侧重考察与 q-模拟有关的组合理论.

回顾例 4.1.7 中长安街道的问题, 这联系到格路径的理论, 还可以在上面定义一些组合统计量, q-模拟则成为研究这些组合统计量如何分布的工具.

定义 4.1.11 一条 n 阶 **Dyck 路**是从 $(0,0)$ 到 (n,n) 的一条经过整点的格路径, 它由 n 个 $(0,1)$ 步和 n 个 $(1,0)$ 步构成, 且从不走到主对角线 $y=x$ 的下方. 令 $\mathcal{D}_n$ 表示所有 n 阶 Dyck 路组成的集合.

在 n 阶 Dyck 路集 $\mathcal{D}_n$ 和 n-Catalan 序列集 CW_n 之间, 存在一个明显的一一对应, 即把 $(0,1)$ 步映到 0, 把 $(1,0)$ 步映到 1.

定义 4.1.12 对 $\mathcal{D}_n$ 中的每一条 Dyck 路 Π, 可以定义统计量 area (面积), 表示 Π 和主对角线 $y=x$ 之间完全小方格的个数. 令 $a_i(\Pi)$ 表示自下至上第 i 行里 Π 和主对角线之间的小方格个数, 称之为 Π 的第 i 行的长度, 称向量 $(a_1(\Pi), a_2(\Pi), \cdots, a_n(\Pi))$ 为 Π 的**面积向量**, 则

Π 的 area 即为面积向量的各分量之和:

$$\text{area}(\Pi) = \sum_{i=1}^{n} a_i(\Pi).$$

图 4.1 是一条以 $(0,1,1,0,0,1)$ 为面积向量的 6 阶 Dyck 路的例子.

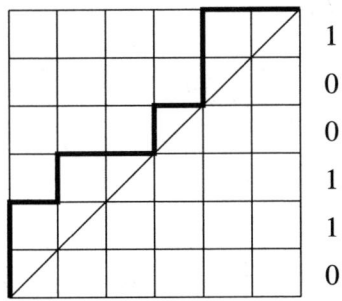

图 4.1 Dyck 路 $\Pi \in \mathcal{D}_6$, $\text{area}(\Pi) = 3$

Carlitz 和 Riordan 引入了第 n 个 Catalan 数 C_n 的如下 q-模拟:

$$C_n(q) = \sum_{\Pi \in \mathcal{D}_n} q^{\text{area}(\Pi)},$$

并证明了下述结论 (文献 [20]).

定理 4.1.13 对任意正整数 n, 有

$$C_n(q) = \sum_{k=1}^{n} q^{k-1} C_{k-1}(q) C_{n-k}(q).$$

证明 对 $\mathcal{D}_n$ 中的任意 Dyck 路 Π, 令 $h(\Pi)$ 表示沿 Π 从 $(0,0)$ 出发后第一次回到主对角线时的高度, 点 $(h(\Pi), h(\Pi))$ 把 Π 分成的两段 Dyck 路记为 Π_1, Π_2. 易知 Π_1 必经过 $(0,1)$ 与 $(k-1,k)$, 其中 $k = h(\Pi)$. 记 Π_1 中从 $(0,1)$ 到 $(k-1,k)$ 之间部分为 Π_3. 于是 $1 \leqslant k \leqslant n$, $\Pi_1 \in \mathcal{D}_k$, $\Pi_2 \in \mathcal{D}_{n-k}$, $\Pi_3 \in \mathcal{D}_{k-1}$, 且

$$\text{area}(\Pi) = \text{area}(\Pi_1) + \text{area}(\Pi_2) = k - 1 + \text{area}(\Pi_3) + \text{area}(\Pi_2),$$

从而

$$C_n(q) = \sum_{\Pi \in \mathcal{D}_n} q^{\text{area}(\Pi)} = \sum_{k=1}^{n} \sum_{\substack{\Pi \in \mathcal{D}_n \\ h(\Pi)=k}} q^{\text{area}(\Pi)}$$

$$= \sum_{k=1}^{n} \sum_{\substack{\Pi \in \mathcal{D}_n \\ h(\Pi)=k}} q^{k-1+\text{area}(\Pi_3)+\text{area}(\Pi_2)}$$

$$= \sum_{k=1}^{n} q^{k-1} \left(\sum_{\Pi_3 \in \mathcal{D}_{k-1}} q^{\text{area}(\Pi_3)} \cdot \sum_{\Pi_2 \in \mathcal{D}_{n-k}} q^{\text{area}(\Pi_2)} \right)$$

$$= \sum_{k=1}^{n} q^{k-1} C_{k-1}(q) C_{n-k}(q). \qquad \square$$

定义 4.1.14 对给定的 Catalan 序列 w, 定义统计量 maj 如下:

$$\text{maj}(w) = \sum_{\substack{i \\ w_i > w_{i+1}}} i.$$

定理 4.1.15 $\displaystyle\sum_{w \in CW_n} q^{\text{maj}(w)} = \frac{1}{[n+1]} \begin{bmatrix} 2n \\ n \end{bmatrix}.$

这个结果最初出现在文献 [59, p.214] 中, 但是文献 [35] 给出的构造性证明优美简洁, 为人们所采用. 显然, 定理 4.1.4 是它取 $q=1$ 的一个推论. 定理证明略.

组合统计量是现代组合学中的核心观念之一. 通常考虑的**组合统计量**, 是指从所考虑的组合对象的集合 A 到自然数集 $\mathbb{N}$ 的映射, 这种映射是有组合意义的赋值. 定义域 A 可以是在某个固定字符集上所有词 (即字符串) 的集合或其一个子集, 也可以是置换群 S_n 或其一个子集, 还可以是其他的组合对象如 n 阶 Dyck 路集 $\mathcal{D}_n$, 等等.

以上我们介绍了 $\mathcal{D}_n$ 上的统计量 area 与 CW_n 上的统计量 maj. 下面在更一般的词集上定义组合统计量 inv 与 maj.

定义 4.1.16 定义词 $w = w_1 w_2 \cdots$ 上的组合统计量 inv, maj 如下:

$$\mathrm{inv}(w) = \sum_{\substack{i<j \\ w_i > w_j}} 1, \quad \mathrm{maj}(w) = \sum_{\substack{i \\ w_i > w_{i+1}}} i.$$

下面用 P_n 表示字符集 $[n]$ 上所有长度为 n 的不含重复字符的词的集合, 它是最常被考虑的对象集.

定理 4.1.17 (文献 [59]) $\sum_{\sigma \in P_n} q^{\mathrm{inv}(\sigma)} = [n]! = \sum_{\sigma \in P_n} q^{\mathrm{maj}(\sigma)}.$

证明 左端等式: 对 P_n 中的任意词 σ, 令 $h(\sigma)$ 表示 σ 中字符 n 右侧的字符个数, 并将 σ 去掉 n 后所得词记为 σ_1, 则 $0 \leqslant h(\sigma) \leqslant n-1$, $\sigma_1 \in P_{n-1}$, 且 $\mathrm{inv}(\sigma) = h(\sigma) + \mathrm{inv}(\sigma_1)$, 从而

$$\sum_{\sigma \in P_n} q^{\mathrm{inv}(\sigma)} = \sum_{k=0}^{n-1} \sum_{\substack{\sigma \in P_n \\ h(\sigma)=k}} q^{\mathrm{inv}(\sigma)} = \sum_{k=0}^{n-1} \sum_{\sigma_1 \in P_{n-1}} q^{k+\mathrm{inv}(\sigma_1)}$$

$$= \sum_{k=0}^{n-1} q^k \sum_{\sigma_1 \in P_{n-1}} q^{\mathrm{inv}(\sigma_1)} = [n] \sum_{\sigma \in P_{n-1}} q^{\mathrm{inv}(\sigma)}.$$

依次递归下去, 得

$$\sum_{\sigma \in P_n} q^{\mathrm{inv}(\sigma)} = [n] \sum_{\sigma \in P_{n-1}} q^{\mathrm{inv}(\sigma)} = [n][n-1] \sum_{\sigma \in P_{n-2}} q^{\mathrm{inv}(\sigma)}$$

$$= \cdots = [n][n-1] \cdots [2] \sum_{\sigma \in P_1} q^{\mathrm{inv}(\sigma)}$$

$$= [n]!.$$

右端等式: 当将字符 n 依次插入 P_{n-1} 中任意词 τ 的 n 个位置时, 所得词的 maj 增量恰为 $0, 1, \cdots, n-1$ 的一个遍历, 因此归纳地有

$$\sum_{\sigma \in P_n} q^{\mathrm{maj}(\sigma)} = \sum_{\tau \in P_{n-1}} \sum_{i=0}^{n-1} q^{\mathrm{maj}(\tau)+i} = \sum_{\tau \in P_{n-1}} \sum_{i=0}^{n-1} q^i q^{\mathrm{maj}(\tau)}$$

$$= \sum_{\tau \in P_{n-1}} q^{\mathrm{maj}(\tau)} \sum_{i=0}^{n-1} q^i = [n] \sum_{\tau \in P_{n-1}} q^{\mathrm{maj}(\tau)}$$
$$= [n][n-1]! = [n]!.\qquad\square$$

注 4.1.18 为了纪念 MacMahon, 若定义在 P_n 上的组合统计量 f 满足定理 4.1.17 中的性质

$$\sum_{\sigma \in P_n} q^{f(\sigma)} = [n]!,$$

则称 f 为 **Mahonian** 的.

将所考虑的词集 P_n 一般化, 定理 4.1.17 还可做如下的推广:

定理 4.1.19 设 $\alpha = (m_1, m_2, \cdots, m_k) \in \mathbb{N}^k$, $n = \sum_{i=1}^{k} m_i$. 令 M_α 表示多重集 $\{m_1 \cdot 1, m_2 \cdot 2, \cdots, m_k \cdot k\}$ 上的所有全排列, 则

$$\sum_{w \in M_\alpha} q^{\mathrm{inv}(w)} = \begin{bmatrix} n \\ m_1, m_2, \cdots, m_k \end{bmatrix} = \sum_{w \in M_\alpha} q^{\mathrm{maj}(w)}.$$

证明 (1) inv 部分: 注意从 $P_{m_1} \times P_{m_2} \times \cdots \times P_{m_k} \times M_\alpha$ 到 P_n 之间有一个明显的双射, 并且这个双射满足

$$\sum_{i=1}^{k} \mathrm{inv}(\sigma_i) + \mathrm{inv}(w) = \mathrm{inv}(\sigma),$$

其中 $\sigma_i \in P_{m_i}$ $(1 \leqslant i \leqslant k)$, $w \in M_\alpha$, $\sigma \in P_n$.

(2) maj 部分: 由

$$\begin{bmatrix} n \\ m_1, m_2, \cdots, m_k \end{bmatrix} = \begin{bmatrix} m_1 \\ m_1 \end{bmatrix} \begin{bmatrix} m_1 + m_2 \\ m_2 \end{bmatrix} \begin{bmatrix} m_1 + m_2 + m_3 \\ m_3 \end{bmatrix} \cdots \begin{bmatrix} n \\ m_k \end{bmatrix}$$

这一事实, 注意到每个 $w \in M_{(m_1, m_2, \cdots, m_{k-1})}$ 对应 $\begin{pmatrix} n \\ m_1 + \cdots + m_{k-1}, m_k \end{pmatrix}$ 个 M_α 中的 w', 其中每个 w' 去掉字母 k 后就降落到 w, 归纳地可以

完成证明. 一般地, 置 $\mathrm{maj}^*(w') := \mathrm{maj}(w') - \mathrm{maj}(w)$. 往证

$$\sum_{w'} q^{\mathrm{maj}^*(w')} = \begin{bmatrix} l+m_k \\ l, m_k \end{bmatrix}, \tag{4.1}$$

其中 w 在 $M_{(m_1,m_2,\cdots,m_{k-1})}$ 中任意取定, $l = m_1 + \cdots + m_{k-1}$, $w' \in M_{(m_1,m_2,\cdots,m_{k-1},m_k)}$, 且当 w' 去掉所有的 m_k 个字母 k 后降落到 w.

为证明 (4.1) 式, 需同时对 l 和 m_k 进行归纳. 根据最后一个 k 出现的位置分为两部分: (i) 若 $w'_{l+m_k} = k$, 根据归纳假设, 有

$$\sum_{w'} q^{\mathrm{maj}^*(w')} = \begin{bmatrix} l+m_k-1 \\ l, m_k-1 \end{bmatrix}.$$

(ii) 若 $w'_{l+m_k} \leqslant k-1$, 可以验证 (应根据 $w_{l-1} > w_l$ 和 $w_{l-1} \leqslant w_l$ 两种情况讨论, 得到相同的结论, 细节留给读者)

$$\sum_{w'} q^{\mathrm{maj}^*(w')} = \begin{bmatrix} l-1+m_k \\ l-1, m_k \end{bmatrix} q^{m_k}.$$

综合 (i), (ii), 由 $\begin{bmatrix} l+m_k-1 \\ m_k-1 \end{bmatrix} + \begin{bmatrix} l-1+m_k \\ m_k \end{bmatrix} q^{m_k} = \begin{bmatrix} l+m_k \\ m_k \end{bmatrix}$ 即得结论成立. □

一般地, 引入如下定义:

定义 4.1.20 一条 (m,n) **格路径**是从 $(0,0)$ 到 (m,n) 的一条经过整点的格路径, 它由 n 个 $(0,1)$ 步和 m 个 $(1,0)$ 步构成. 令 $\mathcal{L}_{m,n}$ 表示所有 (m,n) 格路径组成的集合.

相比 Dyck 路, 一般的格路径不限制必须在主对角线及以上. 当 $m = n$ 时, $\mathcal{D}_n$ 是 $\mathcal{L}_{n,n}$ 的一个子集. 类似地, 也可以定义一条格路径 $L \in \mathcal{L}_{m,n}$ 的 area 统计量. 对 $L \in \mathcal{L}_{m,n}$, 其面积向量的第 i 个分量 $a_i(L)$ 即在自下而上的第 i 行里 L 与纵坐标轴 $x = 0$ 之间的小方格个数, 同样有

$$\mathrm{area}(L) = \sum_{i=1}^{n} a_i(L).$$

推论 4.1.21
$$\sum_{L \in \mathcal{L}_{m,n}} q^{\text{area}(L)} = \begin{bmatrix} m+n \\ n \end{bmatrix}.$$

证明 将 $(0,1)$ 和 $(1,0)$ 步分别对应到 0 和 1, 每条格路径 $L \in \mathcal{L}_{m,n}$ 对应一个 $w_L \in M_{(n,m)}$ (其有 n 个 0, m 个 1), 又显然有

$$\text{area}(L) = \text{inv}(w_L). \qquad \square$$

除了 Mahonian 类的组合统计量, Eulerian 类的组合统计量也受到人们的关注.

定义 4.1.22 对 $w = w_1 w_2 \cdots w_n \in P_n$, 称

$$\text{DES}(w) := \{i \mid w_i > w_{i+1}\}$$

为词 w 的**降位集**. 于是又可定义词 w 的**降位数**

$$\text{des}(w) := |\text{DES}(w)|.$$

根据降位集的大小做划分, 置 $A_{n,k} = \{\sigma \in P_n \mid \text{des}(\sigma) = k-1\}$ 及 $a_{n,k} = |A_{n,k}|$. 容易看出

$$a_{n,k} = a_{n,n-k+1},$$
$$a_{n,k} = k a_{n-1,k} + (n-k+1) a_{n-1,k-1},$$
$$a_{n,1} = 1,$$
$$a_{n,2} = 2^n - n - 1,$$

等等. 经典的 **Eulerian 多项式**即

$$E_n(q) = \sum_{\sigma \in P_n} q^{1+\text{des}(\sigma)} = \sum_{k=1}^{n} a_{n,k} q^k.$$

降位集 DES 受到限制时统计量 inv 的分布是一个有趣的问题.

定理 4.1.23 令 $D = \{d_1, \cdots, d_k\} \subseteq \{1, \cdots, n-1\}$, 则当降位集限制为 D 的子集时, 有

$$\sum_{\mathrm{DES}(\sigma) \subseteq D} q^{\mathrm{inv}(\sigma)} = \begin{bmatrix} n \\ \Delta(D) \end{bmatrix},$$

其中 $\Delta(D)$ 表示 $d_1, d_2 - d_1, \cdots, d_k - d_{k-1}, n - d_k$.

定理证明略.

由定理 4.1.23 及例 3.2.11 可立即得到下面的推论.

推论 4.1.24 $\displaystyle\sum_{\mathrm{DES}(\sigma) = I} q^{\mathrm{inv}(\sigma)} = \sum_{D \subseteq I} (-1)^{|I|-|D|} \begin{bmatrix} n \\ \Delta(D) \end{bmatrix}.$

§4.2 Schröder 数, Schröder 路和格路径

Schröder 数 S_n 计数了 n 阶 Schröder 路. 在这些 Schröder 路中, 我们特别关心恰有 d 个对角线步的 Schröder 路.

定义 4.2.1 一条 n 阶 **Schröder 路**是从 $(0,0)$ 到 (n,n) 的经过整点的格路径, 它的每一步是 $(0,1), (1,0)$ 或对角线步 $(1,1)$ 之一, 且从不走到主对角线之下. 令 $\mathcal{S}_n$ 表示所有 n 阶 Schröder 路组成的集合, 用 S_n 表示 $|\mathcal{S}_n|$; 令 $\mathcal{S}_{n,d}$ 表示恰好含 d 个对角线步的所有 n 阶 Schröder 路组成的集合, 用 $S_{n,d}$ 表示 $|\mathcal{S}_{n,d}|$.

由上可见, Schröder 路是 Dyck 路的一种推广, $\mathcal{S}_{n,0}$ 即 $\mathcal{D}_n$. 易知 $S_1 = 2, S_2 = 6, S_3 = 22$, 等等.

考察 Schröder 数和 Catalan 数之间的联系, 易知将一个含 d 个对角线步的 n 阶 Schröder 路去掉所有对角线步后, 得到一个 $n - d$ 阶 Catalan 路, 且这 d 个对角线步在 n 阶 Schröder 路中的位置有 $\binom{2n-d}{d}$ 种方式 (含 d 个对角线步的 n 阶 Schröder 路共有 $2n - d$ 步), 从而有

$$S_{n,d} = \binom{2n-d}{d} C_{n-d} = \frac{1}{n-d+1}\binom{2n-d}{n-d, n-d, d}$$

及
$$S_n = \sum_{d=0}^{n} S_{n,d}, \quad S_{n,0} = C_n.$$

图 4.2 是 $\mathcal{S}_{8,4}$ 中的一个元素.

对 $\Pi \in \mathcal{S}_{n,d}$, 用 0 表示 $(0,1)$ 步, 用 1 表示 $(1,1)$ 步, 用 2 表示 $(1,0)$ 步, 就得到了由 0, 1, 2 组成的序列, 其中有 $n-d$ 个 0, d 个 1, 和 $n-d$ 个 2, 且在任意的起始序列中, 0 的个数不少于 2 的个数. 称这种序列为 (n,d)-**Schröder 列** (简称为 **Schröder 列**).

对每个 (n,d)-Schröder 列, 由前面知可以定义统计量 maj, 可以认为这就是该 Schröder 列对应的 Schröder 路上的统计量. 图 4.2 中的 Schröder 路 Π 被转换成 001221010221, 所以它的 maj 值是

$$\mathrm{maj}(\Pi) = 5 + 6 + 8 + 11 = 30.$$

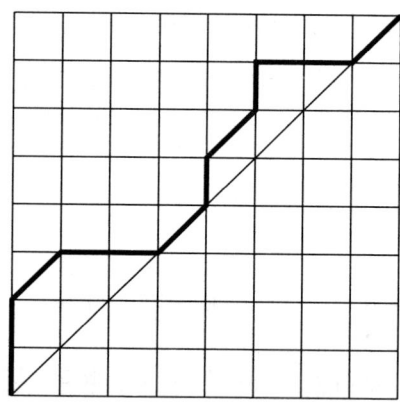

图 4.2 一条 Schröder 路 $\Pi \in \mathcal{S}_{8,4}$, 满足 $\mathrm{maj}(\Pi) = 30$

在 1993 年的一篇经典论文中, Bonin, Shapiro 和 Simion 证明了下面的结果 (文献 [18]).

定理 4.2.2 $\displaystyle\sum_{\Pi \in \mathcal{S}_{n,d}} q^{\mathrm{maj}(\Pi)} = \dfrac{1}{[n-d+1]} \begin{bmatrix} 2n-d \\ n-d, n-d, d \end{bmatrix}.$

关于更一般的 Schröder 理论, 可以参见文献 [36] 和 [67].

在文献 [72, Ex.6.39, pp.239–240] 中, 有 Schröder 数 S_n 与 $r_n = \frac{1}{2}S_n$ 的 19 种组合解释. 后者也称为**小 Schröder 数**.

如果去掉 "从不走到主对角线之下" 的要求, 那么从 $(0,0)$ 到 (n,n) 的每一步是 $(0,1), (1,0)$ 或对角线步 $(1,1)$ 之一的格路径, 称为一条 n 阶**正 Delannoy 路**. 一般地, 因为不需要有主对角线这个概念, 一条 **Delannoy 路**可以是从 $(0,0)$ 到 (m,n) 的. 称从 $(0,0)$ 到 (m,n), 并且恰含 d 个对角线步的 Delannoy 路的数目为关于参数 (m,n,d) 的 Delannoy 数, 记为 $D(m,n,d)$. 不难发现, 有

$$D(m,n,d) = \binom{m+n-d}{m-d, n-d, d}.$$

比较 $S_{n,d}$ 与恰含 d 个对角线步的正 Delannoy 路的数目 $D(n,n,d)$ 的关系和 Catalan 数 C_n 与 $\binom{2n}{n}$ 的关系, 这是多么奇妙的对应!

Dyck 路、Schröder 路以及 Delannoy 路、Motzkin 路、置换路、带符号的置换路等统称为**格路径**, 它是在当代组合数学中受到重视的研究对象之一. 相关工作可参见文献 [72, pp.219–240], [68], [30] 等.

对格路径的研究近年来相当丰富. 在格路径上引入操作, 还可以和 Parking 函数联系在一起.

定义 4.2.3 (文献 [72, Ex.5.49, pp.94–95]) 假设单行线上依次排列 n 个停车位 $1, 2, \cdots, n$ (行驶方向为从车位 1 到车位 n). 现在有 n 辆汽车 $C_1, C_2, \cdots, C_n$ 依次试图停车, 每辆车 C_i 有一个最喜欢的车位 a_i, 停车时首先开到这个车位, 如果还空着就停在那里, 否则继续行驶停在下一个还空着的车位. 如果序列 $P = a_1 a_2 \cdots a_n$ 使得每辆汽车都有位子可停, 则称 P 为一个 n 元 **Parking 函数**. 所有 n 元 Parking 函数组成的集合记为 $\mathcal{P}_n$.

性质 4.2.4 序列 $a_1 a_2 \cdots a_n$ 是 Parking 函数, 当且仅当其按照升序重排后的序列 $b_1 b_2 \cdots b_n$ 满足对任意 $i \in [n]$, 有 $b_i \leqslant i$.

证明 在一个环形单行线上考虑类似的停车问题. 设 $n+1$ 个停车位 $1, 2, \cdots, n+1$ 在环形线依顺时针排列 (车位 1 与 $n+1$ 相邻), 行驶方向为顺时针方向. n 辆汽车 $C_1, C_2, \cdots, C_n$ 依次从车位 1 处驶入试图停车, 每辆车 C_i 有一个最喜欢的车位 $a_i \in [n]$, 停车时首先开到这个车位, 如果还空着就停在那里, 否则继续行驶停在下一个还空着的车位.

因为可循环下去, 易知在这种停车方式下, 每辆汽车均有位子停, 且序列 $P = a_1 a_2 \cdots a_n$ 使得在原单行线上每辆汽车都有位子可停, 当且仅当在现在停车方式下所有汽车停车后, 车位 $n+1$ 没有汽车停. 注意到条件 $b_i \leqslant i$ 等价于偏好车位 $1, 2, \cdots, i$ 之一的汽车至少有 i 辆, 从而原命题等价于汽车在环线上停车后车位 $n+1$ 没有汽车停, 当且仅当对任意 $i \in [n]$, 偏好车位 $1, 2, \cdots, i$ 之一的汽车至少有 i 辆. 下面证明这个结论.

充分性 假设对任意 $i \in [n]$, 偏好车位 $1, 2, \cdots, i$ 之一的汽车至少有 i 辆, 且此时所有汽车在环线上停车后车位 $n+1$ 有汽车停, 则在环线上必有空车位 i 始终无车停, 从而偏好车位 $1, 2, \cdots, i-1$ 之一的汽车均停在车位 $1, 2, \cdots, i-1$ 中, 否则车位 i 一定有车停. 因此偏好车位 $1, 2, \cdots, i-1$ 之一的汽车至多有 $i-1$ 辆, 又由车位 i 无车停知没有偏好车位 i 的汽车, 从而偏好车位 $1, 2, \cdots, i$ 之一的汽车至多有 $i-1$ 辆, 与假设矛盾! 所以假设不成立. 充分性证毕.

必要性 假设序列 $P = a_1 a_2 \cdots a_n$ 使得所有汽车在环线上停车后车位 $n+1$ 没有汽车停, 则对任意 $i \in [n]$, 车位 1 到车位 i 均已停满, 从而偏好车位 $1, 2, \cdots, i$ 的汽车至少有 i 辆 (否则车位 1 到车位 i 至多只能停 $i-1$ 辆车, 与前矛盾). 必要性证毕.

综合两方面知结论成立. □

性质 4.2.5 n 元 Parking 函数的个数是

$$\mathrm{Park}(n) = (n+1)^{n-1}.$$

证明 把上面性质 4.2.4 证明中的停车方式稍加改变: 对任意 $i \in [n]$, 汽车 C_i 最喜欢的车位 $a_i \in [n+1]$, 其余停车方式与线路均不变.

在此停车方式下,易知序列 $P = a_1a_2\cdots a_n$ 是 Parking 函数当且仅当 n 辆汽车均停车后车位 $n+1$ 空出.

所有满足对任意 $i \in [n]$, $a_i \in [n+1]$ 的序列 $a_1a_2\cdots a_n$ 共有 $(n+1)^n$ 个,且每个序列对应的停车方式中,最后必会空出某个车位. 注意到圆周的对称性,空出任一车位的可能性是均等的,从而最后使得车位 $n+1$ 空出的序列有 $\dfrac{(n+1)^n}{n+1} = (n+1)^{n-1}$ 个,即 n 元 Parking 函数的个数是 $(n+1)^{n-1}$. □

注 4.2.6 以上结果 $(n+1)^{n-1}$ 正是 $\{0,1,2,\cdots,n\}$ 上的标记树的个数 (见第七章).

在文献 [39] 中介绍了一种通过 Dyck 路构造 Parking 函数的方法. 一个 Parking 函数 P 可以这样得到: 如图 4.3 所示,在 Dyck 路 D 的每个单位垂直线段 (即 (0,1) 步) 的右侧方格放上 "汽车" $1,2,\cdots,n$ (分别代表先前的汽车 $C_1, C_2, \cdots, C_n$) 中的一个, 唯一的限制是若汽车 i 放在汽车 j 的正上方, 则必须满足 $i > j$.

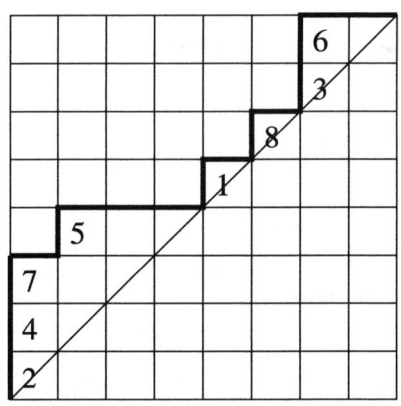

图 4.3 $\mathcal{P}_8$ 中的一个 Parking 函数的例子, 这个 Parking 函数的序列表示形式是 51712716

易见 Dyck 路上的这种表示与经典 Parking 函数互相吻合. 当列 i 上放置了汽车 $i_1, \cdots, i_j$ 等同于说正是 $i_1, \cdots, i_j$ 这些汽车以位置 i 为最喜欢的车位. 注意 Parking 函数的要求实际暗含了 Dyck 路的要求, 即所谓的 "Catalan 性质" 这一广泛发生的组合数学现象.

Parking 函数的以上表示可以看做在 Dyck 路上赋予了更丰富的结构.

定义 4.2.7 (文献 [54]) 设 $\hat{s} = s_1 s_2 \cdots s_n$ 是整数序列, 若其不减的重排序列 $z_1 z_2 \cdots z_n$ 满足对所有 $1 \leqslant i \leqslant n$, 有 $i \leqslant z_i \leqslant n$, 则称 $\hat{s}$ 为**主序列**. 用 M_n 表示所有长度为 n 的主序列组成的集合.

定义 4.2.8 在主序列 $\hat{s} = s_1 s_2 \cdots s_n$ 上定义统计量 area:

$$\mathrm{area}(\hat{s}) = \sum_{i=1}^{n} s_i - \binom{n+1}{2}.$$

还可定义主序列的 area **计数多项式**:

$$M_n(q) = \sum_{\hat{s} \in \mathrm{M}_n} q^{\mathrm{area}(\hat{s})}.$$

定理 4.2.9 设 $D(P)$ 表示 Parking 函数 P 通过前述 "放汽车" 的方式所对应的 Dyck 路. 令

$$R_n(q) = \sum_{P \in \mathcal{P}_n} q^{\mathrm{area}(D(P))},$$

则有 $R_n(q) = M_n(q)$.

证明 根据定义不难验证. □

§4.3 第一、二类 Stirling 数

定义 4.3.1 对于正整数 n, k, 定义 $c(n, k)$ 为 n 元对称群 S_n 中恰含 k 个轮换 (即恰可写成 k 个不交轮换的乘积) 的置换个数 (注意, 不动点也看做一个轮换). 称 $s(n, k) = (-1)^{n-k} c(n, k)$ 为**第一类 Stirling 数**, 也常常称 $c(n, k)$ 为**无符号的第一类 Stirling 数**.

置 $c(0,0) = 1$, 以及当 $n \geqslant 1$ 时, $c(n,0) = c(0,n) = 0$. 这显然是合理的.

引理 4.3.2 对任意 $n \geqslant 1$, $k \geqslant 1$, $c(n,k)$ 满足递推关系

$$c(n,k) = (n-1)c(n-1,k) + c(n-1,k-1).$$

证明 设置换 σ 是 S_n 中恰有 k 个轮换的置换. 若 $\sigma(n) = n$, 则 n 在 σ 中为一个单独的轮换, 从而这样的 σ 的个数等于 S_{n-1} 中恰有 $k-1$ 个轮换的置换个数, 即 $c(n-1,k-1)$. 若 $\sigma(n) \neq n$, 则将轮换 σ 中的 n 去掉就得到 S_{n-1} 中含 k 个轮换的置换. 又将 n 插入 S_{n-1} 中含 k 个轮换的置换中时, 可得到 $n-1$ 个 S_n 中含 k 个轮换的置换, 从而这样的 σ 的个数等于 S_{n-1} 中恰有 k 个轮换的置换个数的 $n-1$ 倍, 即 $(n-1)c(n-1,k)$. 因此

$$c(n,k) = (n-1)c(n-1,k) + c(n-1,k-1). \qquad \Box$$

定理 4.3.3 $\{c(n,k)\}_{n=1}^{\infty}$ 满足如下的函数方程:

$$\sum_{k=1}^{n} c(n,k) x^k = x(x+1)\cdots(x+n-1).$$

证明 对 n 用归纳法证明命题. 当 $n = 1$ 时, 命题即 $x = x$, 显然成立.

设 $n \geqslant 2$, 且命题对 $n-1$ 成立, 则对 n, 由归纳假设及 $c(n,k)$ 的递推性质知, 对任意 $1 \leqslant k \leqslant n$, 有

$[x^k]x(x+1)\cdots(x+n-1)$
$= [x^k]x(x+1)\cdots(x+n-2)x + (n-1)([x^k]x(x+1)\cdots(x+n-2))$
$= [x^{k-1}]x(x+1)\cdots(x+n-2) + (n-1)([x^k]x(x+1)\cdots(x+n-2))$
$= c(n-1,k-1) + (n-1)c(n-1,k)$
$= c(n,k),$

从而
$$\sum_{k=1}^{n} c(n,k)x^k = x(x+1)\cdots(x+n-1),$$
即命题对 n 成立.

由归纳原理知, 命题对一切正整数 n 成立, 即 $\{c(n,k)\}_{n=1}^{\infty}$ 满足定理中所述的函数方程. □

很多情况下, 第一类 Stirling 数 $s(n,k)$ 往往比无符号的第一类 Stirling 数 $c(n,k)$ 更容易处理. 针对 $\{s(n,k)\}_{n=1}^{\infty}$, 定理 4.3.3 相应的等价形式是下面的定理.

定理 4.3.4 $\{s(n,k)\}_{n=1}^{\infty}$ 满足如下的函数方程:
$$\sum_{k=1}^{n} s(n,k)x^k = (x)_n,$$
这里 $(x)_n = x(x-1)\cdots(x-n+1)$.

证明 在定理 4.3.3 中, 用 $-x$ 代替 x, 得
$$\sum_{k=1}^{n} c(n,k)(-x)^k = (-x)(-x+1)\cdots(-x+n-1).$$
上式两边同时乘以 $(-1)^n$, 得
$$\sum_{k=1}^{n} (-1)^n c(n,k)(-x)^k = x(x-1)\cdots(x-n+1),$$
即
$$\sum_{k=1}^{n} s(n,k)x^k = (x)_n. \qquad \square$$

定义 4.3.5 对于正整数 n, k, 定义 $S(n,k)$ 为把 $[n]$ 分成 k 个非空子集的划分个数, 称之为**第二类 Stirling 数**.

置 $S(n,0) = S(0,n) = 0 \ (n \geqslant 1)$ 及 $S(0,0) = 1$.

注 4.3.6 关于两类 Stirling 数的记法有很多种, 有时我们也分别用 $s_1(n,k)$ 与 $s_2(n,k)$ 表示第一类与第二类 Stirling 数. 这些记法非常容易混淆, 应特别注意说明.

第二类 Stirling 数有着与第一类 Stirling 数对偶的递推关系.

引理 4.3.7 对任意 $n \geqslant 1$, $k \geqslant 1$, 第二类 Stirling 数 $S(n,k)$ 满足如下递推关系:
$$S(n,k) = kS(n-1,k) + S(n-1,k-1).$$

证明 把 $[n]$ 分成 k 个非空子集的划分简称为 $[n]$ 的一个 k-划分. 设 P 是 $[n]$ 的一个 k-划分. 若 n 在 P 中为一个单独的子集, 则这样的 P 的个数等于 $[n-1]$ 的 $(k-1)$-划分个数, 即 $S(n-1,k-1)$. 若 n 在 P 中不是一个单独的子集, 则从 P 中去掉 n 可以得到一个 $[n-1]$ 的 k-划分, 而把 n 插入任意一个 $[n-1]$ 的 k-划分可得到 k 个不同的 $[n]$ 的 k-划分, 从而这样的 P 的个数等于 $[n-1]$ 的 k-划分个数的 k 倍, 即 $kS(n-1,k)$. 因此
$$S(n,k) = kS(n-1,k) + S(n-1,k-1). \qquad \square$$

定理 4.3.8 $\{S(n,k)\}_{n=1}^{\infty}$ 满足如下的函数方程:
$$\sum_{k=1}^{n} S(n,k)(x)_k = x^n,$$
这里 $(x)_k = x(x-1)\cdots(x-k+1)$.

证明 对 n 用归纳法证明命题. 当 $n=1$ 时, 命题即 $x=x$, 显然成立.

设 $n \geqslant 2$, 且命题对 $n-1$ 成立, 则对 n, 由归纳假设及 $S(n,k)$ 的递推性质知
$$x^n = x^{n-1} x = \sum_{k=1}^{n-1} S(n-1,k)(x)_k x$$

$$= \sum_{k=1}^{n-1} S(n-1,k)(x)_k(x-k+k)$$

$$= \sum_{k=1}^{n-1} S(n-1,k)(x)_{k+1} + \sum_{k=1}^{n-1} kS(n-1,k)(x)_k$$

$$= \sum_{k=2}^{n} S(n-1,k-1)(x)_k + \sum_{k=1}^{n-1} kS(n-1,k)(x)_k$$

$$= \sum_{k=1}^{n} S(n-1,k-1)(x)_k + \sum_{k=1}^{n} kS(n-1,k)(x)_k$$

$$= \sum_{k=1}^{n} S(n,k)(x)_k.$$

即命题对 n 成立.

由归纳原理知, 命题对一切正整数 n 成立, 即 $\{S(n,k)\}_{n=1}^{\infty}$ 满足定理中所述的函数方程. □

注 4.3.9 设 x 为一个正整数, 则有 x^n 个从 $[n]$ 到 $[x]$ 的映射; 对 $[x]$ 的每个 k-子集 Y, 有 $k!S(n,k)$ 个从 $[n]$ 到 Y 的满射. 所以

$$x^n = \sum_{k=1}^{n} \binom{x}{k} k! S(n,k) = \sum_{k=1}^{n} S(n,k)(x)_k.$$

定理 4.3.10 由两类 Stirling 数, 定义 n 阶矩阵 $\boldsymbol{A} = (a_{ij})_{n \times n} := (s(i,j))_{n \times n}$ 及 $\boldsymbol{B} = (b_{ij})_{n \times n} := (S(i,j))_{n \times n}$, 则

$$\boldsymbol{AB} = \boldsymbol{BA} = \boldsymbol{I}.$$

证明 考虑复数域上次数小于 $n+1$ 且常数项为 0 的多项式关于加法和数量乘法构成的线性空间

$$\left\{ \sum_{i=1}^{n} \lambda_i x^i \,\bigg|\, \lambda_i \in \mathbb{C} \right\}.$$

$\{x, x^2, \cdots, x^n\}$ 与 $\{(x)_1, (x)_2, \cdots, (x)_n\}$ 是它的两组基, 而 $\boldsymbol{A}, \boldsymbol{B}$ 恰好是这两组基之间的过渡矩阵 (或者过渡矩阵的转置, 视定义过渡矩阵的方式是由行向量形式表示或列向量形式表示而定). □

于是又立即有下面的推论.

推论 4.3.11 两类 Stirling 满足如下关系式:

$$\sum_{l=1}^{n} s(i,l)S(l,j) = \delta(i,j),$$

$$\sum_{l=1}^{n} S(i,l)s(l,j) = \delta(i,j).$$

以下对任意取定的 k, 考察两类 Stirling 数的指数型生成函数. 回忆第三章讨论的通过 g_r 求 e_i 的方法 (即从 "至少" 求 "恰好") 对深入研究 $S(n,k)$ 很有帮助. 事实上, 我们可以得到 $S(n,k)$ 的显式公式.

定理 4.3.12 对任意正整数 n, k, 有

$$S(n,k) = \frac{1}{k!} \sum_{j=0}^{k} \binom{k}{j} j^n (-1)^{k-j}.$$

证明 构造 k 个有标记的 "篮子", 将 $[n]$ 中的元素分到这 k 个有区别的 "篮子" 里 (有些 "篮子" 可能分到 0 个元素), 用 S 表示所有这样的分法组成的集合. 显然 $|S| = k^n$. 对任意 $1 \leqslant i \leqslant k$, 定义 P_i 为性质 "第 i 个 '篮子' 是空的", A_i 为 S 中满足性质 P_i 的分法组成的集合, $\mathcal{P}$ 为所有这些性质组成的集合, 则

$$S(n,k) = \frac{|\{A \in S \mid A \text{ 不满足 } \mathcal{P} \text{ 中的任何性质}\}|}{k!}$$

$$= \frac{|\overline{A_1} \cap \overline{A_2} \cap \cdots \cap \overline{A_k}|}{k!}.$$

注意到对于任意 $1 \leqslant i_1 < i_2 < \cdots < i_s \leqslant k$, $A_{i_1} \cap A_{i_2} \cap \cdots \cap A_{i_s}$ 表示的意义是 S 中满足性质 $P_{i_1}, P_{i_2}, \cdots, P_{i_s}$ 的分法组成的集合. 在这些分法中, 标号为 $i_1, i_2, \cdots, i_s$ 的 "篮子" 为空, 所有元素只能放进其余 $k-s$ 个 "篮子" 中, 从而 $|A_{i_1} \cap A_{i_2} \cap \cdots \cap A_{i_s}| = (k-s)^n$. 由容斥

原理得

$$k!S(n,k) = |S| - \sum_i |A_i| + \sum_{1 \leqslant i < j \leqslant k} |A_i \cap A_j|$$
$$- \sum_{1 \leqslant i < j < t \leqslant k} |A_i \cap A_j \cap A_t|$$
$$+ \cdots + (-1)^k |A_1 \cap A_2 \cap \cdots \cap A_k|$$
$$= \sum_{r=0}^k \binom{k}{r}(k-r)^n (-1)^r$$
$$= \sum_{j=0}^k \binom{k}{j} j^n (-1)^{k-j}. \qquad \Box$$

注 4.3.13 容易看到,$k!S(n,k)$ 就是例 3.1.7 中所讨论的从 $[n]$ 到 $[k]$ 的满射个数 (划分中的每一块为 $[k]$ 中一个元素的原像). 在那个例子里, k 个不同的 "篮子" 是要有标签的.

回忆第 n 个 Bell 数 B_n, 它表示 $[n]$ 的所有划分个数. 由上述讨论即得

$$B_n = \sum_{k=0}^n S(n,k) = \sum_{k=0}^n \sum_{j=0}^k \frac{1}{j!(k-j)!} j^n (-1)^{k-j}$$
$$= \sum_{j=0}^n \frac{j^n}{j!} \sum_{k=j}^n \frac{1}{(k-j)!} (-1)^{k-j} = \sum_{j=0}^n \frac{j^n}{j!} \sum_{i=0}^{n-j} \frac{1}{i!} (-1)^i$$
$$= \sum_{j=0}^n \frac{j^n}{j!} \exp_{|n-j}(-1).$$

对比 §2.3 中没有考虑第二类 Stirling 数时得到的结果

$$B_n = \frac{1}{e} \sum_{k=0}^\infty \frac{k^n}{k!},$$

上面的公式显然更加便于计算.

现在可以找到第二类 Stirling 数的指数型生成函数.

定理 4.3.14 $\{S(n,k)\}_{n=0}^{\infty}$ 的指数型生成函数为

$$\sum_{n=0}^{\infty} \frac{S(n,k)}{n!} x^n = \frac{(\mathrm{e}^x - 1)^k}{k!}.$$

证明
$$\begin{aligned}
\sum_{n=0}^{\infty} \frac{S(n,k)}{n!} x^n &= \sum_{n=0}^{\infty} \frac{1}{k!} \sum_{j=0}^{k} \binom{k}{j} j^n (-1)^{k-j} \frac{x^n}{n!} \\
&= \sum_{j=0}^{k} (-1)^{k-j} \frac{1}{k!} \binom{k}{j} \sum_{n=0}^{\infty} j^n \frac{x^n}{n!} \\
&= \sum_{j=0}^{k} (-1)^{k-j} \frac{1}{k!} \binom{k}{j} \mathrm{e}^{jx} \\
&= \frac{1}{k!} \sum_{j=0}^{k} \binom{k}{j} (\mathrm{e}^x)^j (-1)^{k-j} \\
&= \frac{1}{k!} (\mathrm{e}^x - 1)^k.
\end{aligned}$$
□

相比之下，尽管也有第一类 Stirling 数的递推关系，但关于其生成函数的推导要更为复杂. 为了寻求 $s(n,k)$ 的指数型生成函数，需要借助两类 Stirling 数之间的关系并引入如下结论:

定理 4.3.15 令 $A(x), B(x)$ 分别表示数列 $\{a_n\}_{n=0}^{\infty}, \{b_n\}_{n=0}^{\infty}$ 的指数型生成函数，则下列三个命题等价:

(1) 对任意 $n \geqslant 0$，有 $b_n = \sum_{i=0}^{n} S(n,i) a_i$;

(2) 对任意 $n \geqslant 0$，有 $a_n = \sum_{i=0}^{n} s(n,i) b_i$;

(3) $B(x) = A(\mathrm{e}^x - 1)$，也即 $A(x) = B(\ln(1+x))$.

证明 若 (2) 成立，则由推论 4.3.11 有

$$\sum_{j=0}^{n} S(n,j)a_j = \sum_{j=0}^{n} S(n,j) \sum_{i=0}^{j} s(j,i)b_i = \sum_{i=0}^{n} b_i \sum_{j=i}^{n} S(n,j)s(j,i)$$
$$= \sum_{i=0}^{n} b_i \sum_{j=1}^{n} S(n,j)s(j,i) = \sum_{i=0}^{n} b_i \delta(n,i) = b_n,$$

即 (1) 成立. 同理, 若 (1) 成立, 则由推论 4.3.11 可得 (2) 成立, 从而命题 (2) 与 (1) 等价.

若 (1) 成立, 则由定义有

$$B(x) = \sum_{n=0}^{\infty} b_n \frac{x^n}{n!} = \sum_{n=0}^{\infty} \sum_{i=0}^{n} S(n,i)a_i \frac{x^n}{n!} = \sum_{i=0}^{\infty} a_i \sum_{n \geqslant i} S(n,i) \frac{x^n}{n!}$$
$$= \sum_{i=0}^{\infty} a_i \sum_{n \geqslant 0} S(n,i) \frac{x^n}{n!} = \sum_{i=0}^{\infty} a_i \frac{(\mathrm{e}^x - 1)^i}{i!} = A(\mathrm{e}^x - 1),$$

从而 (3) 成立. 易见推导过程可逆, 从而命题 (1) 与 (3) 等价.

综上可知, 命题 (1), (2) 与 (3) 相互等价. □

推论 4.3.16 $\{s(n,k)\}_{n=0}^{\infty}$ 的指数型生成函数为

$$\sum_{n=0}^{\infty} \frac{s(n,k)}{n!} x^n = \frac{(\ln(1+x))^k}{k!}.$$

证明 对于 $n \in \mathbb{N}$, 令 $a_n = s(n,k)$, $b_n = \delta(n,k)$, 则

$$a_n = \sum_{i=0}^{n} s(n,i)b_i.$$

令 $A(x), B(x)$ 分别表示数列 $\{a_n\}_{n=0}^{\infty}, \{b_n\}_{n=0}^{\infty}$ 的指数型生成函数. 显然 $B(x) = \dfrac{x^k}{k!}$. 由定理 4.3.15 知 $\{a_n\}_{n=0}^{\infty}$ 的指数型生成函数为

$$A(x) = B(\ln(1+x)) = \frac{(\ln(1+x))^k}{k!}. \qquad \Box$$

§4.4 分 拆 数

定义 4.4.1 对任意正整数 n, 将其写成递降正整数和的一个表示:
$$n = r_1 + r_2 + \cdots + r_k, \quad r_1 \geqslant r_2 \geqslant \cdots \geqslant r_k \geqslant 1,$$
称之为 n 的一个**分拆**, 和式中的每个正整数称为一个**部分**. 令 $p(n)$ 表示 n 的所有分拆的个数, $p(n,k)$ 表示其中恰有 k 个部分的分拆个数.

例如, 5 有 7 种分拆的形式:
$$5 = 5 = 4+1 = 3+2 = 3+1+1 = 2+2+1$$
$$= 2+1+1+1 = 1+1+1+1+1,$$
从而 $p(5) = 7$, 其中只有 2 种由 3 个部分构成的分拆:
$$5 = 3+1+1 = 2+2+1,$$
即 $p(5,3) = 2$. 显然, $p(n)$ 也是 n 无顺序地分成正整数之和的分法数. $p(n,k)$ 为方程
$$n = x_1 + x_2 + \cdots + x_k, \quad x_1 \geqslant x_2 \geqslant \cdots \geqslant x_k \geqslant 1$$
的整数解的个数, 也是方程
$$n - k = y_1 + y_2 + \cdots + y_k, \quad y_1 \geqslant y_2 \geqslant \cdots \geqslant y_k \geqslant 0$$
的整数解的个数. 如果第二个方程中恰有 s 个整数 y_i 为正数, 则它有 $p(n-k, s)$ 个解, 所以
$$p(n, k) = \sum_{s=1}^{k} p(n-k, s).$$

定理 4.4.2 数列 $\{p(n)\}_{n=0}^{\infty}$ 的普通生成函数为
$$\widetilde{p}(x) = \sum_{n=0}^{\infty} p(n) x^n = \prod_{i=1}^{\infty} \frac{1}{1-x^i}.$$

证明 对任意非负整数 n,易知 $\prod_{i=1}^{\infty}\sum_{j=0}^{\infty}(x^i)^j$ 对 x^n 的每一个贡献对应了 n 的一个分拆:

$$n = j_{i_1}i_1 + j_{i_2}i_2 + \cdots + j_{i_s}i_s,$$

其中 $i_1 > i_2 > \cdots > i_s \geqslant 1$, $j_{i_1}, j_{i_2}, \cdots, j_{i_s} \geqslant 1$,而

$$k = j_{i_1} + j_{i_2} + \cdots + j_{i_s}$$

即该分拆的部分数,故

$$p(n) = [x^n]\prod_{i=1}^{\infty}\sum_{j=0}^{\infty}(x^i)^j = [x^n]\prod_{i=1}^{\infty}\frac{1}{1-x^i},$$

从而数列 $\{p(n)\}_{n=0}^{\infty}$ 的普通生成函数为

$$\widetilde{p}(x) = \sum_{n=0}^{\infty}p(n)x^n = \prod_{i=1}^{\infty}\frac{1}{1-x^i}. \quad \square$$

定理 4.4.3 对任意正整数 n, n 的奇分拆 (每个部分都是奇数) 的个数等于互异分拆 (各部分互不相同) 的个数.

证明 设 n 的奇分拆个数为 a_n,互异分拆个数为 b_n. 与上面定理 4.4.2 的证明类似,知 $\{a_n\}_{n=0}^{\infty}$ 与 $\{b_n\}_{n=0}^{\infty}$ 的普通生成函数分别为

$$\prod_{i=1}^{\infty}\frac{1}{1-x^{2i-1}} \quad \text{和} \quad \prod_{i=1}^{\infty}(1+x^i).$$

又

$$\prod_{i=1}^{\infty}(1+x^i) = \prod_{i=1}^{\infty}\frac{1-x^{2i}}{1-x^i} = \frac{\prod_{i=1}^{\infty}(1-x^{2i})}{\prod_{i=1}^{\infty}(1-x^i)}$$

$$= \frac{1}{\prod_{i=1}^{\infty}(1-x^{2i-1})} = \prod_{i=1}^{\infty}\frac{1}{1-x^{2i-1}},$$

故对任意正整数 n, 有 $a_n = b_n$, 即 n 的奇分拆的个数等于互异分拆的个数. □

对于前面提到的 q-二项式系数 $\begin{bmatrix} r \\ k \end{bmatrix}$ (即 Gauss 多项式), 也可以将 r 的定义范围延伸到 $\mathbb{R}$ 上去, 这对于研究分拆理论很有帮助.

定义 4.4.4 设 $r \in \mathbb{R}, k \in \mathbb{Z}$, 定义推广了的 q-二项式系数如下:
$$\begin{bmatrix} r \\ k \end{bmatrix} = \begin{cases} \dfrac{(q^{r-k+1};q)_k}{(q;q)_k}, & k \geqslant 1, \\ 1, & k = 0, \\ 0, & k < 0, \end{cases}$$

其中 $(a;q)_k := (1-a)(1-qa)\cdots(1-q^{k-1}a)$ 称为 q-**升阶乘**. 为了避免冗赘, 仍将 $\begin{bmatrix} r \\ k \end{bmatrix}$ 称为 q-二项式系数. 记 $[r] = [r]_q := \begin{bmatrix} r \\ 1 \end{bmatrix}$.

容易验证, 这种定义在 r 取非负整数值时, 确实与前面的定义吻合, 且有 $\lim\limits_{q \to 1} \begin{bmatrix} r \\ k \end{bmatrix} = \begin{pmatrix} r \\ k \end{pmatrix}$, 等等.

令 $(a;q)_\infty = (1-a)(1-qa)(1-q^2 a)\cdots$, 则 $\{p(n)\}_{n=0}^\infty$ 的普通生成函数为
$$\sum_{n=0}^\infty p(n) x^n = \prod_{i=1}^\infty \frac{1}{1-x^i} = \frac{1}{(x;x)_\infty}.$$

定理 4.4.5 $\sum\limits_{n,k=0}^\infty p(n,k) x^n y^k = \prod\limits_{i=1}^\infty \dfrac{1}{1-x^i y} = \dfrac{1}{(xy;x)_\infty}.$

证明 由于
$$\prod_{i=1}^\infty \frac{1}{1-x^i y} = \prod_{i=1}^\infty \left(\sum_{j=0}^\infty (x^i y)^j \right),$$

所以对于任意非负整数 n, k, 易知 $\prod\limits_{i=1}^\infty \left(\sum\limits_{j=0}^\infty (x^i y)^j \right)$ 对 $x^n y^k$ 的每一个贡献对应了 n 的一个分拆:
$$n = j_{i_1} i_1 + j_{i_2} i_2 + \cdots + j_{i_s} i_s,$$

其中 $i_1 > i_2 > \cdots > i_s \geqslant 1, j_{i_1}, j_{i_2}, \cdots, j_{i_s} \geqslant 1$. 而

$$k = j_{i_1} + j_{i_2} + \cdots + j_{i_s}$$

即该分拆的部分数, 故

$$p(n,k) = [x^n y^k] \prod_{i=1}^{\infty} \left(\sum_{j=0}^{\infty} (x^i y)^j \right),$$

从而

$$\sum_{n,k=0}^{\infty} p(n,k) x^n y^k = \prod_{i=1}^{\infty} \frac{1}{1 - x^i y} = \frac{1}{(xy;x)_{\infty}}. \qquad \square$$

很多有关分拆的定理可以用 Ferrers 图来证明. 一个分拆的 **Ferrers 图**, 是指把分拆的每一项用点组成的行来表示, 其中每一行的点的个数即此行所表示的项的大小. 因为分拆写成递降正整数和的形式, 所以 Ferrers 图中不同的行也以递减的次序排放, 最长的行放在最上面 (有时用正方形来代替点, 这时的图有人也称之为 Young 图). 每一个分拆都可用一个 Ferrers 图来表示, 反之一个 Ferrers 图也表示一个分拆. 通过读一个 Ferrers 图的列得到的分拆称为原分拆的**共轭**. 例如, 12 的分拆 $12 = 5 + 4 + 2 + 1$ 的 Ferrers 图如下:

$$\begin{matrix} \bullet & \bullet & \bullet & \bullet & \bullet \\ \bullet & \bullet & \bullet & \bullet \\ \bullet & \bullet \\ \bullet \end{matrix}$$

读它的列得到的 Ferrers 图为

$$\begin{matrix} \bullet & \bullet & \bullet & \bullet \\ \bullet & \bullet & \bullet \\ \bullet & \bullet \\ \bullet & \bullet \\ \bullet \end{matrix}$$

它给出上面那个分拆的共轭, 即 12 的另一个分拆

$$12 = 4 + 3 + 2 + 2 + 1.$$

这个关系是对称的.

定理 4.4.6 最大部分为 k 的 n 的分拆个数等于 $p(n, k)$.

证明 n 的任一个最大部分为 k 的分拆的共轭是含有 k 个部分的 n 的分拆, 反之亦然. □

下面考察分拆数 $p(n)$ 的普通生成函数的逆

$$\widetilde{p}(x)^{-1} = \prod_{i=1}^{\infty}(1 - x^i).$$

在这个乘积的展开式中, 若 n 的互异分拆中其部分的个数为偶数, 则它对 x^n 的贡献是 1; 若部分的个数为奇数, 则它对 x^n 的贡献是 -1. 所以它的 x^n 的系数为 $p_e(n) - p_o(n)$, 这里 $p_e(n)$ 和 $p_o(n)$ 分别是 n 分成偶数个或奇数个部分的互异分拆数.

注 4.4.7 n 的互异分拆个数为 $p_e(n) + p_o(n)$, 它的普通生成函数为 $\prod_{i=1}^{\infty}(1 + x^i)$.

Euler 证明了除了 $n = \omega(m) = \dfrac{3m^2 - m}{2}$ 和 $n = \omega(-m) = \dfrac{3m^2 + m}{2}$ 外, 都有 $p_e(n) = p_o(n)$, 而当 $n = \omega(m)$ 或 $n = \omega(-m)$ 时, 有

$$p_e(n) - p_o(n) = (-1)^m.$$

注 4.4.8 因为 $\omega(m) = \sum_{k=0}^{m-1}(3k + 1)$, 所以数 $\omega(m)$ 和 $\omega(-m)$ 有时也称为**五角数**.

定理 4.4.9 $\prod_{i=1}^{\infty}(1 - x^i) = 1 + \sum_{m=1}^{\infty}(-1)^m(x^{\omega(m)} + x^{\omega(-m)}).$

证明 考察 n 的一个互异分拆的 Ferrers 图, 其最后一行称为这个图的**底**, 底上的点的个数记为 b; 连接此图最上面一行的最后一个点与这个图中某一点的最长的 $45°$ 角线段称为这个图的**坡**, 坡中点的个数记为 s (图 4.4).

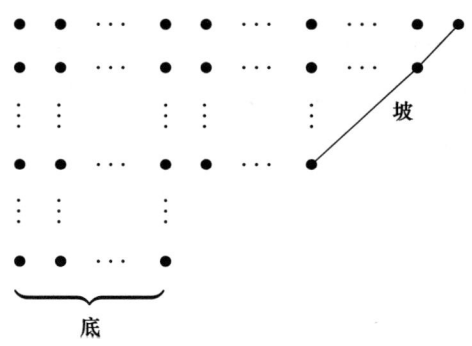

图 4.4 互异分拆的 Ferrers 图的底和坡

下面在这个 Ferrers 图上定义两种变换, 分别称为变换 A 和变换 B.

变换 A: 若 $b \leqslant s$, 则把底移到这个图的右边使之成为一个与原来坡平行的新坡, 除非 $b = s$ 且底与坡有一个公共点. 这个例外我们下面再讨论 (如果 $b = s$ 且底与坡有一个公共点, 这时共有 $s = b$ 行, 把最后一行放在最右边使之与原坡平行所得到的图不是 Ferrers 图).

变换 B: 若 $b > s$, 则把坡移到这个图的最下面使之成为一个新底, 除非 $b = s + 1$ 且底与坡有一个公共点.

A 的例外情形只发生于

$$\begin{aligned} n &= b + (b+1) + \cdots + (b+b-1) \\ &= b^2 + \frac{b(b-1)}{2} \\ &= \frac{3b^2 - b}{2} = \omega(b) \end{aligned}$$

时, B 的例外情形只发生于

$$n = (s+1) + (s+2) + \cdots + (s+s) = s^2 + \frac{s(s+1)}{2}$$
$$= \frac{3s^2+s}{2} = \omega(-s)$$

时, 而在其他情形恰有一种变换可以进行, 所以有 n 分成偶数个部分的互异分拆与 n 分成奇数个部分的互异分拆之间的一种一一对应, 即对这样的 n, 有 $p_e(n) - p_o(n) = 0$. 当 $n = \omega(b)$ 时, 展开式中 x^n 这一项为

$$\prod_{i=0}^{b-1}(-x)^{b+i} = (-1)^b \prod_{i=0}^{b-1} x^{b+i} = (-1)^b x^n,$$

即当 $n = \omega(b)$ 时, $p_e(n) - p_o(n) = (-1)^b$. 同样可证, 当 $n = \omega(-s)$ 时, 也有 $p_e(n) - p_o(n) = (-1)^s$. □

利用定理 4.4.9, 可以找到关于 $p(n)$ 的一个递推关系.

定理 4.4.10 对于 $n < 0$, 令 $p(n) = 0$, 则对 $n \geqslant 1$, 有

$$p(n) = \sum_{m=1}^{\infty} (-1)^{m+1} \left(p(n-\omega(m)) + p(n-\omega(-m)) \right).$$

证明 由

$$\left(\sum_{n=0}^{\infty} p(n)x^n \right) \left(1 + \sum_{m=1}^{\infty} (-1)^m (x^{\omega(m)} + x^{\omega(-m)}) \right) = 1,$$

即

$$\sum_{n=0}^{\infty} p(n)x^n + \sum_{n=0}^{\infty} \sum_{m=1}^{\infty} (-1)^m \left(p(n-\omega(m)) + p(n-\omega(-m)) \right) x^n = 1,$$

立得结论. □

上面这个递推关系为

$$p(n) = p(n-1) + p(n-2) - p(n-5) - p(n-7) + p(n-12) + p(n-15) - \cdots,$$

其中 $p(0) = 1$. 注意此和式是有限的. 利用这个递推关系, 可以计算出 $p(1) = 1$, $p(2) = 2$, $p(3) = 3$, $p(4) = 5$, $p(5) = 7$, $p(6) = 11$, $p(7) = 15$, $p(8) = 22$, $p(9) = 30$, $p(10) = 42$, 等等.

溯本追源, 定理 4.4.3 和定理 4.4.9 归功于 Euler. 进一步, 对分拆数 $p(n)$ 的系统研究是 20 世纪数学宝库的一颗明珠, 它由 Hardy, Ramanujan, Rogers 以及 Rademacher 等人发端, 到 Rademacher 的学生 G. Andrews 的时候已经相当丰富了. 关于 q-二项式系数和分拆的深入理论, 可参见文献 [11].

习 题 四

1. 证明: 由数 $1, 2, \cdots, 2n$ 构成且同时满足三组条件

$$x_{11} < x_{12} < \cdots < x_{1n},$$
$$x_{21} < x_{22} < \cdots < x_{2n},$$
$$x_{1i} < x_{2i}, \quad \forall\, 1 \leqslant i \leqslant n$$

的二行列阵

$$\begin{bmatrix} x_{11} & x_{12} & \cdots & x_{1n} \\ x_{21} & x_{22} & \cdots & x_{2n} \end{bmatrix}$$

共有 C_n 个.

2. 某剧院有 32 个人排队购票, 每张票价 50 元. 若其中 16 个人各仅有一张 50 元的纸币, 其余 16 个人则各仅有一张 100 元的纸币, 此外票务人员未准备现金找零, 问: 在所有的排队模式中保证任何需要的时候找零总可实现的概率是多少? 证明之.

3. 给出下面若干计数问题的结果并严格证明之:

(a) 长度为 n 的非减正整数序列 $a_1 a_2 \cdots a_n$ 的个数, 要求对任意 $i \in [n]$, 有 $a_i \leqslant i$;

(b) 长度为 $n-1$ 的递增正整数序列 $a_1 a_2 \cdots a_{n-1}$ 的个数, 要求对任意 $i \in [n-1]$, 有 $a_i \leqslant 2i$;

(c) 长度为 n 的非负整数序列 $a_1a_2\cdots a_n$ 的个数, 要求 $a_1 = 0$, 且对任意 $i \in [n-1]$, 有 $0 \leqslant a_{i+1} \leqslant a_i + 1$;

(d) 长度为 $n-1$ 的由 $1, 0, -1, -2, \cdots$ 组成的序列 $a_1a_2\cdots a_{n-1}$ 的个数, 要求任意起始子序列 (即前若干个数) 的部分和非负.

4. 定义词 $w = w_1w_2\cdots$ 上的组合统计量 coinv 为满足 $i < j$ 且 $w_i < w_j$ 的对 (i, j) 的个数. 证明:
$$\sum_{w \in CW_n} q^{\text{coinv}(w) - \binom{n+1}{2}} = C_n(q),$$
其中 $C_n(q)$ 为第 n 个 Catalan 数关于 Dyck 路上面积统计量的 q-模拟.

5. 求 Schröder 数的普通生成函数.

6. 回忆 Pascal 恒等式: $\binom{n}{k} = \binom{n-1}{k} + \binom{n-1}{k-1}$. 找到 Pascal 恒等式的两种形式的 q-模拟.

7. (a) 证明 q-**二项式定理**:
$$\sum_{k=0}^{n} q^{\binom{k}{2}} \begin{bmatrix} n \\ k \end{bmatrix} x^k = \prod_{i=0}^{n-1}(1 + xq^i);$$

(b) 证明 q-**Vandermonde 恒等式**:
$$\begin{bmatrix} m+n \\ k \end{bmatrix} = \sum_{i=0}^{k} q^{(m-i)(k-i)} \begin{bmatrix} m \\ i \end{bmatrix} \begin{bmatrix} n \\ k-i \end{bmatrix}, \quad \forall\, m, n \in \mathbb{N}.$$

8. 证明 q-**朱世杰恒等式**:
$$\begin{bmatrix} m+n+1 \\ n+1 \end{bmatrix} = \sum_{i=0}^{m} q^i \begin{bmatrix} n+i \\ n \end{bmatrix}, \quad \forall\, m, n \in \mathbb{N}.$$

9. 对所有的 $n \in \mathbb{Z}^+$, 证明第一类 Stirling 数的下列性质:

(a) $s(n, 1) = (-1)^{n-1}(n-1)!$;

(b) $s(n, n-1) = -\binom{n}{2}$.

10. 对所有的 $n \in \mathbb{Z}^+$, 证明第二类 Stirling 数的下列性质:

(a) $S(n,1) = 1$;

(b) $S(n,2) = 2^{n-1} - 1$;

(c) $S(n, n-1) = \binom{n}{2}$;

(d) $S(n, n-2) = \binom{n}{3} + 3\binom{n}{4}$.

11. 称多项式 $f(x) = \sum_{i=0}^{n} a_i x^i$ 为**单峰**的, 若存在 m, 使得 $a_0 \leqslant a_1 \leqslant \cdots \leqslant a_m \geqslant a_{m+1} \geqslant \cdots \geqslant a_n$; 称 $f(x)$ 为**自反**的, 若有 $a_i = a_{n-i}$ $(0 \leqslant i \leqslant n)$ 恒成立, 即 $x^n f(x^{-1}) = f(x)$. 注意: 以上定义中未要求 $a_n \neq 0$.

(a) 若 $f(x) = \sum_{i=0}^{n} a_i x^i$ 为单峰且自反的, 则哪项的系数最大?

(b) 若 f, g 均为单峰、自反且所有系数非负的多项式, 证明: $fg := f(x)g(x)$ 也是单峰、自反且所有系数非负的多项式.

12. 有序分拆即必须考虑顺序的分拆, 例如 $3 = 1+1+1 = 2+1 = 1+2$. 固定 k, m, 令 $c(k, m, n)$ 表示同时符合以下条件的关于 n 的有序分拆的个数:

(1) 恰好分成 m 个部分;

(2) 每个部分都不超过 k.

(a) 求 $c(n, m, n)$;

(b) 求 $\{c(k, m, n)\}_{n=0}^{\infty}$ 的生成函数 $\sum_{n=0}^{\infty} c(k, m, n) x^n$;

(c) 证明: 当 $1 \leqslant n \leqslant \dfrac{m(k+1)}{2}$ 时, 有
$$c(k, m, n-1) \leqslant c(k, m, n);$$

(d) 证明: $c(k, m, n) = c(k, m, km + m - n)$.

13. 设 $r \in \mathbb{R}, k \in \mathbb{Z}$, 证明:

(a) $\lim_{q \to 1} [r] = r$;

(b) $\lim_{q \to 1} \begin{bmatrix} r \\ k \end{bmatrix} = \binom{r}{k}.$

(注意: r 不一定是正整数.)

14. 通过建立一个双射来证明定理 4.4.3.

第五章 Pólya 计数定理

§5.1 问题的提出

先以两个简单的问题开始本章. 首先是化学中的分子结构问题.

例 5.1.1 从图 5.1 的碳环出发, 在每个碳原子 C 处连上氢原子 H 或者甲基 CH_3 可得到一些分子. 例如, 若每个 C 处连上的都是 H, 则得苯分子; 若两个 C 处连上 CH_3 而其余的 4 个 C 处连上 H, 则得二甲苯分子. 问: 在相同的化学条件下可得到多少个不同的分子?

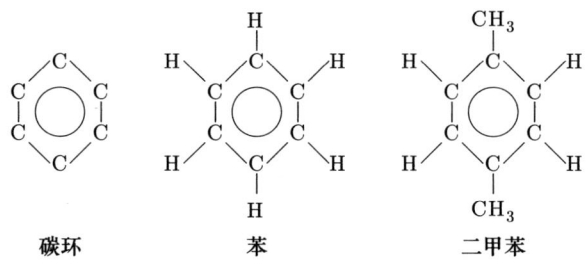

图 5.1 碳环产生的分子

在 6 个碳原子 C 处或者连上 H 或者连上 CH_3, 共有 2^6 种连接方式. 但有多少在相同的化学条件下得到的是不同的分子? 再看下面这个染色问题.

例 5.1.2 将一个正方形均分为 4 小块, 并将每个小块染上颜色 R 或 B, 试问: 存在多少种不同的染色方法 (经由在平面上旋转得到的染色方法视为与原染色方法相同)?

解 将正方形的四小块按顺时针依次标上记号 a, b, c, d, 那么染

色等同于映射 $f: \{a,b,c,d\} \to \{R,B\}$. 由于正方形具有对称性, 所以有时几种不同的染色经过一定的旋转之后即变成了同一种染色. 我们把满足这种情形的几种不同的染色看为同一种. 例如, 只有一块染成 R 其余三块染成 B 的 $\binom{4}{1} = 4$ 种染色就属于同一种. 用映射的语言来表达就是: 设 f 和 g 是两种染色方法, $f \sim g$ (即 f 和 g 属于同一种) 当且仅当存在某个 $\{a,b,c,d\}$ 上的变换 π, 使得 $f \circ \pi = g$. 通过分析, 最终可得到 6 种不同的染色方法, 如图 5.2 所示. □

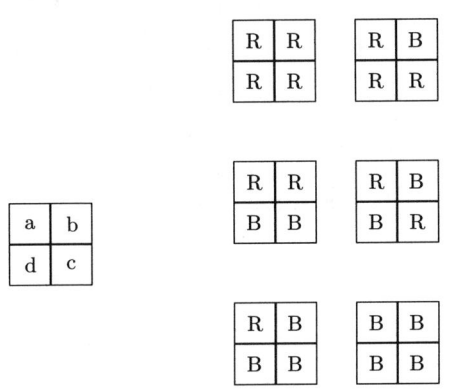

图 5.2 正方形小块的染色方式

§5.2 置换群, 群在集合上的作用

定义 5.2.1 设 $[n] = \{1, 2, \cdots, n\}$, $[n]$ 到自身的一个双射称为 $[n]$ 上的一个**置换**. $[n]$ 上两个置换的乘积定义为它们的映射合成. $[n]$ 上的全体 $n!$ 个置换在这样的乘法下构成一个群, 称为 $[n]$ 上的 (或 n 元) **对称群**, 记做 S_n. 对称群的子群称为**置换群**.

例 5.2.2 对于 $i, j = 1, 2, \cdots, n$, 定义 $[n]$ 上的映射 σ_i, τ_j 如下:

$$\sigma_i(a) = a + i \pmod{n},$$
$$\tau_j(a) = -a + j \pmod{n}, \quad a \in [n],$$

即 σ_i, τ_j 为 $[n]$ 上的变量系数为 1 和 -1 的全体线性函数. 记

$$D_n = \{\sigma_i, \tau_j \mid i, j = 1, 2, \cdots, n\},$$

则 D_n 对置换的乘法封闭, 它是 S_n 的一个子群, 即 $[n]$ 上的一个置换群, 称其为 $[n]$ 上的**二面体群**. 而 $\{\sigma_i \mid i = 1, 2, \cdots, n\}$ 也是 $[n]$ 上的一个置换群, 它是由 σ_1 生成的循环群.

例 5.2.3 设 $G = (V, E)$ 是一个图, G 的一个自同构 σ 是顶点集 V 上的置换, 且满足对任意 $x, y \in V$, $\{x, y\} \in E$ 当且仅当 $\{\sigma(x), \sigma(y)\} \in E$. 图 G 的所有自同构在映射合成运算下构成一个群, 称为图 G 的**全自同构群**, 记为 $\mathrm{Aut}(G)$. 用 C_n 表示 n 个顶点的圈图 (即一个 n 边形图), 则它的全自同构群 $\mathrm{Aut}(C_n) = D_n$. 事实上, 用 $[n]$ 中的元素来表示 C_n 的顶点, 则对于顶点 a 与 b, $\{a, b\}$ 为一条边, 或记为 $a \sim b$, 当且仅当 $a - b = 1$ 或 -1. 首先容易验证

$$a \sim b \iff \sigma_i(a) \sim \sigma_i(b), \tau_j(a) \sim \tau_j(b), \quad 即 \quad \sigma_i, \tau_j \in \mathrm{Aut}(C_n).$$

另一方面, 任取 $\pi \in \mathrm{Aut}(C_n)$, 设 $\pi(1) = i$, 因为 $1 \sim 2$, 所以

$$\pi(2) = i + 1 \text{ 或 } i - 1.$$

当 $\pi(2) = i + 1$ 时, 由归纳法可证, 对任意 $a \in [n]$, 有

$$\pi(a) = a + (i - 1),$$

即 $\pi = \sigma_{i-1} \in D_n$. 同理, 当 $\pi(2) = i - 1$ 时, 有

$$\pi(a) = -a + (i + 1), \quad \forall\, a \in [n],$$

从而 $\pi = \tau_{i+1} \in D_n$, 总之 $\pi \in D_n$, 所以 $\mathrm{Aut}(C_n) = D_n$.

其实自同构 σ_i 相当于正 n 边形绕其中心 O 沿逆时针方向旋转 $\dfrac{2i\pi}{n}$ 角度, 而自同构 τ_j 相当于此正 n 边形以直线 L_j 为轴作一次翻转, 其中当 $j = 2t + 1$ 时, L_j 是点 O 与边 $\{t, t+1\}$ 中点的连线; 当 $j = 2t$ 时, L_j 是点 O 与顶点 t 的连线.

定义 5.2.4 若置换群中一个置换 σ 满足

$$\sigma(i_1) = i_2, \quad \sigma(i_2) = i_3, \quad \cdots, \quad \sigma(i_{k-1}) = i_k, \quad \sigma(i_k) = i_1,$$

而

$$\sigma(j) = j, \quad \forall j \neq i_1, i_2, \cdots, i_k,$$

则称 σ 为一个 k-**轮换**, 记为 $\sigma = (i_1 i_2 \cdots i_k)$.

置换群理论中一个熟知的基本事实是: $[n]$ 上任一个置换都可表示为 $[n]$ 中全部字符都出现的一些两两无公共字符的轮换的乘积, 且这种表示方式除了轮换的次序外是唯一的. 对 $\sigma \in S_n$, 用 $l_i(\sigma)$ 表示 σ 的轮换分解中 i-轮换的个数, 则称 $(l_1(\sigma), l_2(\sigma), \cdots, l_n(\sigma))$ 为 σ 的**轮换型号** (简称为**型号**), 记为 $\text{type}(\sigma)$. 在上下文清楚的情况下, 也可把 σ 的型号记为 $(l_1, l_2, \cdots, l_n)$. 显然有

$$1 \cdot l_1(\sigma) + 2 \cdot l_2(\sigma) + \cdots + n \cdot l_n(\sigma) = n,$$

而 σ 的轮换分解式中轮换的个数为 $l_1(\sigma) + l_2(\sigma) \cdots + l_n(\sigma)$.

定理 5.2.5 (Cauchy 公式) 对称群 S_n 中型号为 $(l_1, l_2, \cdots, l_n)$ 的置换个数为

$$\frac{n!}{l_1! l_2! \cdots l_n! 1^{l_1} 2^{l_2} \cdots n^{l_n}}.$$

证明 把 $\{1, 2, \cdots, n\}$ 分成 l_1 个 1-子集, l_2 个 2-子集, $\cdots$, l_n 个 n-子集的分法数为

$$\frac{n!}{l_1! \cdots l_n! (1!)^{l_1} \cdots (n!)^{l_n}}.$$

因为同样大小的子集在它们自身内可以任意置换也不改变这个组态, 而在每个 t-子集中可形成 $(t-1)!$ 个轮换, 所以型号为 $(l_1, l_2, \cdots, l_n)$ 的置换个数为

$$\frac{n!}{l_1! l_2! \cdots l_n! (1!)^{l_1} (2!)^{l_2} \cdots (n!)^{l_n}} \prod_{i=1}^{n} ((i-1)!)^{l_i}$$

$$= \frac{n!}{l_1! l_2! \cdots l_n! 1^{l_1} 2^{l_2} \cdots n^{l_n}}. \qquad \square$$

定义 5.2.6 设 G 是一个 n 元置换群，定义 G 的**轮换指标**为变量 $x_1, x_2, \cdots, x_n$ 的一个多项式

$$P_G(x_1, x_2, \cdots, x_n) = \frac{1}{|G|} \sum_{\sigma \in G} x_1^{l_1(\sigma)} x_2^{l_2(\sigma)} \cdots x_n^{l_n(\sigma)}.$$

例 5.2.7 由于

$$S_1 = \{(1)\}, \quad S_2 = \{(1)(2), (12)\},$$
$$S_3 = \{(1)(2)(3), (12)(3), (13)(2), (23)(1), (123), (132)\}.$$

所以

$$P_{S_1}(x_1) = x_1, \quad P_{S_2}(x_1, x_2) = \frac{1}{2}(x_1^2 + x_2),$$
$$P_{S_3}(x_1, x_2, x_3) = \frac{1}{6}(x_1^3 + 3x_1 x_2 + 2x_3).$$

例 5.2.8 设 $\sigma = (12 \cdots n)$，求由 σ 生成的 n 阶循环群 $\langle \sigma \rangle$ 的轮换指标.

解 $\langle \sigma \rangle = \{\sigma, \sigma^2, \cdots, \sigma^n\}$. 对 $1 \leqslant k \leqslant n$，记 $\gcd(k,n)$ 为 k 和 n 的最大公因数. 下面来计算 $\mathrm{type}(\sigma^k)$. 因 σ 是一个 n-轮换，故当 $\gcd(k,n) = 1$ 时，σ^k 也是一个 n-轮换. 而当 $k|n$ 时，σ^k 是 k 个 $\frac{n}{k}$-轮换之积. 一般情形下，设 $d = \gcd(k,n)$，则 $\sigma^k = (\sigma^d)^{\frac{k}{d}}$. 由于 $d|n$，σ^d 是 d 个 $\frac{n}{d}$-轮换的乘积. 又 $\gcd\left(\frac{n}{d}, \frac{k}{d}\right) = 1$，所以 $\sigma^k = (\sigma^d)^{\frac{k}{d}}$ 仍是 d 个 $\frac{n}{d}$-轮换的乘积. 于是

$$l_i(\sigma^k) = \begin{cases} 0, & i \neq \frac{n}{d}, \\ d, & i = \frac{n}{d}, \end{cases}$$

其中 $d = \gcd(k,n)$. 所以

$$P_{\langle \sigma \rangle}(x_1, x_2, \cdots, x_n) = \frac{1}{n} \sum_{k=1}^{n} (x_{n/\gcd(k,n)})^{\gcd(k,n)}.$$

由于满足 $1 \leqslant k \leqslant n$ 且 $\gcd(k,n) = d$ 的正整数 k 的个数即为满足 $1 \leqslant \dfrac{k}{d} \leqslant \dfrac{n}{d}$ 且 $\gcd\left(\dfrac{k}{d}, \dfrac{n}{d}\right) = 1$ 的正整数 $\dfrac{k}{d}$ 的个数, 即 $\phi\left(\dfrac{n}{d}\right)$ (ϕ 为 Euler 函数), 因此

$$P_{\langle\sigma\rangle}(x_1, x_2, \cdots, x_n) = \frac{1}{n}\sum_{d|n}\phi\left(\frac{n}{d}\right)(x_{\frac{n}{d}})^d = \frac{1}{n}\sum_{j|n}\phi(j)x_j^{\frac{n}{j}}. \quad \square$$

例 5.2.9 考虑三维空间中正方体 C 的旋转群, 记为 G, 即 G 是由三维空间中使正方体 C 变为自身的所有旋转组成的群. 于是 G 中的旋转共有以下 5 类:

(1) 单位元, 只有 1 个.

(2) 绕 C 的相对两面的中点连线旋转 $180°$, 这样的旋转有 3 个.

(3) 绕 C 的相对两面的中点连线旋转 $90°$. 因为有三对面, 左右两个方向, 故这样的旋转有 6 个.

(4) 绕 C 的相对两棱的中点连线旋转 $180°$, 这样的旋转有 6 个.

(5) 绕 C 的相对两顶点连线旋转 $120°$. 因为有左、右两个方向, 4 对顶点, 故这样的旋转有 8 个.

旋转群 G 诱导了正方体 C 的顶点集上的一个置换群 G_1, C 的棱集上的一个置换群 G_2 和 C 的面集上的一个置换群 G_3, 可分别求得它们的轮换指标为

$$P_{G_1}(x_1, x_2, \cdots, x_8) = \frac{1}{24}(x_1^8 + 9x_2^4 + 6x_4^2 + 8x_1^2 x_3^2),$$

$$P_{G_2}(x_1, x_2, \cdots, x_{12}) = \frac{1}{24}(x_1^{12} + 3x_2^6 + 8x_3^4 + 6x_4^3 + 6x_1^2 x_2^5),$$

$$P_{G_3}(x_1, x_2, \cdots, x_6) = \frac{1}{24}(x_1^6 + 6x_2^3 + 8x_3^2 + 3x_1^2 x_2^2 + 6x_1^2 x_4).$$

定理 5.2.10 对称群 S_n 的轮换指标的普通生成函数为

$$\sum_{n=0}^{\infty} P_{S_n}(x_1, x_2, \cdots, x_n)t^n = e^{t \cdot \frac{x_1}{1} + t^2 \cdot \frac{x_2}{2} + \cdots + t^n \cdot \frac{x_n}{n} + \cdots}.$$

证明 由定义有

$$\sum_{n=0}^{\infty} P_{S_n}(x_1, x_2, \cdots, x_n) t^n$$

$$= \sum_{n=0}^{\infty} \frac{t^n}{n!} \sum_{\sigma \in S_n} x_1^{l_1(\sigma)} x_2^{l_2(\sigma)} \cdots x_n^{l_n(\sigma)}$$

$$= \sum_{n=0}^{\infty} \frac{t^n}{n!} \sum_{l_1+2l_2+\cdots+nl_n=n} \frac{n!}{l_1! l_2! \cdots l_n! 1^{l_1} 2^{l_2} \cdots n^{l_n}} x_1^{l_1} x_2^{l_2} \cdots x_n^{l_n}$$

$$= \sum_{n=0}^{\infty} \sum_{l_1+2l_2+\cdots+nl_n=n} \frac{1}{l_1! l_2! \cdots l_n!} \left(t \frac{x_1}{1}\right)^{l_1} \left(t^2 \frac{x_2}{2}\right)^{l_2} \cdots \left(t^n \frac{x_n}{n}\right)^{l_n}$$

$$= \sum_{l_1, l_2, \cdots, l_n, \cdots} \frac{1}{l_1!} \left(t \frac{x_1}{1}\right)^{l_1} \frac{1}{l_2!} \left(t^2 \frac{x_2}{2}\right)^{l_2} \cdots \frac{1}{l_n!} \left(t^n \frac{x_n}{n}\right)^{l_n} \cdots$$

$$= \sum_{l_1} \frac{1}{l_1!} \left(t \frac{x_1}{1}\right)^{l_1} \sum_{l_2} \frac{1}{l_2!} \left(t^2 \frac{x_2}{2}\right)^{l_2} \cdots \sum_{l_n} \frac{1}{l_n!} \left(t^n \frac{x_n}{n}\right)^{l_n} \cdots$$

$$= e^{t \frac{x_1}{1}} \cdot e^{t^2 \frac{x_2}{2}} \cdots e^{t^n \frac{x_n}{n}} \cdots . \qquad \Box$$

注 5.2.11 由于

$$e^{t \frac{x_1}{1} + t^2 \frac{x_2}{2} + \cdots + t^n \frac{x_n}{n} + \cdots}$$

$$= 1 + \frac{1}{1!} \left(t \frac{x_1}{1} + t^2 \frac{x_2}{2} + t^3 \frac{x_3}{3} + \cdots\right)$$

$$+ \frac{1}{2!} \left(t \frac{x_1}{1} + t^2 \frac{x_2}{2} + t^3 \frac{x_3}{3} + \cdots\right)^2$$

$$+ \frac{1}{3!} \left(t \frac{x_1}{1} + t^2 \frac{x_2}{2} + t^3 \frac{x_3}{3} + \cdots\right)^3 + \cdots$$

$$= 1 + t x_1 + \frac{t^2}{2} (x_2 + x_1^2) + \frac{t^3}{6} (2 x_3 + 3 x_1 x_2 + x_1^3) + \cdots,$$

所以

$$P_{S_1}(x_1) = x_1, \quad P_{S_2}(x_1, x_2) = \frac{1}{2}(x_1^2 + x_2),$$

$$P_{S_3}(x_1, x_2, x_3) = \frac{1}{6}(x_1^3 + 3 x_1 x_2 + 2 x_3), \quad \cdots.$$

定义 5.2.12 设 G 为一个群,X 为一个集合,所谓 G 在 X 上的一个**作用**指的是一个映射

$$G \times X \to X$$
$$(g, x) \mapsto gx,$$

满足 $ex = x$ 和 $(g_1 g_2)x = g_1(g_2 x)$,其中 e 为 G 的单位元,g_1, g_2 为 G 中的任意元素,x 为 X 中的任意元素.

注 5.2.13 等价地说,群 G 在 X 上的一个作用也是 G 到 X 上的全变换群 S_X 的一个同态. 在这个同态下,G 中每个元素的像是集合 X 上的一个置换,所以有时也称 G 是作用在 X 上的一个置换群.

设 G 作用在 X 上,对于 $x \in X$,称 X 的子集 $O_x = \{gx \mid g \in G\}$ 为 x **在 G 作用下的轨道**或**过 x 的 G-轨道**(简称为**轨道**). 在 X 上定义关系"$\sim$"如下:对 $x, y \in X$,$x \sim y$ 当且仅当存在 $g \in G$ 使得 $y = gx$,即 $y \in O_x$. 容易验证 $\sim$ 是 X 上的一个等价关系,而 x 的等价类恰为 O_x. 所以有如下关于轨道的性质:

(1) 对 $x, y \in X$,$x \sim y$ 当且仅当 $O_x = O_y$;

(2) 对 $\forall x, y \in X$,O_x 与 O_y 相等或者不交;

(3) 在 X 的每一条轨道上取一个元素组成 X 的一个子集 I,称为 X 的轨道代表元集,则 $X = \bigcup_{x \in I} O_x$,且这个并为不交并,即这给出了集合 X 的一个划分.

若 G 在 X 上的作用只有 1 个轨道,即存在 $x \in X$,使得 $X = O_x$,则称这个作用**传递**. 进一步,若 G 在 X 上的作用传递,且对任意 $g \in G$,有 $g \neq e$,以及任意 $x \in X$,有 $gx \neq x$,即 G 中非单位元没有不动点,则称 G 在 X 上的作用**正则**.

设群 G 作用在 X 上,对于 $x \in X$,定义

$$G_x = \{g \in G \mid gx = x\},$$

称为群 G 作用下 x 的**稳定化子**. 容易验证,G_x 为 G 的子群,并且过 x 的轨道 O_x 的长度(即 $|O_x|$)等于 G_x 在 G 中的指数,即 $|O_x| =$

$[G : G_x] = |G|/|G_x|$ (假设 G 为有限的). 事实上, 取

$$H = \{gG_x \mid g \in G\},$$

即子群 G_x 在 G 中的全体左陪集所组成的集合, 定义 $\phi: H \to O_x$ 为 $\phi(gG_x) = gx$, 则 ϕ 为一一对应, 于是 $|O_x| = |H|$. 显然, 若 G 在 X 上的作用正则, 则对任意 $x \in X$, 有 $G_x = \{e\}$. 又 $X = O_x$, 所以 $|G| = |X|$.

定理 5.2.14 (Burnside 引理) 设群 G 作用在 X 上, 对于 $g \in G$, 用 $\psi(g) = \{x \in X \mid gx = x\}$ 表示被 g 固定的 X 中点的集合, 则 G 作用的轨道个数为

$$\frac{1}{|G|} \sum_{g \in G} |\psi(g)|.$$

证明 计算有序对 (g, x) 的个数, 其中 $g \in G$, $x \in X$, 且 $g(x) = x$. 一方面这个数为 $\sum_{g \in G} |\psi(g)|$; 另一方面, 对 $x \in X$, 有 $|G_x|$ 个 $g \in G$ 固定 x. 所以这个数又等于 $\sum_{x \in X} |G_x|$. 由于 $|G_x| = |G|/|O_x|$, 所以

$$\sum_{g \in G} |\psi(g)| = \sum_{x \in X} |G_x| = |G| \sum_{x \in X} \frac{1}{|O_x|}.$$

又因为 G 的轨道划分了 X, 且 $\sum_{y \in O_x} \frac{1}{|O_y|} = 1$, 所以 $\sum_{x \in X} \frac{1}{|O_x|}$ 为轨道的个数, 从而可得结论. □

注 5.2.15 上述定理表明, 群 G 作用在 X 上的轨道个数等于 G 的不动点个数的平均值.

§5.3 Pólya 计数定理

Pólya 计数定理是组合数学中一个十分有力的计数工具, 它主要研究一个由映射所构成的集合在某个群作用下的映射等价类个数.

§5.3 Pólya 计数定理

设 A 和 C 分别是 n-集合和 m-集合, 记 $C^A = \{f \mid f: A \to C\}$ 为由 A 到 C 的全体映射所组成的集合, 显然 $|C^A| = |C|^{|A|} = m^n$. 有时候, 也称集合 C 中的元素为颜色, 并称映射 $f \in C^A$ 为 A 中元素的一种染色 (即元素 a 染成颜色 $f(a)$). 这样凡是关于染色的计数问题都可以依这个观点解释为映射的计数问题.

设 G 是集合 A 上的一个置换群, G 可以依如下方式自然地作用在映射集合 C^A 上: $gf = f \circ g^{-1}, g \in G, f \in C^A$. 容易验证这是一个群作用. 在这个群作用下, C^A 中属于同一个 G 的轨道中的两个映射称为 G-**等价的** (简称为**等价的**). 因此, C^A 中的一个 G-轨道也可称为一个映射等价类, 我们要求的是 G 作用在 C^A 上的轨道的个数 (或 A 中元素用 C 中颜色染色时的互不等价的染色方法数). 为此, 先给出如下引理:

引理 5.3.1 设 G 是 n-集合 A 上的一个置换群, 对于 $g \in G$, $\text{type}(g) = (l_1(g), l_2(g), \cdots, l_n(g))$ 为 g 的轮换型号, 又记 $k(g) = l_1(g) + l_2(g) + \cdots + l_n(g)$ 为 g 的轮换分解式中轮换的个数, 设 $A_1, A_2, \cdots, A_{k(g)}$ 为 g 的轮换分解式中轮换的符号集, 用 $\psi(g)$ 表示 C^A 中在 g 作用下保持不变的元素的集合, 则

(1) $\psi(g) = \{f \in C^A \mid f \text{ 在子集 } A_1, A_2, \cdots, A_{k(g)} \text{ 上均取常数值}\}$;
(2) $|\psi(g)| = |C|^{k(g)} = m^{l_1(g)+l_2(g)+\cdots+l_n(g)}$.

证明 (1) 任取 $f \in \psi(g)$, 则有 $gf = f \circ g^{-1} = f$, 从而

$$f = f \circ g^{-1} = (f \circ g^{-1}) \circ g^{-1} = f \circ g^{-2} = f \circ g^{-3} = \cdots,$$

即对任意正整数 r, 有 $f = f \circ g^{-r}$. 故对任意 $a \in A$, 有 $f(a) = f(g^{-r}(a))$. 又对任意 $a, b \in A$, a 和 b 为 g 的同一个轮换中的符号, 当且仅当存在正整数 r, 使得 $a = g^r(b)$. 由此得到, 若 $a, b \in A_j$ ($1 \leqslant j \leqslant k(g)$), 则 $f(a) = f(b)$, 即 f 在 g 的所有轮换符号集 $A_1, A_2, \cdots, A_{k(g)}$ 上均取常数值. 反之, 若 $f(a) = f(b)$ 对 $a, b \in A_j$ ($1 \leqslant j \leqslant k(g)$) 均成立, 则对任意 $a \in A$, 有 $f(a) = f(g^{-1}(a))$, 即 $f = f \circ g^{-1} = gf$, 从而

$f \in \psi(g)$. 所以

$$\psi(g) = \{f \in C^A \mid f \text{ 在子集 } A_1, A_2, \cdots, A_{k(g)} \text{ 上均取常数值}\}.$$

(2) $\psi(g)$ 中的映射可分别在 $A_1, A_2, \cdots, A_{k(g)}$ 上取 C 中任一元素为像, 故这样的映射共有 $|C|^{k(g)}$ 个, 即 $|\psi(g)| = m^{k(g)}$. □

下面这个来源于 Pólya 的定理给出了上面所提问题的解答.

定理 5.3.2 (Pólya 计数定理) 设 $|A| = n$, $|C| = m$, G 为集合 A 上的一个置换群, $\mathcal{F}$ 为 G 作用在 C^A 上的轨道的集合, 则轨道个数为

$$|\mathcal{F}| = P_G(m, m, \cdots, m),$$

其中 $P_G(x_1, x_2, \cdots, x_n)$ 是 A 上置换群 G 的轮换指标.

证明 由 Burnside 引理可得

$$\begin{aligned}|\mathcal{F}| &= \frac{1}{|G|} \sum_{g \in G} |\psi(g)| = \frac{1}{|G|} \sum_{g \in G} m^{k(g)} \\ &= \frac{1}{|G|} \sum_{g \in G} \left(\prod_{i=1}^{n} m^{l_i(g)}\right) \\ &= P_G(m, m, \cdots, m).\end{aligned}$$ □

看本章开始的例 5.1.1, 这时群 G 为 6 个点上的二面体群 D_6. 由于

$$P_{D_6}(x_1, x_2, \cdots, x_6) = \frac{1}{12}(x_1^6 + 3x_1^2 x_2^2 + 4x_2^3 + 2x_3^2 + 2x_6),$$

可知这样得到的不同的分子个数为

$$P_{D_6}(2, 2, \cdots, 2) = 13.$$

而对正方形染色的例 5.1.2, 群 G 为 4 阶循环群 C_4, 这时不同的染色方法数为

$$P_{C_4}(2, 2, 2, 2) = \frac{1}{4}(2^4 + 2^2 + 2 \cdot 2) = 6.$$

例 5.3.3 求 m-集合 C 中元素的长度为 n 的可重复圆周排列的个数 $C_m(n)$.

解 设 $A = \{1, 2, \cdots, n\}$ 为圆周上 (依次排列的) n 个位置的集合, 则 C 中元素在位置集 A 上的一个重复排列相当于 A 到 C 的一个映射, 而两个这样的映射相应于同一个圆周排列当且仅当它们只相差定义域 A 上的一个循环移位. 因此, 置换群 G 就是 A 的全部循环移位所构成的群, 即由一个 n-轮换 $(12\cdots n)$ 生成的 n 阶循环群. 这样, 集合 C 中元素的一个长度为 n 的可重复圆周排列就相当于群作用的一个轨道. 由 Pólya 计数定理得

$$C_m(n) = P_{\langle(12\cdots n)\rangle}(m, m, \cdots, m) = \frac{1}{n} \sum_{d|n} \phi(d) m^{\frac{n}{d}}$$
$$= \frac{1}{n} \sum_{d|n} \phi\left(\frac{n}{d}\right) m^d. \qquad \square$$

例 5.3.4 再看允许重复的组合问题. 设 x 为一个正整数, 从 x 种不同物体中可以任意重复地选取 n 个, 则选法数为 $\binom{n+x-1}{n}$ (见第一章). 这也可以看成一个映射问题. 设 A 是一个 n-集合, B 是一个 x-集合, A 中元素全部相同, B 中元素各自不同, 则如上的一个可重复的选取恰为一个从 A 到 B 的映射. 考虑映射集 $B^{[n]} = \{f \mid f : [n] \to B\}$, $[n]$ 上的置换群为对称群 S_n. 一个从 A 到 B 的映射恰为对称群 S_n 作用于映射集 $B^{[n]}$ 的一条轨道. 由 Pólya 计数定理得到所求的选法数为

$$P_{S_n}(x, x, \cdots, x) = \frac{1}{n!} \sum_{\sigma \in S_n} x^{k(\sigma)} = \frac{1}{n!} \sum_{k=1}^{n} c(n, k) x^k,$$

其中 $c(n, k)$ 为包含 k 个轮换的 n 元置换的个数 (即无符号的第一类 Stirling 数). 所以

$$\binom{n+x-1}{n} = \frac{1}{n!} \sum_{k=1}^{n} c(n, k) x^k,$$

即
$$\sum_{k=1}^{n} c(n,k) x^k = x(x+1)\cdots(x+n-1).$$

此式对任意正整数 x 成立, 等式两端又可以看成关于 x 的 n 次多项式, 所以上式对任意的 x 都成立, 这样又得到定理 4.3.3.

§5.4 带权的 Pólya 计数定理

在有些计数问题中, 还需进一步了解群 G 作用在 C^A 上时, 那些映成 C 中元素 $c_1, c_2, \cdots, c_m$ 的 A 中元素的条数 $|f^{-1}(c_1)|, |f^{-1}(c_2)|, \cdots, |f^{-1}(c_m)|$ 给定的那部分映射构成的 G-轨道的个数. 例如, 在例 5.1.1 中, 如果恰有 2 个碳原子连上甲基 CH_3, 其余 4 个碳原子连上氢原子, 则这样的分子有多少个? 为了回答这样的问题, 需要用到更一般的 "带权的 Burnside 引理".

设群 G 作用在集合 X 上, w 是定义在集合 X 上的一个数值函数, 称为权函数. 若 w 在 X 的各个轨道上都取常数值, 则可定义 w 在 X 的一轨道上的值为其中一元素上的值, 即 $w(O_x) = w(x)$, 此时各轨道上的权之和可由下面的定理给出.

定理 5.4.1 (带权的 Burnside 引理) 设 $O_1, O_2, \cdots, O_N$ 是群 G 作用在集合 X 上的全部轨道, w 是 X 上的一个权函数, 它在各轨道上都取常数值 (故 w 也同时被视为轨道集上的一个函数), 则所有轨道上的权之和可表示为
$$\sum_{i=1}^{N} w(O_i) = \frac{1}{|G|} \sum_{g \in G} \sum_{x \in \psi(g)} w(x).$$

证明 类似于 Burnside 引理的证明, 有
$$\sum_{i=1}^{N} w(O_i) = \sum_{x \in X} \frac{w(x)}{|O_x|} = \frac{1}{|G|} \sum_{x \in X} |G_x| \cdot w(x)$$
$$= \frac{1}{|G|} \sum_{x \in X} w(x) \left(\sum_{g \in G_x} 1 \right)$$

$$= \frac{1}{|G|} \sum_{g \in G} \sum_{x \in \psi(g)} w(x). \qquad \square$$

在上面定理中，令 $w(x) = 1$，即得 Burnside 引理.

与前面一样，设 A, C 是两个集合，G 是集合 A 上的一个置换群，w 是集合 C 上的一个函数，对 $f \in C^A$，定义

$$w(f) = \prod_{a \in A} w(f(a)).$$

当映射 f_1, f_2 等价时，存在 $g \in G$，使得 $f_2 = f_1 \circ g^{-1}$. 因 g 是 A 上的一个置换，故当 a 取遍 A 中所有元素时，$g^{-1}(a)$ 也取遍 A 中所有元素. 所以

$$w(f_2) = \prod_{a \in A} w(f_2(a)) = \prod_{a \in A} w(f_1(g^{-1}(a))) = w(f_1),$$

即 w 在 C^A 的各个轨道上均取常数值，从而 w 也可视为定义在轨道集合上的一个函数. 设 $\mathcal{F}$ 为 G 作用在 C^A 上的轨道的集合，则上面问题的带权形式为求所有轨道的权之和 $\sum_{F \in \mathcal{F}} w(F)$ (当 w 恒为 1 时即为轨道的个数).

定理 5.4.2 (带权的 Pólya 计数定理) 设 w 是 C 上的一个权函数，则 w 也可定义成为映射集 C^A 和轨道集 $\mathcal{F}$ 上的函数，且有

$$\sum_{F \in \mathcal{F}} w(F) = P_G\left(\sum_{c \in C} w(c), \sum_{c \in C} w(c)^2, \cdots, \sum_{c \in C} w(c)^n\right).$$

证明 如引理 5.3.1，对于 $g \in G$，记

$$k = k(g) = l_1(g) + l_2(g) + \cdots + l_n(g);$$

对于任意 $(c_1, c_2, \cdots, c_k) \in C^k$，设 $f_{c_1, c_2, \cdots, c_k}$ 为 C^A 中在符号集 A_i 上取常数值 c_i $(i = 1, 2, \cdots, k)$ 的映射. 由引理 5.3.1 (1) 知

$$\psi(g) = \{f_{c_1, c_2, \cdots, c_k} \mid (c_1, c_2, \cdots, c_k) \in C^k\}.$$

又
$$w(f_{c_1,c_2,\cdots,c_k}) = \prod_{a\in A} w(f_{c_1,c_2,\cdots,c_k}(a)) = \prod_{i=1}^{k} w(c_i)^{|A_i|},$$

于是
$$\sum_{f\in\psi(g)} w(f) = \sum_{(c_1,c_2,\cdots,c_k)\in C^k} w(f_{c_1,c_2,\cdots,c_k})$$
$$= \sum_{(c_1,c_2,\cdots,c_k)\in C^k} \prod_{i=1}^{k} w(c_i)^{|A_i|}$$
$$= \prod_{i=1}^{k} \left(\sum_{c\in C} w(c)^{|A_i|}\right).$$

上式中最后一个等式可理解为一个以 C 为行角标集,以 $\{1,2,\cdots,k\}$ 为列角标集的矩阵中各列元素和的乘积等于其各列中各任取一元素所能做成的各种可能的乘积之和. 由轮换型号的定义知, 数 $|A_1|$, $|A_2|,\cdots,|A_k|$ 中恰有 $l_j(g)$ 个等于 j $(j=1,2,\cdots,n)$, 故把上式右端乘积中的相同因子写成幂次的形式得

$$\sum_{f\in\psi(g)} w(f) = \prod_{j=1}^{n} \left(\sum_{c\in C} w(c)^j\right)^{l_j(g)}.$$

由带权的 Burnside 引理得

$$\sum_{F\in\mathcal{F}} w(F) = \frac{1}{|G|} \sum_{g\in G} \sum_{f\in\psi(g)} w(f) = \frac{1}{|G|} \sum_{g\in G} \prod_{j=1}^{n} \left(\sum_{c\in C} w(c)^j\right)^{l_j(g)}$$
$$= P_G\left(\sum_{c\in C} w(c), \sum_{c\in C} w(c)^2, \cdots, \sum_{c\in C} w(c)^n\right). \qquad \square$$

定理 5.4.3 设 $C=\{c_1,c_2,\cdots,c_m\}$, G 是 n-集合 A 上的一个置换群. 对满足 $k_1+k_2+\cdots+k_m=n$ 的非负整数 $k_1,k_2,\cdots,k_m$, 记 $N(k_1,k_2,\cdots,k_m)$ 为 C^A 中恰把 A 中的 k_i 个元素映成 c_i $(i=$

$1, 2, \cdots, m)$ 的 G-轨道的条数, 则有

$$P_G \left(\sum_{i=1}^m x_i, \sum_{i=1}^m x_i^2, \cdots, \sum_{i=1}^m x_i^n \right)$$
$$= \sum_{k_1+k_2+\cdots+k_m=n} N(k_1, k_2, \cdots, k_m) x_1^{k_1} x_2^{k_2} \cdots x_m^{k_m}.$$

证明 定义集合 C 上的权函数 w 为

$$w(c_i) = x_i, \quad i = 1, 2, \cdots, m,$$

其中 $x_1, x_2, \cdots, x_m$ 为互相独立的未定元. 对 $f \in C^A$, $i = 1, 2, \cdots, m$, f 恰把 A 中 k_i 个元素映成 c_i 的充分必要条件是

$$w(f) = x_1^{k_1} x_2^{k_2} \cdots x_m^{k_m},$$

故 $N(k_1, k_2, \cdots, k_m)$ 为 C^A 中权函数等于 $x_1^{k_1} x_2^{k_2} \cdots x_m^{k_m}$ 的 G-轨道的条数. 将 $\sum_{F \in \mathcal{F}} w(F)$ 中相同权函数的项合并, 可得

$$\sum_{F \in \mathcal{F}} w(F) = \sum_{k_1+k_2+\cdots+k_m=n} N(k_1, k_2, \cdots, k_m) x_1^{k_1} x_2^{k_2} \cdots x_m^{k_m}.$$

另一方面, 当 $w(c_i) = x_i$ 时, 有

$$\sum_{F \in \mathcal{F}} w(F) = P_G \left(\sum_{i=1}^m x_i, \sum_{i=1}^m x_i^2, \cdots, \sum_{i=1}^m x_i^n \right). \qquad \Box$$

仍看本章开始的例 5.1.1, 由于

$$P_{D_6}(x_1 + x_2, x_1^2 + x_2^2, \cdots, x_1^6 + x_2^6)$$
$$= \frac{1}{12} \left[(x_1 + x_2)^6 + 3(x_1 + x_2)^2 (x_1^2 + x_2^2)^2 + 4(x_1^2 + x_2^2)^3 \right.$$
$$\left. + 2(x_1^3 + x_2^3)^2 + 2(x_1^6 + x_2^6) \right]$$

中 $x_1^2 x_2^4$ 的系数为 3, 所以恰有 2 个碳原子连上甲基 CH_3, 其余 4 个碳原子连上氢原子的分子二甲苯有 3 个, 分别是邻二甲苯 (两个甲基相邻)、间二甲苯 (两个甲基相间) 和对二甲苯 (两个甲基相对).

注 5.4.4 Pólya 计数定理及其带权形式给出了有限集 A 到 C 的映射集 C^A 在 A 上的某个置换群 G 的作用下的轨道 (或某类轨道) 的个数公式, 它在各类计数问题中有着广泛的应用. 一般说来, 应用 Pólya 计数定理解决计数问题可如下进行:

(1) 将所讨论的问题中的"安排"翻译成映射的语言 (从而确定映射的定义域 A 和值域 C);

(2) 确定映射的等价关系 (即哪些映射相应于同一个"安排"), 确定相应的 A 上的置换群 G 使这个等价关系就是 G-等价关系, 从而使问题中的一个"安排"就相应于一个映射等价类, 即群作用下的一个轨道;

(3) 求出置换群 G 的轮换指标 $P_G(x_1, x_2, \cdots, x_n)$, 然后利用 Pólya 计数定理或其带权形式来计算映射等价类的个数.

例 5.4.5 求由黄珠、蓝珠和白珠做成的 7 珠项链的条数. 如果一条项链的旋转会得到另一条项链, 则两条项链视为是相同的. 这时对应的群为 7 阶循环群, 故这样的项链条数为

$$\frac{1}{7}\sum_{j|7}\phi\left(\frac{7}{j}\right)3^j = \frac{1}{7}(6\times 3 + 3^7) = 315.$$

若两条项链除旋转外, 当一条在空间中翻转得到另一条也认为这两条项链相同, 这时的置换群 G 就是二面体群 D_7. 由于

$$P_{D_7}(x_1, x_2, \cdots, x_7) = \frac{1}{14}(x_1^7 + 6x_7 + 7x_1x_2^3),$$

这时项链的条数为 $\frac{1}{14}(3^7 + 6\times 3 + 7\times 3^4) = 198$. 进一步, 由于

$$P_{D_7}\left(\sum_{i=1}^{3}c_i, \sum_{i=1}^{3}c_i^2, \cdots, \sum_{i=1}^{3}c_i^7\right)$$
$$= \frac{1}{14}[(c_1+c_2+c_3)^7 + 6(c_1^7+c_2^7+c_3^7)$$
$$+ 7(c_1+c_2+c_3)(c_1^2+c_2^2+c_3^2)^3)]$$

中 $c_1^2c_2^2c_3^3$ 的系数为 18, 所以恰有 2 颗黄珠, 2 颗蓝珠, 3 颗白珠的项链条数为 18.

例 5.4.6 把正方体的顶点集 V (或棱集 E, 面集 F) 用 m 种颜色来染色, 其中两种染色称为等价的, 如果经过三维空间中某个把此正方体变为自身的旋转后可使这两种染色成为一致的. 求它的互不等价的点染色方式数、棱染色方式数和面染色方式数.

解 由 Pólya 计数定理和例 5.2.9 可知, 互不等价的点染色方式数为
$$P_{G_1}(m,\cdots,m) = \frac{m^8 + 17m^4 + 6m^2}{24},$$
互不等价的棱染色方式数为
$$P_{G_2}(m,\cdots,m) = \frac{m^{12} + 6m^7 + 3m^6 + 8m^4 + 6m^3}{24},$$
而互不等价的面染色方式数为
$$P_{G_3}(m,\cdots,m) = \frac{m^6 + 3m^4 + 12m^3 + 8m^2}{24}.$$

若用红和蓝两种颜色来染色, 即 $m = 2$, 此时点、棱和面的染色方式数分别为 23, 218 和 10. 恰有 4 个面染成红色, 2 个面染成蓝色的互不等价的染色方式数为多项式
$$P_{G_3}(x_1 + x_2, x_1^2 + x_2^2, \cdots, x_1^6 + x_2^6)$$
$$= x_1^6 + x_1^5 x_2 + 2x_1^4 x_2^2 + 2x_1^3 x_2^3 + 2x_1^2 x_2^4 + x_1 x_2^5 + x_2^6$$

中 $x_1^4 x_2^2$ 的系数 2. 直观上, 这两种染色方式分别对应于 2 个蓝色面相对及 2 个蓝色面相邻这两种情形. □

例 5.4.7 求 n 个顶点的简单图 (n 阶简单图) 的个数.

解 在第一章中已求出 n 个顶点的标号图 (n 阶标号图) 共有 $2^{\frac{n(n-1)}{2}}$ 个. 这里要计数的是非标号图, 即两个同构的图看做相同的 (设 $G = (V(G), E(G))$ 和 $H = (V(H), E(H))$ 是两个图. 一个从 G 到 H

的同构是一个双射 $f: V(G) \to V(H)$, 使得 $f(E(G)) = E(H)$, 即对任意 $u, v \in V(G)$, $\{u, v\} \in E(G)$ 当且仅当 $\{f(u), f(v)\} \in E(H)$. 两个图之间若有同构存在, 则称这两个图同构).

设图的顶点集为 $[n] = \{1, 2, \cdots, n\}$, $D = \binom{[n]}{2}$, 即 $[n]$ 的所有 2-子集所组成的集合, 显然 $|D| = \dfrac{n(n-1)}{2}$, 则一个 n 阶标号图即为集合对 $([n], E)$, 其中 E 为 D 的一个子集. 也可以把标号图看做映射 $f_E : D \to \{0, 1\}$, 其定义为

$$f_E(\{i, j\}) = \begin{cases} 1, & \{i, j\} \in E, \\ 0, & \{i, j\} \notin E. \end{cases}$$

$[n]$ 上的对称群为 S_n, 对于 $g \in S_n$, g 诱导出 D 上的置换 π_g 如下:

$$\pi_g(\{i, j\}) = \{g(i), g(j)\}, \quad \forall \{i, j\} \in D.$$

记 $G_n = \{\pi_g \mid g \in S_n\}$, 则 G_n 为 D 上的置换群. 若存在 $g \in S_n$, 使得 $\pi_g(E_1) = E_2$, 则标号图 $([n], E_1)$ 与 $([n], E_2)$ 同构, 即它们可看成相同的非标号图. 由 Pólya 计数定理知, n 阶简单图的个数为 $P_{G_n}(2, 2, \cdots, 2)$. 若对 $\{0, 1\}$ 赋权 $w(0) = 1$, $w(1) = x$, 则恰有 k 条边的 n 阶简单图的个数为 $P_{G_n}(1 + x, 1 + x^2, \cdots, 1 + x^{\frac{n(n-1)}{2}})$ 中 x^k 的系数.

当 $n = 2$ 时, $S_2 = \{(1), (12)\}$, $G_2 = \{(e)\}$, 其中 $e = \{1, 2\}$, 所以

$$P_{G_2}(x_1) = x_1, \quad P_{G_2}(1 + x) = 1 + x.$$

这便得到 2 阶简单图有 2 个, 其中无边的 1 个, 有 1 条边的 1 个.

当 $n = 3$ 时, $S_3 = \{(1), (12), (13), (23), (123), (132)\}$, 而

$$G_3 = \{(e_1), (e_2 e_3), (e_1 e_2), (e_1 e_3), (e_1 e_2 e_3), (e_1 e_3 e_2)\},$$

其中 $e_1 = \{1, 2\}$, $e_2 = \{2, 3\}$, $e_3 = \{1, 3\}$, 所以

$$P_{G_3}(x_1, x_2, x_3) = \frac{1}{6}(x_1^3 + 3x_1 x_2 + 2x_3).$$

故 3 阶简单图的个数为 $P_{G_3}(2,2,2) = \frac{1}{6}(2^3 + 3\cdot 2 + 2\cdot 2) = 4$. 由

$$P_{G_3}(1+x, 1+x^2, 1+x^3) = 1 + x + x^2 + x^3$$

得 3 阶简单图中无边、有 1 条边、有 2 条边、有 3 条边的各 1 个.

一般地, n 阶简单图的个数为

$$\sum_{l_1 + 2l_2 + \cdots + nl_n = n} \frac{2^{N(l_1, l_2, \cdots, l_n)}}{l_1! l_2! \cdots l_n! 1^{l_1} 2^{l_2} \cdots n^{l_n}}$$

(文献 [24], [31], [46]), 其中

$$N(l_1, l_2, \cdots, l_n) = \frac{1}{2}\left(\sum_{s,t=1}^{n} l_s l_t \gcd(s,t) - \sum_{s \text{ 为奇数}} l_s\right). \qquad \square$$

习 题 五

1. 求二面体群 D_n 的轮换指标.

2. 设 $n = k_1 + k_2 + \cdots + k_m$, 则 m-集合 $C = \{c_1, c_2, \cdots, c_m\}$ 中的元素 c_i 取 k_i 个所得长度为 n 的圆周排列的个数是多少?

3. 取红、黄、蓝、绿、黑、白六色珠子各 3 颗可以组成多少条不同的项链? 当只相差一个圆周上点的循环移位或空间翻转时, 两条项链视为是相同的.

4. 求 4 阶简单图的个数, 这里两个图若同构则看做相同的. 进一步, 恰有 3 条边的 4 阶简单图有多少个?

5. 设 $|A| = n$, $|C| = m$, G 是 A 上的一个置换群, 证明:

(a) 若 F 是 G 作用在 C^A 上的一个轨道, 则 F 中的元素或者都是单射或者都不是单射;

(b) C^A 中由单射组成的 G-轨道条数为

$$\frac{1}{|G|} m(m-1) \cdots (m-n+1).$$

第六章 鸽笼原理,Ramsey 理论和相异代表系

§6.1 鸽笼原理及其应用

鸽笼原理是组合数学中最为古老和经典的原理之一,也称为抽屉原理或 Dirichlet 原理. Dirichlet 在 1834 年提出了这一原理,但是这绝不可能是他首先发现的. 该原理最简单的阐述是:三只鸽子飞进两个笼子,则必有某个笼子里含有至少两只鸽子;三人行,至少两人是同一性别 (假设只存在男、女这两种性别). 显然,不同的故事遵循相同的逻辑. 下面就以传统的 "鸽笼" 方式来叙述这一原理.

定理 6.1.1 (鸽笼原理) 设有 m 只鸽子飞进 n 个笼子,则必定存在某个笼子,其内飞进了至少 $\left\lceil \dfrac{m}{n} \right\rceil$ 只鸽子.

证明 若每个笼子至多 $\left\lceil \dfrac{m}{n} \right\rceil - 1$ 只鸽子,则至多共有 $\left(\left\lceil \dfrac{m}{n} \right\rceil - 1\right) n < \dfrac{m}{n} n = m$ 只鸽子,矛盾. 所以,必定存在某个笼子,其内飞进了至少 $\left\lceil \dfrac{m}{n} \right\rceil$ 只鸽子. $\square$

上述定理的加强形式是

定理 6.1.2 设有 m 只鸽子飞进编号分别为 $h_1, h_2, \cdots, h_n$ 的 n 个笼子. 若已知

$$m \geqslant a_1 + a_2 + \cdots + a_n - n + 1, \quad a_i \geqslant 0 \ (1 \leqslant i \leqslant n),$$

则必定存在某个笼子 h_i,其内飞进了至少 $a_i \ (1 \leqslant i \leqslant n)$ 只鸽子.

证明 若对任意 $1 \leqslant i \leqslant n$,笼子 h_i 内至多飞进了 $a_i - 1$ 只鸽子,

则鸽子数至多为

$$\sum_{i=1}^{n}(a_i-1) = a_1+a_2+\cdots+a_n-n$$
$$< a_1+a_2+\cdots+a_n-n+1$$
$$\leqslant m,$$

矛盾. 所以, 必定存在某个笼子 h_i, 其内飞进了至少 a_i ($1 \leqslant i \leqslant n$) 只鸽子. □

在上下文清楚的情况下, 我们常常省略 "至少" 的修饰. 换句话说, "必有某个笼子里含有两只鸽子" 这一陈述所表达的含义即是 "必有某个笼子里含有至少两只鸽子".

抛开 "鸽子" 的具体含义, 以上两定理可用函数与集合论的语言等价地进行表述.

定理 6.1.3 设 A, B 为两个非空有限集, $f: A \to B$ 为一个映射, 则

(1) 存在 $b_1 \in B$, 使得 $|f^{-1}(b_1)| \geqslant \dfrac{|A|}{|B|}$;

(2) 存在 $b_2 \in B$, 使得 $|f^{-1}(b_2)| \leqslant \dfrac{|A|}{|B|}$.

定理 6.1.4 设 A 为一个非空有限集, $B = \{b_1, b_2, \cdots, b_n\}$, $f: A \to B$ 为一个映射, 则有下列结论:

(1) 若 $|A| = x_1+x_2+\cdots+x_n-n+1$, 则存在 $b_i \in B$, 使得

$$|f^{-1}(b_i)| \geqslant x_i;$$

(2) 若 $|A| = x_1+x_2+\cdots+x_n+n-1$, 则存在 $b_i \in B$, 使得

$$|f^{-1}(b_i)| \leqslant x_i.$$

例 6.1.5 从 $1, 2, \cdots, 200$ 中任选 101 个整数, 其中必存在一个可以被另一个整除.

证明 任何正整数都可以写成 $n = 2^k a$ 的形式,这里 a 是奇数. 把 $1, 2, \cdots, 200$ 这些数都这样写,则每个 a 都满足 $1 \leqslant a \leqslant 199$. 所有这些 a 构成了 100 个 "鸽笼",从 $1, 2, \cdots, 200$ 中任选 101 个整数,必有两个数落入同一 "鸽笼" 中,不妨设 $n_1 = 2^{i_1} a$, $n_2 = 2^{i_2} a$,其中指数大的可以被指数小的整除. □

例 6.1.6 (中国剩余定理的基本形式) 对任意互素的正整数 m, n,设 $0 \leqslant a \leqslant m-1$, $0 \leqslant b \leqslant n-1$,则存在整数 x 和相应的整数 p, q,满足
$$x = pm + a = qn + b,$$
即 x 除以 m 的余数为 a,除以 n 的余数为 b.

证明 我们证明 $a, m+a, 2m+a, \cdots, (n-1)m+a$ 这 n 个数被 n 除的余数各不相同,也即它们构成了模 n 的一个完全剩余系,从而其中必有一个是模 n 为 b 的. 假设不然,则存在 i, j ($0 \leqslant j < i \leqslant n-1$),使得
$$n | (im + a) - (jm + a) = (i-j)m.$$
由于 $\gcd(m, n) = 1$,则 $n | (i-j)$. 这与 $0 < i - j < n$ 矛盾.

于是,存在整数 p ($0 \leqslant p \leqslant n-1$),使得 $pm + a$ 除以 n 的余数为 b,即存在整数 q,使得
$$pm + a = qn + b.$$
取 $x = pm + a$,则 $x = pm + a = qn + b$. □

以上是中国剩余定理的基本形式,使用归纳法就可以推广到一般形式.

定理 6.1.7 (中国剩余定理的一般形式) 设 $m_1, m_2, \cdots, m_k$ 是两两互素的正整数,则任给 k 个整数 $a_1, a_2, \cdots, a_k$,必存在 $x \in \mathbb{N}$,使得
$$x \equiv a_i \pmod{m_i}, \quad \forall\, 1 \leqslant i \leqslant k.$$

当然,此一般形式也可以用构造的方式直接证明. 证明留作思考.

例 6.1.8 证明: 每个由 n^2+1 个实数构成的序列

$$a_1, a_2, \cdots, a_{n^2+1},$$

必含有长度至少为 $n+1$ 的递增子序列或长度至少为 $n+1$ 的递减子序列.

证明 对给定的由 n^2+1 个实数构成的序列 $a_1, a_2, \cdots, a_{n^2+1}$, 假设不存在长度至少为 $n+1$ 的递增子序列. 令 l_i 表示从 a_i 开始的最长递增子序列的长度, 则对任意 $1 \leqslant i \leqslant n^2+1$, 有 $1 \leqslant l_i \leqslant n$, 而这表明至少有 $n+1$ 个 l_i 取相同的值. 不失一般性, 设

$$l_{i_1} = l_{i_2} = \cdots = l_{i_{n+1}},$$

其中 $1 \leqslant i_1 < i_2 < \cdots < i_{n+1}$, 则 $a_{i_1}, a_{i_2}, \cdots, a_{i_{n+1}}$ 构成了一个长度为 $n+1$ 的递减子序列 (若不然, 存在 $a_{i_j} \leqslant a_{i_k}$ ($i_j < i_k$), 则从 a_{i_j} 开始有一个长度为 $l_{i_k}+1 = l_{i_j}+1$ 的递增子序列, 与假设矛盾). □

完全类似地, 可以证明下述结论:

定理 6.1.9 (Dilworth 引理) 在任一含 $mn+1$ 个元素的偏序集 $\mathbf{P}$ 中, 或者有一长度至少为 $m+1$ 的链 (即 $\mathbf{P}$ 的高度 $\geqslant m+1$), 或者有一长度至少为 $n+1$ 的反链 (即 $\mathbf{P}$ 的宽度 $\geqslant n+1$).

例 6.1.10 一种牌有三种花色 C, H 和 S, 一套指的是 3 张同样花色的牌或三种花色各一张. 证明: 任意 5 张牌中一定存在一套牌.

证明 若这 5 张牌中花色 C, H, S 都出现, 各花色取出一张便构成一套牌. 若 5 张牌中至少缺一种花色, 不妨设为 S, 则只有两种花色 C 或 H 出现的可能. 由鸽笼原理知, 至少有 3 张牌同一花色, 从而它们构成一套牌. □

例 6.1.11 平面上横、纵坐标均为整数的点称为格点. 在平面上至少取多少个格点, 才能保证一定存在两个格点, 使得它们的中点也是一个格点?

解 可以证明: 在任意 5 个格点中一定存在两个格点, 它们的中点仍为格点. 事实上, 对任意 5 个格点 $P_i = (x_i, y_i)$ $(1 \leqslant i \leqslant 5)$, 定义函数

$$f: \{P_1, P_2, P_3, P_4, P_5\} \to \{(0,0), (1,0), (0,1), (1,1)\}$$

为 $f(P_i) = (a_i, b_i)$, 其中 $a_i \equiv x_i \pmod{2}$, $b_i \equiv y_i \pmod{2}$. 由鸽笼原理知, 存在 $P_i \neq P_j$, 使得 $f(P_i) = f(P_j)$. 这两点即符合要求.

而 4 个点 $(0,0), (1,0), (0,1), (1,1)$ 中, 任意两点中点均不为格点, 从而 5 个点是最小的保证. □

进一步, 可以思考下面的问题.

例 6.1.12 在平面上至少取多少个格点, 才能保证存在 3 个格点 $(x_1, y_1), (x_2, y_2), (x_3, y_3)$, 使得它们的中心 $\left(\dfrac{x_1 + x_2 + x_3}{3}, \dfrac{y_1 + y_2 + y_3}{3} \right)$ 为格点呢?

解 用 n 来表示这个数. 容易看出 $n \leqslant 13$. 设有 13 个格点 $P_i = (x_i, y_i)$ $(1 \leqslant i \leqslant 13)$, 定义

$$f: \{P_i \mid 1 \leqslant i \leqslant 13\} \to \{0, 1, 2\}$$

为 $f(P_i) = a_i$, 其中 $a_i \equiv x_i \pmod{3}$. 一定存在 5 个点有相同的像, 即在模 3 的意义下有相同的横坐标. 不失一般性, 设这 5 个点为 P_1, P_2, P_3, P_4, P_5. 由例 6.1.10 知, 这 5 个点中又一定存在 3 个点, 其纵坐标模 3 后同为 000, 111, 222 或 012 中的一个, 则这 3 个点的中心为格点.

事实上, 还可以证明 $n \leqslant 9$. 任给 9 个格点 $P_i = (x_i, y_i)$ $(1 \leqslant i \leqslant 9)$, 设

$A = \{P_i \mid 1 \leqslant i \leqslant 9\}$,
$B = \{(0,0), (0,1), (0,2), (1,0), (1,1), (1,2), (2,0), (2,1), (2,2)\}$,

定义 $f: A \to B$ 为 $f(P_i) = (a_i, b_i)$, 其中

$$a_i \equiv x_i \pmod{3}, \quad b_i \equiv y_i \pmod{3}.$$

可以证明：一定存在 3 点其横坐标和纵坐标的像均形如 000, 111, 222 或 012. 若存在一 $(a_i, b_i) \in B$, 使得 $|f^{-1}(a_i, b_i)| \geqslant 3$, 则结论成立. 下面设对任意 $(a_i, b_i) \in B$, 均有 $|f^{-1}(a_i, b_i)| \leqslant 2$, 则 $|f(A)| \geqslant 5$, 即在 f 的像集 (B 的一个子集) 中至少有 5 个不同的点. 可以证明：一定可以在这 5 个点中选出 3 个满足条件. 任取 B 中 5 个元素, 设它们组成集合 C. 在 C 中选定 3 个点. 若这 3 点满足条件, 结论已证. 否则, 不妨设这 3 点为 $(0,0), (1,0)$ 和 $(0,1)$, 或者 $(0,0), (1,2)$ 和 $(0,1)$ (请读者自行验证这种假设是不失一般性的), 容易验证此时剩下的 2 个点无论怎么取都会使得结论成立.

又容易验证 $(0,0), (3,3), (0,1), (0,4), (1,0), (4,0), (1,1), (4,4)$ 这 8 个点中不存在 3 个点其中心仍为格点, 所以 $n = 9$. □

进一步, 可对于 d 维格点 $(x_1, x_2, \cdots, x_d)$, 考虑更一般的问题: 在 d 维空间中至少取多少个格点, 才能保证存在 k 个格点 $P_1, P_2, \cdots, P_k$, 使得它们的中心 $\dfrac{P_1 + P_2 + \cdots + P_k}{k}$ 为格点呢? 记问题的答案为 $n(k, d)$. 从上面两例可以看到 $n(2, 2) = 5, n(3, 2) = 9$, 另外易见 $n(2, d) = 2^d + 1$. 对于所有的 k 和 d, 确定 $n(k, d)$ 的值依然是一个有趣的待解决问题.

下面给出数论中一个非常有趣结果的利用鸽笼原理的证明.

例 6.1.13 证明: 对任意 $\alpha \in \mathbb{R}$ 和 $n \in \mathbb{N}$, 存在 $p, q \in \mathbb{N}$, 使得 $1 \leqslant q \leqslant n$, 且

$$\left| \alpha - \frac{p}{q} \right| < \frac{1}{nq} \leqslant \frac{1}{q^2}.$$

证明 定义映射

$$f: \{1, 2, \cdots, n+1\} \to \left\{ \left[0, \frac{1}{n}\right), \left[\frac{1}{n}, \frac{2}{n}\right), \cdots, \left[\frac{n-1}{n}, 1\right) \right\},$$

其中 $f(j)$ 为包含 $\alpha j - \lfloor \alpha j \rfloor$ 的子区间. 由鸽笼原理知, 存在 $j > k$, 使得 $f(j) = f(k)$, 即

$$|(\alpha j - \lfloor \alpha j \rfloor) - (\alpha k - \lfloor \alpha k \rfloor)| < \frac{1}{n}.$$

这等价于
$$|(j-k)\alpha - (\lfloor \alpha j \rfloor - \lfloor \alpha k \rfloor)| < \frac{1}{n}.$$
令 $q = j - k$, $p = \lfloor \alpha j \rfloor - \lfloor \alpha k \rfloor$, 则有 $1 \leqslant q \leqslant n$, 且
$$\left|\alpha - \frac{p}{q}\right| < \frac{1}{nq} \leqslant \frac{1}{q^2}. \qquad \square$$

对鸽笼原理的理解不需要复杂的数学工具，但正如我们已大概领略的, 利用它来解决具体的问题则特别需要巧妙的想法.

§6.2 从鸽笼原理到 Ramsey 定理

Ramsey 定理的一个最简单的形式为: 任意的 6 个人之中, 或者有 3 个人两两相识, 或者有 3 个人两两不相识.

剑桥青年 Frank Plumpton Ramsey (1903—1930) 只活了 27 岁, 但他的名字被后人铭记, 比他的显赫家世更历久弥彰. 从鸽笼原理出发衍生出的 Ramsey 理论成为一门丰富而有影响力的学问. 这个理论涉及的问题尤其描述简易, 证明艰难. 为了征服一个个美妙的问题, 一些组合数学中的新工具, 如概率与代数方法等应运而生. 本节的目的是对 Ramsey 理论做一个简要的介绍, 在以后的章节中再讲述相关的新方法.

定理 6.2.1 (Ramsey 定理) 对任意给定的正整数 $p, c, k_1, k_2, \cdots, k_c$ ($p \leqslant k_i$, $1 \leqslant i \leqslant c$), 存在正整数 n 与集合
$$V = \{v_1, v_2, \cdots, v_n\}$$
满足: 对于 V 的所有 $\binom{n}{p}$ 个 p-子集构成的集合的任一个 c-划分 $\{P_1, P_2, \cdots, P_c\}$, 必定对某个 $i \in [c]$, 存在 V 的子集 U_i, 使得 $|U_i| = k_i$, 并且 U_i 的所有 p-子集都包含在上述 c-划分的某一个集合 P_i 之中.

实际上, 定理 6.2.1 最常见的形式是用图论语言描述的等价形式. 用 K_n 表示顶点数为 n 的完全图 (即一个具有 n 个顶点的图, 它的

每对顶点之间有一条边). 如果一个 K_n 的所有边都被染成了红色 (蓝色), 则称它是红色 (蓝色) 的. 下面给出定理 6.2.1 中取 $p = c = 2$ 时最常见的一个描述形式.

定理 6.2.2 (Ramsey 定理) 对任意正整数 $k, l \geqslant 2$, 存在正整数 n, 使得任意将 K_n 的每条边染成红、蓝二色之一, 都会产生一个红色的 K_k, 或者产生一个蓝色的 K_l. 称最小的这样的 n 为关于 k, l 的 **Ramsey 数**, 记为 $R(k, l)$.

定理 6.2.1 中的 c 代表所考虑的染色数, p 则相当于所谓超图的边上顶点的个数, 当 $p = c = 2$ 时, 满足条件的最小的正整数 n 正是 $R(k_1, k_2)$.

定理 6.2.2 可以从下面蕴涵了更强结论的引理得到.

引理 6.2.3 $R(k, l) \leqslant \binom{k + l - 2}{k - 1}$.

证明 先证明递推关系

$$R(k, l) \leqslant R(k - 1, l) + R(k, l - 1),$$

从而归纳得到

$$R(k, l) \leqslant \binom{k + l - 3}{k - 2} + \binom{k + l - 3}{k - 1} = \binom{k + l - 2}{k - 1}.$$

设 $R(k - 1, l) = n_1$, $R(k, l - 1) = n_2$, 任给 $K_{n_1 + n_2}$ 的边集的二着色, 可以证明或者存在一个红色的 K_k, 或者存在一个蓝色的 K_l, 从而

$$R(k, l) \leqslant n_1 + n_2.$$

考虑这个着色了的 $K_{n_1 + n_2}$ 的任意一个顶点 u. u 与其他 $n_1 + n_2 - 1$ 个顶点都相连, 由鸽笼原理知, 或者 u 连接着至少 n_1 条红边, 或者 u 连接着至少 n_2 条蓝边. 不失一般性, 假设前者. 研究与 u 以红边相连的 n_1 个顶点, 它们构成了一个 K_{n_1}. 如果这个 K_{n_1} 中存在一个红色的 K_{k-1}, 连同 u, 我们就有一个红色的 K_k; 否则, 由 $R(k - 1, l) = n_1$ 知, 必定存在一个蓝色的 K_l. □

下列性质是显然或易见的.

性质 6.2.4 对任意正整数 $k, l \geqslant 2$, 有

$$R(k,l) = R(l,k).$$

性质 6.2.5 对任意正整数 $l \geqslant 2$, 有

$$R(2,l) = l.$$

性质 6.2.6 $R(3,3) = 6$.

但是, 即使对于 k, l 中一个参数为 3 的情形, 现在也还没有精确计算的公式. 事实上, 现已知道精确值的有

$$R(3,4) = 9, \quad R(3,5) = 14, \quad R(3,6) = 18,$$
$$R(3,7) = 23, \quad R(3,8) = 28, \quad R(3,9) = 36.$$

然而关于 $R(3,10)$, 就仅仅有一个不算太坏的估计 (文献 [63]):

$$40 \leqslant R(3,10) \leqslant 42.$$

当 $k = 4$ 时, 有

$$R(4,4) = 18, \quad R(4,5) = 25, \quad 36 \leqslant R(4,6) \leqslant 41.$$

对于 $k = l$ 的情形, 甚至从 $k = l = 5$ 开始就已经没有准确的结论, 能够确定的是

$$43 \leqslant R(5,5) \leqslant 48.$$

例 6.2.7 求 $R(4,4)$.

解 显然 $R(4,4) \leqslant R(3,4) + R(4,3) = 18$. 下面证明: K_{17} 存在一种边的红-蓝染色方式, 其中无单色的 K_4.

用有限域 $\mathbb{F}_{17} = \{0, 1, \cdots, 16\}$ 来表示 K_{17} 的顶点, 边 ij 被染成红色当且仅当 $i-j$ 为非零平方元, 即为 $\{1, 4, 9, 16, 8, 2, 15, 13\}$. 假如存在一个单色 K_4, 其顶点为 a, b, c, d. 首先注意到 $(i+k) - (j+k) = i-j$,

所以可以对顶点的标号作平移. 不失一般性, 我们可设 $a = 0$. 我们还可以用 b^{-1} 去乘每个顶点的标号, 由于 $b^{-1}i - b^{-1}j = b^{-1}(i-j)$, 所以若 b 为平方元, 则每条边颜色都不变; 而若 b 为非平方元, 则每条边都变颜色. 不管如何它仍为一个单色 K_4, 所以可设有一个单色 K_4, 其顶点为 $0, 1, c$ 和 d. 由于 $1 - 0 = 1$ 为平方元, 所以其他的差 $c, d, c - 1$, $d - 1$ 和 $d - c$ 都为平方元. 一个平方元减 1 后仍为平方元的只能是 9, 16 或 2, 所以 c 和 d 是这三个数中的两个, 而这三个数任两个的差都不是平方元, 矛盾. 所以 $R(4,4) > 17$, 从而

$$R(4,4) = 18.$$
□

引理 6.2.3 给出了 Ramsey 数的一个上界. 既然无法求得 Ramsey 数的准确表达式, 人们开始寻找好的上、下界. 然而让上、下界接近远不是一件容易的事情. 到目前为止, 只有在 $k = 3$ 的情形下 Ramsey 数的阶被找到了. 这个结果的下界部分是 1983 年完成的, 到 1995 年 J.H. Kim 做出了上界, 被认为是一项突破.

定理 6.2.8 (文献 [66], [49]) 对任意 $l \in \mathbb{Z}^+$, 有

$$R(3,l) = \Theta\left(\frac{l^2}{\ln l}\right),$$

即存在正常数 c_1, c_2 和正整数 l_0, 使得当 $l \geqslant l_0$ 时有

$$c_1 \frac{l^2}{\ln l} \leqslant R(3,l) \leqslant c_2 \frac{l^2}{\ln l}.$$

当 $l = k$ 时, 已知的最好的上界是 Andrew Thomason (文献 [74]) 给出的:

$$R(k,k) \leqslant \binom{2k-2}{k-1} \Big/ \sqrt{k-1};$$

而最好的下界则是 Noga Alon 和 Joel H. Spencer (文献 [10, p.67]) 给出的:

$$R(k,k) \geqslant \frac{\sqrt{2}}{\mathrm{e}}(1+o(1))k2^{\frac{k}{2}}.$$

判定 $\lim\limits_{k\to\infty} \sqrt[k]{R(k,k)}$ 的存在性是 Erdős 给予 100 美元奖励的大问题, 他猜想这个极限是存在的 (文献 [23]). 由以上的上、下界, 再应用 Stirling 公式 $n! \sim \sqrt{2n\pi}\left(\dfrac{n}{\mathrm{e}}\right)^n$, 可得

$$\sqrt{2} \leqslant \liminf_{k\to\infty} \sqrt[k]{R(k,k)} \leqslant \limsup_{k\to\infty} \sqrt[k]{R(k,k)} \leqslant 4.$$

下面看一个具体的证明. 这是由 Erdős 在 1947 年给出的, 它的重大意义之一是巧妙地引入了概率论作为组合数学中的工具. 在人们以往的印象中, 组合本身是一门工具, 它似乎自力更生, 很少借助于别的领域.

例 6.2.9 证明: 若 $\binom{n}{k} 2^{1-\binom{k}{2}} < 1$, 则 $n < R(k,k)$.

证明 随机地将 K_n 的边集二着色, 每条边被染成红色的概率和被染成蓝色的概率都是 $\dfrac{1}{2}$, 且各条边之间彼此独立. 对 K_n 的顶点集的每个 k-子集 R, 令 A_R 表示 R 是单色的这一事件. 易见 A_R 发生的概率为

$$\Pr(A_R) = 2^{1-\binom{k}{2}}.$$

注意到一共有 $\binom{n}{k}$ 种方式得到 R, 因此至少产生一个单色 k-子集的概率至多为 $\binom{n}{k} 2^{1-\binom{k}{2}}$. 所以, 若

$$\binom{n}{k} 2^{1-\binom{k}{2}} < 1,$$

则说明至少存在一种二着色, 使得既无红色也无蓝色的 K_k 产生. 故

$$n < R(k,k). \qquad \square$$

推论 6.2.10 当 $k \geqslant 3$ 时, 有

$$2^{\frac{k}{2}} < R(k,k).$$

证明 当 $k \geqslant 3$ 时, 有

$$\binom{2^{\frac{k}{2}}}{k} 2^{1-\binom{k}{2}} < \frac{(2^{\frac{k}{2}})^k}{k!} \cdot \frac{2^{1+\frac{k}{2}}}{2^{\frac{k^2}{2}}} = \frac{2^{1+\frac{k}{2}}}{k!}$$

$$= \frac{2}{k} \cdots \frac{2}{4} \cdot \frac{2^{1+\frac{3}{2}}}{3!} 2^{\frac{3-k}{2}} < 1. \qquad \square$$

注意到 $2 = R(2,2)$, 所以上面推论当 $k = 2$ 时不成立.

定理 6.2.1 以及它所涉及的概念要比定理 6.2.2 广泛许多. 用染色的语言说, 定理 6.2.1 里面的 c 就是染色的色数, 它可以大于 2. 对于定理 6.2.1 里面的 p, 当 $p = 2$ 时表示通常所讲的图的每条边有两个顶点; 当 $p > 2$ 时也有相应的染色含义, 只是这时的边是超图中的了. 下面给出通过染色的语言描述的定理 6.2.1 的另一个版本.

定理 6.2.11 对任意给定的正整数 $p, c, k_1, k_2, \cdots, k_c$ ($p \leqslant k_i$, $i = 1, 2, \cdots, c$), 存在正整数 n 与集合 $V = \{v_1, v_2, \cdots, v_n\}$, 满足: 给 V 的每个 p-子集涂上 c 种颜色 $a_1, a_2, \cdots, a_c$ 中的一种 (称为 c-着色), 则任何这样一种染色方案都会产生 V 的一个 k_1-子集 U_1, 它的所有 p-子集都被染成 a_1 色, 或者 V 的一个 k_2-子集 U_2, 它的所有 p-子集都被染成 a_2 色, $\cdots$, 或者 V 的一个 k_c-子集 U_c, 它的所有 p-子集都被染成 a_c 色. 满足上述条件的最小的 n 称为**广义 Ramsey 数**, 记为 $R(k_1, k_2, \cdots, k_c; p)$.

读者可以尝试参照定理 6.2.2, 用归纳法给出定理 6.2.11 和定理 6.2.1 的证明.

由 Ramsey 定理推广开去, 对给定的函数

$$f: [m] \to \{y_1, y_2, \cdots, y_k\},$$

若对某个 i 有 $[m]$ 的子集 $A \subseteq f^{-1}(y_i)$, 则称 A 是**单色**的.

定理 6.2.12 (Schur 定理) 对任意 $k \geqslant 1$, 都有正整数 m, 满足: 对每一函数 $f: [m] \to \{y_1, y_2, \cdots, y_k\}$, 存在某个 y_i ($1 \leqslant i \leqslant k$), 使得 $f^{-1}(y_i)$ 中包含三个数 a, b, c 且 $a + b = c$, 即 $a + b = c$ 有单色解 (a, b, c 不一定互不相同).

证明 对任意 $k \geqslant 1$,令 $n = R(3,3,\cdots,3;2)$ (内有 k 个 3),$m = n-1$,则每个从 $[m]$ 到 $\{y_1, y_2, \cdots, y_k\}$ 的函数 f 确定了一个 K_n 的边集的 k-差色,其中边 ij 被染成颜色 $f(|i-j|)$.

既然 $n = R(3,3,\cdots,3;2)$,那么必定存在一个单色的三角形,设它的顶点为 j_1, j_2, j_3. 不失一般性,设 $1 \leqslant j_1 < j_2 < j_3 \leqslant n$,那么 $j_1 j_2$, $j_2 j_3$, $j_3 j_1$ 的颜色都相同说明对某个 i 有

$$f(j_2 - j_1) = f(j_3 - j_2) = f(j_3 - j_1) = y_i.$$

令 $a = j_2 - j_1$, $b = j_3 - j_2$, $c = j_3 - j_1$,则 $a, b, c \in f^{-1}(y_i)$,且 $a+b=c$ (这里 a 和 b 有可能取相同的值). □

§6.3 相异代表系和 Hall 定理

相异代表系理论与离散数学的许多分支都有关联,甚至在经济学、选举政治学中也有它的应用.

问题 6.3.1 一群男孩和女孩在一起. 假如每个女孩都喜欢一些男孩 (可能有交集),怎样的条件能够保证每个女孩都能和某个自己喜欢的男孩在一起?

显然,男孩、女孩可以分别换成绅士、女士,"在一起"也可以换成"结婚". 还可以有其他版本的故事.

定义 6.3.2 设 $S_1, S_2, \cdots, S_m$ 是一族集合,它们的一个**相异代表系** (简记为 **SDR**) 就是一个 m 维向量 $(x_1, x_2, \cdots, x_m)$,满足如下条件:
(1) $x_i \in S_i$ $(1 \leqslant i \leqslant m)$ (这些 x_i 是"代表");
(2) 对任意 $1 \leqslant i < j \leqslant m$,有 $x_i \neq x_j$ ("代表"互不相同,尽管 $x_i \in S_j$ 是允许的).

在上面的情景中,设有 m 个女孩,令 S_i 表示第 i 个女孩喜欢的男孩集合. 只要存在 $S_1, S_2, \cdots, S_m$ 的一个相异代表系,就可以保证每个女孩都能与某个自己喜欢的男孩在一起,且他们互不相同 (即没有任

何一个男孩对应多于一个女孩). 当然, 从男孩们的利益出发, 这个故事也可以用另外一种方式对称地来讲述.

对一族指标 $J \subseteq [m]$, 定义

$$S(J) = \bigcup_{j \in J} S_j.$$

若集合族 $S_1, S_2, \cdots, S_m$ 有一个相异代表系, 则自然地, 对每族指标 $J \subseteq [m]$, 都有 $|S(J)| \geqslant |J|$. 这是因为对每个 $j \in J$, $S(J)$ 都包含了 S_j 的代表 x_j. Hall 定理告诉我们, 这个必要条件也是充分的. 这个定理最初由 Philip Hall 发表在 1935 年的 *Journal of London Mathematical Society* 上, 后来又被 Marshall Hall Jr. 简化.

定理 6.3.3 (Hall 定理) 有限集族 $S_1, S_2, \cdots, S_m$ 存在相异代表系当且仅当下面的 **Hall 条件** (简记为 HC) 成立: 对任意 $J \subseteq [m]$, 有

$$|S(J)| \geqslant |J|.$$

证明 必要性前已说明, 下对 m 用归纳法证充分性.

首先, 定义指标族 J 是**临界**的, 若 $\{S_j \mid j \in J\}$ 有相异代表系, 且 $|S(J)| = |J|$. 于是, 若 J 是临界的, $S(J)$ 的每个元素都必须恰好是某一个 S_j 的代表. 空集和全集 $[m]$ (如果是的话), 称为平凡的临界指标族.

当 $m = 1$ 时, HC 要求 $|S_1| \geqslant 1$, 从而可从 S_1 中选出一个代表 x_1, 集族 S_1 存在相异代表系, 即 HC 的充分性成立.

当 $m \geqslant 2$ 时, 假设充分性结论对 $< m$ 成立, 则对 m, 设 $S_1, S_2, \cdots, S_m$ 满足 HC, 往证存在相异代表系. 对 $S_1, S_2, \cdots, S_m$ 是否存在非平凡的临界指标族, 分下面两种情形考虑:

情形 1　$S_1, S_2, \cdots, S_m$ 不存在非平凡的临界指标族. 由 HC 知, S_m 不可能是空集. 取 S_m 中的一个元素 x_m. 对 $1 \leqslant j \leqslant m-1$, 定义 $S'_j = S_j \setminus \{x_m\}$. 注意到 $S_1, S_2, \cdots, S_m$ 的任何子族 $\{S_j \mid j \in J\}$ 是满

足 HC 的. 进一步, 对 $[m-1]$ 的任意非空子集 J, 有

$$|S'(J)| \geqslant |S(J)| - 1$$
$$\geqslant |J| + 1 - 1 \quad (J \subseteq [m-1] \text{ 不临界})$$
$$\geqslant |J|.$$

从而集族 $S_1', S_2', \cdots, S_{m-1}'$ 满足 HC. 由归纳假设知, $S_1', S_2', \cdots, S_{m-1}'$ 有相异代表系, 不妨设为 $(x_1, x_2, \cdots, x_{m-1})$. 由于

$$x_i \in S_i' \subseteq S_i, \quad 1 \leqslant i \leqslant m-1,$$
$$x_m \in S_m \quad (\text{注意 } x_m \notin \{x_1, x_2, \cdots, x_{m-1}\}),$$

故 $(x_1, x_2, \cdots, x_{m-1}, x_m)$ 就是集族 $S_1, S_2, \cdots, S_m$ 的相异代表系.

情形 2 $S_1, S_2, \cdots, S_m$ 存在非平凡的临界指标族 $J \subseteq [m]$. 由于 $|J| < m$, 并且易由 $S_1, S_2, \cdots, S_m$ 满足 HC 知 $\{S_j \mid j \in J\}$ 也满足 HC, 从而利用归纳假设知, $\{S_j \mid j \in J\}$ 有相异代表系 $(x_j \mid j \in J)$. 对 $i \notin J$, 令 $S_i^* = S_i \backslash S(J)$. 由于对任意与 J 不交的指标族 K, 都有

$$|S^*(K)| = |S(J \cup K) \backslash S(J)| = |S(J \cup K)| - |S(J)|$$
$$= |S(J \cup K)| - |J| \quad (J \text{ 是临界的})$$
$$\geqslant |J \cup K| - |J|$$
$$= |K|,$$

故 $\{S_i^* \mid i \notin J\}$ 满足 HC. 由归纳假设知, 可设 $\{S_i^* \mid i \notin J\}$ 的一个相异代表系是 $(x_i \mid i \notin J)$, 那么它当然也是 $\{S_i \mid i \notin J\}$ 的一个相异代表系. 由 S_i^* 的定义知 $x_i \notin S(J)$ ($\forall i \notin J$), 从而 $(x_i \mid i \in [m])$ 是 $S_1, S_2, \cdots, S_m$ 的一个相异代表系. □

定义 6.3.4 每行每列都恰好有一个 1 的 $(0,1)$-矩阵称为**置换矩阵**.

定理 6.3.5 (König, 1916) 设 $l \geqslant 1$. 若矩阵 $\boldsymbol{A} = (a_{ij})_{n \times n}$ 满足 a_{ij} 为非负整数且其每行每列元素之和都为 l, 则 $\boldsymbol{A}$ 可以写成 l 个置换矩阵之和.

证明 令 $S_i = \{j \mid a_{ij} > 0\}$, $i \in [n]$. 取 $[n]$ 的任意子集 $K = \{i_1, i_2, \cdots, i_k\}$. 因 A 的每行元素之和为 l, 故在 $\{i_1, i_2, \cdots, i_k\}$ 这些行上的元素总和为 kl. 因 A 的每列元素之和也为 l, 故当限制在 $\{i_1, i_2, \cdots, i_k\}$ 这些行上, 每列 (变短了的) 上的元素之和不超过 l. 由鸽笼原理知, 总和为 kl 的 A 在 $\{i_1, i_2, \cdots, i_k\}$ 这些行上的非零元素分布在至少 k 列上, 此即 HC:

$$|S(K)| = \left|\bigcup_{j=1}^{k} S_{i_j}\right| \geqslant k = |K|, \quad \forall K \subseteq [n].$$

所以存在 $S_1, S_2, \cdots, S_n$ 的一个 SDR $(j_i \mid i \in [n])$. 注意由 S_i 的定义有 $a_{ij_i} > 0$ $(i \in [n])$, 且 j_i 互不相等, 即 $\{a_{ij_i} \mid i \in [n]\}$ 分布在 n 行 n 列上.

令 $A = A^{(0)}$, $A^{(1)} = A^{(0)} - (r_{ij}^{(1)})_{n \times n}$, 这里 $r_{ij}^{(1)} = \delta(i, j_i)$, 则 $(r_{ij}^{(1)})_{n \times n}$ 为一置换矩阵, 并且 $A^{(1)} = (a_{ij}^{(1)})_{n \times n}$ 满足 $a_{ij}^{(1)}$ 是非负整数, $A^{(1)}$ 的每行每列元素之和都为 $l - 1$. 递归地, 若 $1 \leqslant k \leqslant l - 1$, 对 $A^{(k)}$ 继续用上面的方法得到每行每列元素之和都为 $l - 1 - k$ 的 $A^{(k+1)}$ 及置换矩阵 $(r_{ij}^{(k+1)})_{n \times n}$, 使得

$$A^{(k+1)} = A^{(k)} - (r_{ij}^{(k+1)})_{n \times n}.$$

最后 $A^{(l)} = 0$, 从而

$$A = A^{(0)} = \sum_{k=0}^{l-1} A^{(k)} - A^{(k+1)} + A^{(l)}$$

$$= \sum_{k=0}^{l-1} (r_{ij}^{(k+1)})_{n \times n}. \qquad \square$$

定理 6.3.6 设 A 为一个 $(0,1)$-矩阵, 则包含 A 中所有元素 1 的线 (行或列) 的条数的最小值 m (称为元素 1 的**覆盖数**) 等于 A 中两两不在一条线上的 1 的个数的最大值 M (称为元素 1 的**匹配数**).

以上定理中提到的包含 A 中所有元素 1 的那些线称为一个**覆盖**, 两两不在一条线上的 1 的集合称为**匹配**. 该定理讲的是最小覆盖和最

大匹配恰好为相同大小的数.

证明 显然 $m \geqslant M$.

下面设这个最小的覆盖中含有 r 行, s 列, $r+s=m$. 我们构造一个含有 m 个 1 的匹配. 不妨设是前 r 行, 前 s 列. 对于 $1 \leqslant i \leqslant r$, 定义 A_i 为 $A_i = \{j \mid a_{ij} = 1, j > s\}$. 如果这些 A_i 中的某 k 个之并中少于 k 个元素, 则可用这些列 ($\leqslant k-1$ 列) 来代替对应的这 k 行, 仍然包含了所有的 1. 这与最小覆盖矛盾. 所以 $A_1, A_2, \cdots, A_r$ 满足 HC, 从而存在它们的一个 SDR. 这表示有 r 个 1, 任何两个都不共线, 这些 1 在前 r 行但不在前 s 列上. 类似地, 存在 s 个 1, 任何两个都不共线, 它们在前 s 列但不在前 r 行上. 因此 $M \geqslant r+s-m$.

综合上述, 知 $m = M$. □

习 题 六

1. 设 A 是从数列 $1, 4, 7, \cdots, 100$ 中任取 19 个数组成的集合, 证明: A 中一定有两个不同的元素其和为 104.

2. 设有 mn 个实数排成一个 m 行 n 列的阵列 $\{a_{ij}\}_{m \times n}$, 使得每一行上的 n 个数从左到右都按递增的顺序排列, 即对任意 $1 \leqslant i \leqslant m$, 当 $j_1 < j_2$ 时, 有 $a_{ij_1} \leqslant a_{ij_2}$. 现把每列上的 m 个数从上到下都按递增的顺序重排得到阵列 $\{a'_{ij}\}_{m \times n}$, 即对任意 $1 \leqslant j \leqslant n$, 当 $i_1 < i_2$ 时, 有 $a'_{i_1 j} \leqslant a'_{i_2 j}$. 证明: 新的阵列 $\{a'_{ij}\}_{m \times n}$ 每一行上的 n 个数从左到右还是按递增的顺序排列.

3. 设 $A_1, A_2, \cdots, A_{100}$ 为有限集 S 的子集, 且 $|A_i| > \dfrac{2|S|}{3}$, 证明: 存在 $x \in S$, 使得 x 在至少 67 个 A_i 中出现. 再说明 67 这个下界是紧的 (一般意义下的最佳结果).

4. 设 S 为 $\{1, 2, \cdots, 2n\}$ 的一个子集, 且 $|S| > n$, 证明:
   (a) 存在 $x, y \in S$, 使得 x, y 互素;
   (b) 存在 $x, y \in S$, 使得 $x \mid y$.

5. 证明: $\mathbb{R}$ 中任意 $n^2 + 1$ 个不同点中一定有 $n+1$ 个点 (x_1, y_1), $(x_2, y_2), \cdots, (x_{n+1}, y_{n+1})$, 使得或者 $x_1 \leqslant x_2 \leqslant \cdots \leqslant x_{n+1}$ 且 $y_1 \geqslant y_2$

$\geqslant \cdots \geqslant y_{n+1}$, 或者 $x_1 \leqslant x_2 \leqslant \cdots \leqslant x_{n+1}$ 且 $y_1 \leqslant y_2 \leqslant \cdots \leqslant y_{n+1}$.

6. 设 $a_1 < a_2 < \cdots < a_{mn+1}$ 为 $mn+1$ 个正整数, 证明: 其中或者存在 $m+1$ 个整数, 使得任两个之间都无整除关系, 或者存在 $n+1$ 个整数, 使得每一个都整除它后面的一个.

7. 设 $\mathcal{A} = \{A_1, A_2, \cdots, A_m\}$ 为 $\{1, 2, \cdots, t\}$ 的互异子集组成的集合, 且 $A_i \cap A_j \neq \varnothing$ $(1 \leqslant i, j \leqslant m)$, 证明 $m \leqslant 2^{t-1}$, 并给出一个等式成立的例子.

8. 设集合 A 由 2012 个不超过 10^6 的正整数组成, 证明: 一定存在两个 A 的不相交的子集, 它们中元素的和相等.

9. 给出一个由 $\{a, b, c\}$ 的某 3 个子集组成的集族的例子, 使其恰有 3 个相异代表系 (即不多不少恰有 3 个 SDR, 这里每个 SDR 应由 3 个元素组成).

10. 集合 [7] 的子集族 ($\{1,2,3\}, \{1,4,5\}, \{1,6,7\}, \{2,4,6\}, \{2,5,7\}, \{3,4,7\}, \{3,5,6\}$) 有多少个 SDR?

11. 某年某月某日, 50 位男生与 50 位女生参加光棍节联谊舞会. 细心的人发现: 对其中任意一群女生, 至少认识其中一位女生的男生的人数必定不少于这群女生的人数. 证明: 对称地, 对其中任意一群男生, 至少认识其中一位男生的女生的人数必定不少于这群男生的人数 (从而当一曲响起, 可以有适当的安排, 使得每位男生都邀请到他所认识的女生结伴起舞).

12. 设 $(A_1, A_2, \cdots, A_n)$ 为 $\{1, 2, \cdots, n\}$ 的一个子集族, 且这个子集族的关联矩阵

$$M = (m_{ij}), \quad m_{ij} = \begin{cases} 1, & i \in A_j, \\ 0, & i \notin A_j \end{cases}$$

可逆, 证明: $(A_1, A_2, \cdots, A_n)$ 必有 SDR.

13. 证明: $R(3,4) = 9$.

14. 若非负实矩阵 Q 的每行每列之和均为 1, 则称 Q 为**双随机矩阵**. 证明: 每个双随机矩阵都是方阵且可以表示为若干置换矩阵的凸

线性组合, 即 Q 可以写成

$$Q = \sum_{i=1}^{k} \lambda_i P_i,$$

其中 P_i 是置换矩阵, $0 < \lambda_i \leqslant 1$ $(1 \leqslant i \leqslant k)$, 且 $\sum_{i=1}^{k} \lambda_i = 1$.

第七章 图论简介

即便是图论之外专门的组合数学, 其考察对象也往往就是某种图, 因此需要对图论中的术语和结构有基本的了解. 然而图论是一个广阔的领域, 本章只是对其基本概念、思想和技巧做一简单介绍, 主要着眼于最经典和最重要的部分.

§7.1 一些基本概念

定义 7.1.1 图是一个二元组, 通常记做 $G = (V, E)$, 其中 V 是顶点的集合, 也称为**点集**, E 是 V 所有 2-子集 (无序对, 元素可重复) 所组成集合的一个子集, 称为**边集**.

当需要特别指明考虑的是图 G 的点集与边集时, 应分别使用 $V(G)$ 与 $E(G)$, 否则可省略为 V 和 E, 如前所述.

定义 7.1.2 图 G 中, 组成边 e 这个 2-子集中的顶点称为 e 的**端点**. 若边 e 的两个端点相同, 则称 e 为**环**. 若边 e_1 和 e_2 具有完全相同的端点, 则称其为**重边**. 若 G 既无环, 也无重边, 则称 G 为**简单图**.

例 7.1.3 以 $[n]$ 为点集的简单图共有 $2^{\binom{n}{2}}$ 个.

除非特别说明, 以下考察的均为简单图.

定义 7.1.4 图 $G = (V, E)$ 中, 边集确定了点集的一个二元关系. 用 $uv \in E$, $(u,v) \in E$ 或 $u \sim v$ 表示顶点 u, v 之间有一条边, 这里 u 和 v 就是这条边的端点, 并说它们**相邻**, 顶点 u, v 与这条边**关联**. 若边 e, f 有一端点相同, 则称 e, f **相邻**.

定义 7.1.5 图 $G = (V, E)$ 中, 顶点 v 的**邻集** $N(v)$ 定义为

$$N(v) = \{u \in V \mid u \sim v\}.$$

与 v 相邻的顶点称为 v 的**邻居**. 对 $V' \subseteq V$, V' 的邻集为

$$N(V') = \{u \in V \mid 存在 v \in V', 使得 u \sim v\} = \bigcup_{v \in V'} N(v).$$

定义 7.1.6 图 $G = (V, E)$ 中, 顶点 v 的**度** $d(v)$ 是与 v 关联的边数 (环计两次). 图 G 中顶点的最大度记为 $\Delta(G)$, 最小度记为 $\delta(G)$. $\Delta(G)$ 与 $\delta(G)$ 相等 (即每个顶点的度都相等) 的图称为**正则图**.

定义 7.1.7 图 $G = (V, E)$ 的**补图**为 $\overline{G} := (V, \overline{E})$, 其中

$$\overline{E} = \binom{V}{2} \setminus E.$$

定义 7.1.8 若图 $G = (V, E)$ 有 n 个顶点, 则称 G 为 n **阶图**. 任意两顶点均相邻的简单图称为**完全图**, n 阶完全图记为 K_n.

命题 7.1.9 对任意图 $G = (V, E)$, $\sum_{v \in V} d(v)$ 必为偶数.

证明 易见

$$\sum_{v \in V} d(v) = 2|E|,$$

从而命题成立. $\square$

推论 7.1.10 在任何图中, 奇度顶点的个数总为偶数.

定义 7.1.11 对于图 $G' = (V', E')$ 和 $G = (V, E)$, 若 $V' \subseteq V$ 且 $E' \subseteq E$, 则称 G' 是 G 的**子图**, 记为 $G' \subseteq G$. 若其中 $V' = V$, 则称子图 G' 是图 G 的**生成子图**. 称子图 G' 是 G 的**导出子图**, 如果对任意 $u, v \in V'$, 只要 $uv \in E$, 就有 $uv \in E'$. 此时 G' 也记为 $G[V']$, 且以 $G' \triangleleft G$ 标记 G' 是 G 的导出子图.

定义 7.1.12 图 G 中, 一个从顶点到顶点、点边交替出现且相邻的点和边关联的序列称为**途径**. 起点和终点相同的途径称为**闭途径**. 边不重的途径称为**迹**. 起点和终点相同的迹称为**闭迹**. 顶点不重复的迹称为**路**. 起点和终点相同的路称为**圈**.

例 7.1.13 令 $G = K_5$, 则在 G 的子图中, C_5 是生成子图, K_4 是导出子图, $K_4 \triangleleft K_5$, C_4 既非生成子图亦非导出子图, 其中 C_i ($1 \leqslant i \leqslant 5$) 为含 i 个顶点的圈.

定义 7.1.14 图 G 中, 途径 (闭途径)、迹 (闭迹)、路 (圈) 所含边数称为其**长度**.

注 7.1.15 在简单图中, 因两个顶点之间最多有一条边, 从而在表示途径 (闭途径)、迹 (闭迹)、路 (圈) 时, 可将边省略. 例如, 设 G 是简单图, $v_1, v_2, v_3 \in V$, $e_{v_1v_2} = (v_1, v_2) \in E$, $e_{v_2v_3} = (v_2, v_3) \in E$, 则 $v_1 e_{v_1v_2} v_2 e_{v_2v_3} v_3$ 和 $v_1 v_2 v_3$ 均表示同一条从 v_1 经过 v_2 到 v_3 的路.

定义 7.1.16 简单图 G 中, 长度为奇数和偶数的圈分别称为**奇圈**和**偶圈**. 对于 $u, v \in V$, 从 u 到 v 的具有最小长度的路称为 u 到 v 的**最短路**, 其长度称为 u 到 v 的**距离**, 记为 $d_G(u,v)$ 或 $d(u,v)$. 图 G 的**围长**是 G 中最短圈的长度. 定义图 G 的**直径**为

$$D(G) := \max\{d(u,v) \mid u,v \in G\}.$$

定理 7.1.17 设 G 是一个简单图. 若 $\delta(G) \geqslant 2$, 则 G 中必含有圈.

证明 取 G 的一条最长路 $\Pi = v_0 v_1 \cdots v_n$ ($n \geqslant 1$). 由 $d(v_0) \geqslant 2$ 知, 存在 $u \sim v_0$. 由 Π 最长知, $u \in \Pi$ 且 $u \neq v_1$, 从而可设 $u = v_m$ ($1 < m \leqslant n$), 这样 $v_0 v_1 \cdots v_m v_0$ 便构成了一个圈. $\square$

下面介绍几个非常重要的记号. 设 $G = (V, E)$ 为简单图, $v \in V$, 用 $G - v$ 表示从 G 中去掉 v 以及所有与 v 关联的边后得到的图, 有时也用 $G \setminus v$ 表示. 对 $e \in E$, 用 $G - e$ 表示从 G 中去掉 e 之后得到的图; 用 $G \setminus e$ 表示去掉 e, 再把 e 的两个端点 v_1, v_2 合二为一 (称为

收缩边 e) 得到的简单图, 即 $V(G \setminus e) = (V(G) \setminus \{v_1, v_2\}) \cup \{v\}$, 且对任意 $u \in V(G) \setminus \{v_1, v_2\}$, $v \sim u$ 当且仅当 $v_1 \sim u$ 或 $v_2 \sim u$. 对 $e \notin E$ (但 e 的两个端点 u, v 属于 V), 用 $G + e$ 表示在 G 中加入 e 这条边后得到的图 (有时也用 $G + (u, v)$ 表示).

定义 7.1.18 若图 G 中任两顶点 u, v 之间都有路相通, 则称 G 为**连通图**.

定义 7.1.19 若图 G 的顶点集 V 可划分为若干非空子集, 使得两顶点属于同一子集当且仅当 G 中有路连接它们, 则称每个子顶点集导出的子图为图 G 的一个**连通分支**.

注 7.1.20 图 G 的连通分支是 G 的一个极大连通子图 ("极大"表示再加入一点则无法保持连通性). 图 G 连通当且仅当其只有一个连通分支.

例 7.1.21 设有 $2n$ 个电话交换台, 每个电话交换台至少与其他 n 个电话交换台有直通线路, 证明: 该交换系统中任两电话交换台均可实现通话.

证明 构造图 $G = (V, E)$, 以电话交换台作为顶点, 两顶点之间连边当且仅当对应的两电话交换台之间有直通线路. 问题转化为: 已知图 G 有 $2n$ 个顶点, 且对任意 $v \in V$, 有 $d(v) \geqslant n$, 求证 G 连通. 事实上, 假如 G 不连通, 则 G 至少有两个连通分支, 则至少有一个连通分支的顶点数不超过 n. 在此连通分支中, 任何顶点的度至多只可能是 $n - 1$, 矛盾, 从而原命题成立. □

例 7.1.22 证明: 若图 G 中只有两个奇度顶点, 则它们必在同一连通分支里.

证明 若不然, 则必有 G 的某个连通分支恰含一个奇度顶点. 这与推论 7.1.10 矛盾, 从而原命题成立. □

定理 7.1.23 若图 $G = (V, E)$ 连通, 则 $|E| \geqslant |V| - 1$.

证明 对图 G 的阶数 $|V|$ 用归纳法. 当 $|V|=1$ 时,结论显然成立. 设 $n>1$, 且结论对 $|V|<n$ 成立, 则当 $G=(V,E)$ 连通且 $|V|=n\geqslant 2$ 时, 任取 $u\in V$, 考虑 $H=G-u$. 设 H 有 k 个连通分支 $H_1,\cdots,H_k$. 由归纳假设有 $|E(H_i)|\geqslant |V(H_i)|-1, i\in [k]$. 注意到 G 连通, 故 u 与每个 H_i $(1\leqslant i\leqslant k)$ 均有边相连, 所以

$$|E(G)|\geqslant \sum_{i=1}^k (|E(H_i)|+1)\geqslant \sum_{i=1}^k |V(H_i)|=|V(G)|-1,$$

即结论对 n 阶图成立. 由归纳法原理知, 结论对一切连通图均成立. □

定义 7.1.24 若图 G 的顶点集可划分为两个非空子集 X 和 Y, 使得任一条边都有一个端点在 X 中, 另一个端点在 Y 中, 则称 G 为**二部图**, 记做 $G=X\triangle Y$, 也称 X 和 Y 为 G 的一个**二部划分**. 在二部图 $G=X\triangle Y$ 中, 若 X 的每个顶点与 Y 的每个顶点都相邻, 则称 G 为**完全二部图**. 这时若 $|X|=m, |Y|=n$, 则记此完全二部图为 $K_{m,n}$. 特别地, 完全二部图 $K_{1,n}$ 称为**星图**.

定理 7.1.25 (König, 1936) 图 $G=(V,E)$ 是二部图当且仅当其不含奇圈.

证明 不妨设 G 是连通图. 易知二部图只可能有偶圈, 故含有奇圈必非二部图, 必要性显然.

反之, 若连通图 $G=(V,E)$ 不含奇圈, 选定 $u\in V$, 令

$$X=\{v\mid d(u,v)=\text{偶数}\},\quad Y=\{v\mid d(u,v)=\text{奇数}\}.$$

由 G 连通知 X, Y 构成 V 的一个划分, 且若 X 中有两个顶点相邻, 无妨设为 v 和 w, 则存在一条从 v 到 w 的途经 u 的途径, 长度为偶数. 注意到 v,w 相邻, 则 G 中存在一条长度为奇数的闭途径, 从而必存在一条奇圈 (见本章习题 2), 矛盾! 所以 X 中任意两个顶点不相邻. 同理可证 Y 中任意两个顶点不相邻, 从而 $G=(V,E)$ 是二部图. 充分性证毕. □

定义 7.1.26 设 G 和 H 都是简单图. 一个从 G 到 H 的**同构**是一个双射 $f: V(G) \to V(H)$, 使得对 $\forall u, v \in V(G)$, $uv \in E(G)$ 当且仅当 $f(u)f(v) \in E(H)$.

定义 7.1.27 图 G 的**自同构**是一个从 G 到 G 的同构. G 的所有自同构在映射乘法下构成一个群, 称为 G 的**全自同构群**, 记做 $\mathrm{Aut}(G)$. G 称为**顶点传递**的, 若对任意 $u, v \in V(G)$, 存在 G 的一个自同构把 u 映到 v.

可以证明, 同构关系是一种等价关系. 通常情况下, 对同构的图不加以区分, 针对某一图的证明对属于同一等价类的图也都是成立的.

定义 7.1.28 给图 $G = (V, E)$ 的顶点与边标号:

$$V = \{v_1, v_2, \cdots, v_n\}, \quad E = \{e_1, e_2, \cdots, e_m\}.$$

G 的**关联矩阵**定义为

$$M(G) = (m_{ij})_{n \times m},$$

其中 $m_{ij} = 1$ 当且仅当顶点 v_i 与边 e_j 关联, 否则 $m_{ij} = 0$. G 的**邻接矩阵**定义为

$$A(G) = (a_{ij})_{n \times n},$$

其中 $a_{ij} = 1$ 当且仅当顶点 v_i 与顶点 v_j 相邻, 否则 $a_{ij} = 0$.

对简单图 G, 显然有

$$\sum_{j=1}^{m} m_{ij} = d(v_i),\ i \in [n], \quad \sum_{i=1}^{n} m_{ij} = 2,\ j \in [m]$$

和

$$a_{ij} = a_{ji},\ i,j \in [n], \quad \sum_{j=1}^{n} a_{ij} = d(v_i),\ i \in [n].$$

关联矩阵和邻接矩阵都是图的表示, 其中任何一个都在同构意义下决定了图. 通常情况下, 邻接矩阵比较 "小", 也更常用.

§7.2 树

定义 7.2.1 不含圈的连通图称为**树**. 更一般地, 不含圈的图称为**森林**.

定理 7.2.2 对简单图 $G = (V, E)$, 下列命题等价:

(1) G 是树;
(2) G 中任两顶点之间恰有一条路;
(3) G 中无圈, 且 $|E| = |V| - 1$;
(4) G 连通, 且 $|E| = |V| - 1$;
(5) G 连通, 且对任意 $e \in E$, $G - e$ 不连通;
(6) G 中无圈, 且对任意 $e \notin E$, $G + e$ 恰有一个圈.

证明 (1) $\Rightarrow$ (2): 设 G 是树. 由 G 连通知任两顶点之间存在路. 若有多于一条路, 则必有圈, 与 G 是树矛盾. 所以 G 中任两顶点之间恰有一条路.

(2) $\Rightarrow$ (3): 设 G 中任两顶点之间恰有一条路. 若 G 有圈, 则此圈上任两顶点之间有两条不同的路, 矛盾! 所以 G 中无圈. 下面归纳证明 $|E| = |V| - 1$. 当 $|V| = 1$ 时, $|E| = 0$, 结论成立. 设 $n > 1$, 且结论对 $|V| < n$ 成立. 当 $|V| = n \geqslant 2$ 时, 任取 $e = uv \in E$, 则 uev 是 u, v 之间的一条路, 此外再无连接 u, v 的路. 故 $G - e$ 有两个连通分支 G_1, G_2. 显然 G_1, G_2 的任两顶点之间也恰有一条路, 由归纳假设有

$$\begin{aligned}|E| &= 1 + |E(G_1)| + |E(G_2)| \\ &= 1 + |V(G_1)| - 1 + |V(G_2)| - 1 \\ &= |V| - 1.\end{aligned}$$

由归纳法原理知, 对一切这样的 G, 有 $|E| = |V| - 1$.

(3) $\Rightarrow$ (4): 设 G 中无圈, 且 $|E| = |V| - 1$. 只需证 G 连通. 若 G 不连通, 设其有 k 个连通分支 $G_1, G_2, \cdots, G_k$ ($k \geqslant 2$). 由 G 中无圈

知, 每个连通分支都是树. 前面已证明 (1) ⇒ (2) ⇒ (3), 故

$$|E| = \sum_{i=1}^{k} |E_i| = \sum_{i=1}^{k} (|V_i| - 1)$$
$$= |V| - k < |V| - 1,$$

矛盾! 所以 G 连通.

(4) ⇒ (5): 设 G 连通, 且 $|E| = |V| - 1$. 只需证对任意给定的 $e \in E$, $G - e$ 不连通. 由定理 7.1.23 知, 若 $G - e$ 连通, 则必有

$$|E(G - e)| \geqslant |V(G - e)| - 1 = |V(G)| - 1,$$

从而

$$|E| = |E(G - e)| + 1 \geqslant |V(G)| > |V(G)| - 1,$$

矛盾. 所以 $G - e$ 不连通.

(5) ⇒ (6): 设 G 连通, 且对任意 $e \in E$, $G - e$ 不连通. 若 G 中有圈, 则删去圈上任一边 e 仍旧连通, 矛盾. 故 G 中无圈. 又已知 G 连通, 故 G 是树. 前面已证明 (1) ⇒ (2), 即 G 中任两顶点之间恰有一条路. 对任意 $e \notin E$, 设 $e = uv$, 则 u, v 之间原有一条不经过 e 的路, 加上 e 构成一个圈. 另一方面, 若 $G + e$ 中有两个圈含有 e, 则 G 中必含有一个圈, 与 G 是树矛盾. 所以 $G + e$ 恰含一个圈.

(6) ⇒ (1): 设 G 无圈, 且对任意 $e \notin E$, $G + e$ 恰有一个圈. 只需证 G 连通. 任取 $u, v \in V$, 若 $e = uv \in E$, 则 u, v 之间有路; 否则 $e = uv \notin E$, $G + e$ 恰有一个圈, 从而除去 e 后 u, v 之间在 G 中仍有路相通. 故 G 连通. □

推论 7.2.3 每棵非平凡树 (顶点数大于 1 的树) 至少含有两个度数为 1 的顶点 (称为**叶子**).

证明 设 $T = (V, E)$ 是一棵非平凡树. 因 T 连通, 故对任意 $v \in V$, 有 $d(v) \geqslant 1$. 下面设 T 有 a 个度数为 1 的顶点, $|V| - a$ 个度数至少为

2 的顶点, 则

$$2|V| - 2 = 2(|V| - 1) = 2|E| = \sum_{v \in V} d(v)$$
$$\geqslant a + 2(|V| - a) = 2|V| - a,$$

从而 $a \geqslant 2$, 即 T 至少含两个度数为 1 的顶点. □

定义 7.2.4 设 T 是图 G 的一个生成子图. 若 T 是一棵树, 则称 T 为 G 的一棵**生成树**.

定理 7.2.5 每个连通图都有生成树.

证明 设 G 是连通图. 若 G 中无圈, 则 G 即为自身的一棵生成树; 否则, 去掉任意一条含在某个圈里的边, 得到的图仍为连通图. 对所得图进行同样的判断与操作, 如此进行下去, 每一步得到的结果仍是 G 的生成子图, 且保持连通性. 由于图的边数有限, 此过程必会终止, 此时得到的子图即为 G 的生成树. □

定理 7.2.6 (Cayley 定理) 以 $V = [n]$ 为顶点集的标记树 (即顶点视做不同, 此时两棵树即便同构也仍认为不同) 共有 n^{n-2} 棵.

证明 把以 $[n]$ 为顶点集的所有标记树组成的集合记为 $\mathcal{S}$. 下面构造一个 $\mathcal{S}$ 到 $[n]^{n-2}$ 的映射 φ. 给定 $T \in \mathcal{S}$, 令 $T_1 = T$. 对 $i = 1, 2, \cdots, n-1$, 令 $T_{i+1} = T_i - b_i$, 其中 b_i 表示 T_i 中标号最小的叶子, a_i 为与 b_i 相邻的 (唯一) 顶点. 易见 $a_{n-1} = n$. 令 $\varphi(T) = (a_1, a_2, \cdots, a_{n-2})$, 易见 $\varphi(T) \in [n]^{n-2}$. 由于 $|[n]^{n-2}| = n^{n-2}$, 故只需证 φ 是双射.

首先证明 φ 是单射. 对任意 $(a_1, a_2, \cdots, a_{n-2}) \in \varphi(\mathcal{S})$, 设

$$\varphi(T) = (a_1, a_2, \cdots, a_{n-2}).$$

T_i, b_i 的定义同前, 每个 T_i 都是顶点数大于 2 的树, 又易知 T 的每个顶点 v 在 $\varphi(T)$ 的分量中出现 $d(v) - 1$ 次, 故 a_i $(1 \leqslant i \leqslant n-2)$ 均非叶子. 由 φ 的定义过程知, 标号小于 n 的不是叶子的顶点, 必为

$T_1, T_2, \cdots, T_{n-2}$ 中某棵树的叶子，从而必属于集合 $\{a_1, a_2, \cdots, a_{n-2}\}$，即 $[n-1]\backslash\{a_1, a_2, \cdots, a_{n-2}\}$ 为所有标号小于 n 的叶子组成的集合. 由 b_1 的定义知
$$b_1 = \min\{[n]\backslash\{a_1, a_2, \cdots, a_{n-2}\}\}.$$
在已知 b_1 的情况下，用类似的方法归纳地得到
$$b_i = \min\{[n]\backslash(\{a_i, \cdots, a_{n-2}\} \cup \{b_1, \cdots, b_{i-1}\})\}, \quad 2 \leqslant i \leqslant n-1,$$
从而
$$T = ([n], \{(a_i, b_i) \mid i \in [n-2]\} \cup \{(b_{n-1}, n)\}),$$
即 T 是唯一确定的. 故 φ 是单射.

由上述论证过程易知 φ 也是满射，从而 φ 是双射，定理成立. □

注 7.2.7 Arthur Cayley (1821—1895) 是 19 世纪最伟大的数学家之一. 在当时的世界数学中心剑桥大学，Cayley 的职位是 "塞得林 (Sadleirian) 纯粹数学教授". 这项殊荣建立于 1701 年，其拥有者的使命是 "解释和传授纯粹数学中的原理并将其本人投入到该科学的推进中去". 1986 年至今的塞得林纯粹数学教授是澳籍数学家 John H. Coates, 正是他的学生 Sir Andrew John Wiles 攻克了费尔马大定理. Cayley 在 1889 年的一篇文章里提到了关于标记树的这一公式，遗憾的是却没有以合适的方式证明之，以致后来出现了许多种不同的证明. 这里采用的是德国数学家 E. P. Heinz Prüfer (1896—1934) 的证明，其中构造的双射 φ 称为 **Prüfer 码**.

下面给出这个定理的一个直接计算的证明. 用 $t_n(d_1, d_2, \cdots, d_n)$ 表示以 $V = [n]$ 为顶点集且顶点 i 的度为 d_i ($i \in [n]$) 的标记树个数. 显然，对每个 i，都有 $d_i \geqslant 1$，且 $d_1 + d_2 + \cdots + d_n = 2n - 2$. 容易验证 $t_n(d_1, d_2, \cdots, d_n)$ 与多项式系数 $\binom{n-2}{d_1-1, d_2-1, \cdots, d_n-1}$ 有相同的递推关系和初始值，所以对任意正整数 n，有
$$t_n(d_1, d_2, \cdots, d_n) = \binom{n-2}{d_1-1, d_2-1, \cdots, d_n-1}.$$

在等式

$$(x_1+x_2+\cdots+x_n)^{n-2} = \sum_{r_1+r_2+\cdots+r_n=n-2} \binom{n-2}{r_1,r_2,\cdots,r_n} x_1^{r_1}x_2^{r_2}\cdots x_n^{r_n}$$

中，令 $x_i=1$ 和 $r_i=d_i-1$ $(1\leqslant i\leqslant n)$，便得到以 $[n]$ 为顶点集的标记树个数为

$$\sum t_n(d_1,d_2,\cdots,d_n) = \sum \binom{n-2}{d_1-1,d_2-1,\cdots,d_n-1} = n^{n-2},$$

其中 $\sum$ 是对满足条件 $d_i\geqslant 1$ 且 $d_1+d_2+\cdots+d_n=2n-2$ 的 $d_1,d_2,\cdots,d_n$ 求和．

§7.3 欧拉图和 Hamilton 图

定义 7.3.1 *遍历图中每条边的迹称为* **欧拉迹**．*一个图若包含闭的欧拉迹，则称为* **欧拉图**．

定理 7.3.2 *一个连通图 $G=(V,E)$ 是欧拉图当且仅当其没有奇度数的顶点．*

证明 必要性 设 C 为 G 的闭欧拉迹，起点（和终点）为 u．沿 C 行走，每次顶点 v 作为 C 的内部顶点出现时，与 v 关联的边在 C 中占据 2 条．因为 C 包含了 G 的所有边，所以 $d(v)$ 为偶数．类似地，因为 C 开始于 u 也终止于 u，所以 $d(u)$ 也是偶数，从而 G 没有奇度数的顶点．

充分性 用反证法．设 G 为每个顶点度数都是偶数但不含有闭欧拉迹的边数最少的连通图，则有 $\delta(G)\geqslant 2$．由定理 7.1.17 知，G 有闭迹．设 C 为 G 中的一个最长闭迹．由假设知 $G-C$ 的一个连通分支 G' 中有边．又 C 上每个顶点在 C 中的度数为偶数，所以 G' 中每个顶点的度数仍为偶数．由 $|E(G')|<|E(G)|$ 及 G 的选取知，G' 有闭欧拉迹 C'．由于 G 连通，所以存在顶点 $v\in V(C)\cap V(C')$，从而 CC' 也是 G 的闭迹，其长度比 C 的长．这与 C 的选取矛盾，即充分性得证． □

推论 7.3.3　一个连通图 G 包含欧拉迹当且仅当其奇度数的顶点不超过 2 个.

证明　**必要性**　从 G 的一条欧拉迹起点 (若是闭欧拉迹, 则任选一点) 出发, 沿某一固定方向行走, 最终到达终点 (若是闭欧拉迹, 则回到起点). 同样对于这条欧拉迹的每个内部顶点, 与其关联的边在这条欧拉迹中有偶数条, 即除起点外每个顶点的度数均为偶数, 从而 G 的奇度数顶点不超过 2 个.

充分性　注意到 G 的奇度数顶点个数为偶数, 若不超过 2 个, 则或者 G 没有奇度数的顶点, 这时由上述定理知存在闭欧拉迹; 或者 G 的奇度数顶点恰为 2 个, 设为 u, v, 则 $G + (u, v)$ 是没有奇度数顶点的连通图, 从而存在一条闭欧拉迹, 此欧拉迹中去除边 (u, v), 即得到一条 G 中从 u 开始到 v 结束的欧拉迹 (证明中加入又去除的 (u, v) 可能是一条重边). □

定义 7.3.4　经过图中所有顶点的路称为 **Hamilton 路**; 闭的 Hamilton 路称为 **Hamilton 圈**. 包含 Hamilton 圈的图称为 **Hamilton 图**.

例 7.3.5　显然, 完全二部图 $K_{m,n}$ 是 Hamilton 图当且仅当

$$m = n.$$

与欧拉图的情况相反, 至今尚未有 **Hamilton 条件** (即图中存在 Hamilton 圈的条件) 成立的完美刻画. 这成为图论研究中最大难题之一. 下面给出几个简单的必要或充分条件.

定理 7.3.6　若图 $G = (V, E)$ 是 Hamilton 图, 则对 V 的任意非空子集 S, 图 $G - S$ 至多有 $|S|$ 个连通分支.

证明　考察 G 的某个 Hamilton 圈 C. 从 C 中每去掉一点, 至多使之增加一个连通分支, 且去掉第一个点时连通分支数为 1. 易见去掉任意 $|S|$ 个点后 Hamilton 圈 C 至多有 $|S|$ 个连通分支, 又 $C - S$ 为 $G - S$ 的生成子图, 从而图 $G - S$ 也至多有 $|S|$ 个连通分支. □

定理 7.3.7 (Dirac, 1952) 对至少有 3 个顶点的简单图 $G = (V, E)$，若 $\delta(G) \geqslant |V|/2$，则 G 是 Hamilton 图.

证明 用反证法. 假设命题不成立. 设 $G = (V, E)$ 是所有满足 $|V| = n \geqslant 3$ 且 $\delta(G) \geqslant |V|/2$ 的简单图中一个极大的非 Hamilton 图（此处"极大"的含义是任意增添一条边，得到的即是 Hamilton 图）. 根据假设, 这种极大的非 Hamilton 图 G 是存在的. 注意到 K_n 是 Hamilton 图, 故 $G \neq K_n$. 由此可取到 $u, v \in V$, 使得 $(u, v) \notin E$. 因 G 是极大的非 Hamilton 图, 故 $G + (u, v)$ 有 Hamilton 圈, 从而 G 有分别以 u, v 为起点和终点的 Hamilton 路 $v_1 v_2 \cdots v_n$, 其中 $u = v_1, v = v_n$. 考虑指标集
$$S = \{i \in [n-1] \mid (u, v_{i+1}) \in E\}$$
和
$$T = \{i \in [n-1] \mid (v, v_i) \in E\},$$
则有 $S \cap T \neq \emptyset$. 事实上, $S \cup T \subset [n-1]$, 故 $|S \cup T| \leqslant n - 1$. 又实际上 T 就是 v 的邻集 $N(v)$ 的指标集（注意 $v \sim v_n = v$），S 则相当于 u 的邻集 $N(u)$ 的指标集做了一次平移 ($u \sim v_1 = u$, 指标都减少 1). 因此 $|S \cap T| = |S| + |T| - |S \cup T| = d(u) + d(v) - |S \cup T| \geqslant 1$. 取 $j \in S \cap T$, 则有 $(u, v_{j+1}) \in E$ 及 $(v, v_j) \in E$. 现在, $v_1 v_2 \cdots v_j v_n v_{n-1} \cdots v_{j+1} v_1$ 就是 G 中的一个 Hamilton 圈, 与 G 是非 Hamilton 图矛盾！所以假设不成立, 原命题证毕. □

注 7.3.8 定理 7.3.7 中"至少有 3 个顶点"是必要的. 如 $G = K_2$ 满足定理中的其他条件, 但并非 Hamilton 图.

用与定理 7.3.7 的证明完全类似的方法, 可证明下述结论:

定理 7.3.9 (Ore, 1960) 对简单图 $G = (V, E)$, 设 $|V| = n \geqslant 3$. 若对任意不相邻的 $u, v \in V$, 有 $d(u) + d(v) \geqslant n$, 则 G 是 Hamilton 图.

证明 注意到前述定理的证明中, 证明 $S \cap T \neq \emptyset$ 实际只用到了 $d(u) + d(v) \geqslant n$, 从而完全套用上述证明过程即可证明本定理. □

例 7.3.10 定义 n 方体图 $Q_n = (V, E)$ 如下:

$$V = \{0,1\}^n = \{(v_1, v_2, \cdots, v_n) \mid v_i = 0 \text{ 或 } 1, 1 \leqslant i \leqslant n\},$$

而两个顶点 $\boldsymbol{u} = (u_1, u_2, \cdots, u_n)$ 与 $\boldsymbol{v} = (v_1, v_2, \cdots, v_n)$ 相邻当且仅当这两个向量恰有 1 个分量不同. 易见, 当 $n \geqslant 3$ 时, Q_n 并不满足定理 7.3.7 或定理 7.3.9 的条件 (因为 $|V(Q_n)| = 2^n$), 然而对任意 $\boldsymbol{v} \in V$, 有

$$d(\boldsymbol{v}) = n < 2^n/2.$$

但另一方面, 当 $n \geqslant 2$ 时, Q_n 却是 Hamilton 图. 事实上, 若 Q_{n-1} 有 Hamilton 圈

$$\boldsymbol{v}^{(1)} \boldsymbol{v}^{(2)} \cdots \boldsymbol{v}^{(2^{n-1})} \boldsymbol{v}^{(1)},$$

则归纳地, Q_n 也有 Hamilton 圈

$$\boldsymbol{v}^{(1)}0 \; \boldsymbol{v}^{(2)}0 \; \cdots \boldsymbol{v}^{(2^{n-1})}0 \; \boldsymbol{v}^{(2^{n-1})}1 \; \cdots \boldsymbol{v}^{(2)}1 \; \boldsymbol{v}^{(1)}1 \; \boldsymbol{v}^{(1)}0,$$

其中 $\boldsymbol{v}^{(k)}j$ 表示 Q_n 中的顶点, 其前 $n-1$ 个分量为 $\boldsymbol{v}^{(k)}$, 第 n 个分量为 j. 又显然 $Q_2 = C_4$ 为 Hamilton 图.

§7.4 染 色 理 论

定义 7.4.1 图 $G = (V, E)$ 的 **(顶点) 着色**即对每个 $v \in V$ 指定一种颜色. **真着色**是使得相邻的顶点有不同颜色的一种着色. 对 G 的一个着色 C (同时以 C 表示颜色集), 它对应 V 的一个划分 $V = \bigcup\limits_{i=1}^{|C|} V_i$, 其中 $V_i \; (1 \leqslant i \leqslant |C|)$ 是染为第 i 种颜色的顶点集.

定义 7.4.2 图 G 的**色数**是对其做真着色时所需最少颜色数, 记做 $\chi(G)$.

例 7.4.3 对任意 $n, m \in \mathbb{Z}^+$,有

$$\chi(C_n) = \begin{cases} 2, & n \text{ 是偶数}, \\ 3, & n \text{ 是奇数}, \end{cases}$$

$$\chi(K_{m,n}) = 2.$$

事实 7.4.4 对任意 n 阶图 G,有

$$1 \leqslant \chi(G) \leqslant n,$$

其中 $\chi(G) = n$ 当且仅当 $G = K_n$, $\chi(G) = 1$ 当且仅当 $G = \overline{K_n}$. 此外,$\chi(G) = 2$ 当且仅当 G 是二部图.

$\overline{K_n}$ 也称为**零图**. 若 $H \triangleleft G$ 是零图 (即 H 中的顶点都互不邻接),则称 H 的顶点集 $V(H)$ 为 G 的一个**独立集**.

定义 7.4.5 图 G 的顶点集 $V(G)$ 包含的独立子集的最大基数 (即 G 的最大零导出子图的阶) 称为 G 的**独立数**,记为 $\alpha(G)$. G 的具有 $\alpha(G)$ 个顶点的独立集称为 G 的**最大独立集**.

一个真着色将 $V(G)$ 划分成一些独立集的不交并.

例 7.4.6 对任意 $n, m \in \mathbb{Z}^+$,有

$$\alpha(K_{m,n}) = \max\{m, n\}, \quad \alpha(K_n) = 1.$$

定理 7.4.7 对任意 n 阶图 G,有

$$\chi(G) \geqslant \frac{n}{\alpha(G)}.$$

证明 令 $\chi(G) = k$,并设被真着色为颜色 $1, 2, \cdots, k$ 的顶点集依次为 $V_1, V_2, \cdots, V_k$,则 $\sum_{i=1}^{k} |V_i| = n$. 注意到每个 V_i 都是独立集,故 $|V_i| \leqslant \alpha(G)$,从而

$$\sum_{i=1}^{k} \alpha(G) \geqslant n, \quad \text{即} \quad k \geqslant \frac{n}{\alpha(G)}. \qquad \square$$

定义 7.4.8 图 G 包含的最大完全子图的阶数定义为 G 的**团数**，记为 $\omega(G)$.

事实 7.4.9 对任意 n 阶图 G 及其子图 H，有

$$\chi(H) \leqslant \chi(G).$$

特别地，若 K_p 是 G 的子图，则 $\chi(G) \geqslant p$，从而 $\chi(G) \geqslant \omega(G)$.

性质 7.4.10 对任意图 $G = (V, E)$，有

$$\chi(G) \leqslant \Delta(G) + 1.$$

证明 (贪心着色) 设 G 是 n 阶图，给定颜色 $1, 2, \cdots, \Delta(G) + 1$，对 $V = \{v_1, v_2, \cdots, v_n\}$ 依次着色，其中 v_i ($2 \leqslant i \leqslant n$) 的颜色是尚未被 $v_1, \cdots, v_{i-1}$ 中与 v_i 相邻的那些顶点用过的标号最小的颜色. 这便是一个可实现的真着色，从而 $\chi(G) \leqslant \Delta(G) + 1$. □

例 7.4.11 对任意 $n \in \mathbb{Z}^+$，有

$$\chi(K_n) = n = \Delta(K_n) + 1.$$

对任意大于 1 的奇数 n，有

$$\chi(C_n) = 3 = \Delta(C_n) + 1.$$

定理 7.4.12 (Brooks 定理) 设 G 为连通图. 若 G 既不是完全图 K_n，也不是奇圈 C_n，则有

$$\chi(G) \leqslant \Delta(G).$$

证明过程涉及一些不在此书范围的概念，故从略. 感兴趣的读者可参见文献 [77, p.197, p.198]. 证明思路是让顶点按适当的顺序排成一排，使得对每个顶点，排在其前并与之相邻的顶点数小于 $\Delta(G)$.

Brooks 定理有一个局限性：如果个别顶点度数过高而实际对色数没有多大影响的时候，利用其估计色数就显得粗糙了. 例如，对 $G = $

$K_{1,n}$ (即 $n+1$ 个顶点的星图), 有 $\chi(G) = 2$, 远小于 $n = \Delta(G)$ (当 n 较大时). 解决此问题的一个办法是 Szekeres-Wilf 定理.

为了证明 Szekeres-Wilf 定理, 先证明一个引理.

引理 7.4.13 设 H 是色数为 k 的极小图 (即 H 的色数是 k, 但 H 的任意真子图的色数都严格小于 k, 简称图 H 的这种性质为 k-**临界**), 则必有
$$\delta(H) \geqslant k - 1.$$

证明 任取 H 的顶点 u. 因 H 为 k-临界的, 故
$$\chi(H - u) \leqslant k - 1.$$
若 $d(u) \leqslant k - 2$, 则可以将 H 也 $(k-1)$-真着色, 矛盾. 故
$$d(u) \geqslant k - 1.$$
由 u 的任意性知
$$\delta(H) \geqslant k - 1. \qquad \square$$

定理 7.4.14 (Szekeres-Wilf 定理)
$$\chi(G) \leqslant 1 + \max\{\delta(H) \mid H \subseteq G\}.$$

证明 设 $\chi(G) = k$. 取 G 的一个 k-临界的子图 H_1 (显然可做到), 由前述引理有 $\delta(H_1) \geqslant k - 1$, 因此
$$\chi(G) = k = \chi(H_1) \leqslant 1 + \delta(H_1)$$
$$\leqslant 1 + \max\{\delta(H) \mid H \subseteq G\}. \qquad \square$$

注 7.4.15 以星图 $G = K_{1,n}$ 为例, 有
$$1 + \max\{\delta(H) \mid H \subseteq G\} = 1 + 1 = 2.$$

可见, Szekeres-Wilf 定理比定理 7.4.12 改进了许多.

一般地, 当 $H \subseteq G$ 时, 不一定会有 $\delta(H) \leqslant \delta(G)$.

下面从另外的角度来考虑染色问题. 对每个图 G, 可以用不超过 G 的色数 $\chi(G)$ 种颜色将 G 真着色. 那么对给定的 G 和给定的 k 种颜色 $\{1, 2, \cdots, k\}$, 有多少种真着色的方式呢 (不一定所有的颜色都用上)? 令 $\chi_G(k)$ 表示这一真着色方式数, 称为 G 的 **k-着色数**. 显然, 若 $k < \chi(G)$, 则 $\chi_G(k) = 0$. 那么对 $k = \chi(G)$ 和 $k > \chi(G)$ 呢?

例 7.4.16 对任意 $n, k \in \mathbb{Z}^+$, 有

$$\chi_{K_n}(k) = k(k-1)\cdots(k-n+1) = (k)_n,$$

$$\chi_{N_n}(k) = k^n \quad (\text{这里 } N_n \text{ 表示 } n \text{ 个顶点的零图}),$$

$$\chi_{P_n}(k) = k(k-1)^{n-1} \quad (\text{这里 } P_n \text{ 表示 } n \text{ 个顶点的路}).$$

关于图的 k-着色数 $\chi_G(k)$, 有一个基本但很有用的递推关系.

定理 7.4.17 对任意简单图 $G = (V, E)$, 设 $u, v \in V$, 且 $(u, v) \in E$, 则有

$$\chi_G(k) = \chi_{G-uv}(k) - \chi_{G\setminus uv}(k).$$

证明 给定 k 种颜色进行着色. G 的真着色必为 $G - uv$ 的真着色. 反之, $G - uv$ 的真着色不是 G 的真着色仅发生在 u, v 同色的情况下, 此时对应了 $G \setminus uv$ 的一个真着色. 所以

$$\chi_G(k) = \chi_{G-uv}(k) - \chi_{G\setminus uv}(k). \qquad \square$$

推论 7.4.18 对任意 n 阶树 T, 有

$$\chi_T(k) = k(k-1)^{n-1}.$$

证明 设 u 为 T 中的一片叶子, v 为 T 中与 u 相邻的顶点, 由 k-着色数的递推关系有

$$\chi_T(k) = k\chi_{T_1}(k) - \chi_{T_1}(k) = (k-1)\chi_{T_1}(k),$$

其中 $T_1 = T - u$, 即 T 中去掉顶点 u 和边 uv 所得到的图, 自然也是 T 收缩边 uv 得到的, 它是一棵 $n-1$ 阶树. 又 2 阶树就是 K_2, 其 k-着色数为 $k(k-1)$, 逐渐降低树的阶即得结论. $\qquad \square$

推论 7.4.19 对任意 $n, k \in \mathbb{Z}^+$, 有
$$\chi_{C_n}(k) = (k-1)^n + (-1)^n(k-1).$$

证明 由 k-着色数的递推关系归纳即得. □

从上面几例可看出, 对固定的图 G, $\chi_G(k)$ 总是关于 k 的多项式, 且其次数均等于 $|V(G)|$. 这的确是个事实.

定理 7.4.20 对任意固定的 n 阶图 $G = (V, E)$, 其 k-着色数 $\chi_G(k)$ 是关于 k 的首 1 整系数 n 次多项式, 称为 G 的**着色多项式**.

证明 取定 k, 用不超过 k 种颜色为 G 真着色. 注意每个真着色都将 V 划分为若干个独立集. 对于 $1 \leqslant i \leqslant n$, 令 $p_i(G)$ 表示将 V 划分成 i 个非空独立集的方法数. 按真着色时恰好用到的颜色数分类. 若用到了 i 种颜色, 则这种着色数应为 $p_i(G)$ 与 $(k)_i$ 的乘积 (由乘法原理, 先将每种颜色所染的 "集合" 确定, 再为每个 "集合" 确定颜色). 所以有
$$\chi_G(k) = \sum_{i=1}^n p_i(G)(k)_i.$$

由于 $p_n(G) = 1$, $p_i(G)$ ($1 \leqslant i \leqslant n$) 均为整数, 故 $\chi_G(k)$ 为关于 k 的 n 次首 1 整系数多项式. □

限定在简单图上, 定理 7.4.20 也可以通过定理 7.4.17 归纳得到. 为了与具体的着色数区别, 今后用 $\chi_G(x)$ 表示图 G 的着色多项式. 进一步, 利用定理 7.4.20, 可将关于具体的正整数 k 的着色数结果的定理 7.4.17 写为如下多项式形式:

定理 7.4.21 对任意简单图 $G = (V, E)$, 设 $u, v \in V$, 且 $(u, v) \in E$, 则有
$$\chi_G(x) = \chi_{G-uv}(x) - \chi_{G \backslash uv}(x),$$
且 $\chi_G(x)$ 是 n 次首 1 整系数多项式.

证明 只要注意到, 由定理 7.4.17 知等式关于所有的正整数 k 均成立, 从而在多项式意义上也成立. □

§7.5 匹配与覆盖

对于图 $G = (V, E)$, 设 $M \subseteq E$ 是一些边的集合. 若 M 中的任意两条边均不相邻, 则称 M 是 G 的一个**匹配**.

定义 7.5.1 图 G 的**匹配数** $\alpha'(G)$ 定义为 G 的最大匹配中的边的条数:
$$\alpha'(G) = \max\{|M| \mid M \text{ 是 } G \text{ 的匹配}\}.$$

定义 7.5.2 对图 $G = (V, E)$ 的一个匹配 M, 若 G 的每个顶点都与 M 中的一条边关联, 则称 M 为 G 的一个**完美匹配**.

显然, 若存在完美匹配, 则 $\alpha'(G) = \dfrac{|V|}{2}$, 此时 $|V|$ 必为偶数. 特别地, 对二部图 $G = X \triangle Y$ 而言, $\alpha'(G) \leqslant \min\{|X|, |Y|\}$. 故若 G 有完美匹配, 必须 $|X| = |Y|$.

前面介绍过的独立集、独立数的概念与匹配、匹配数实际上是点与边的一种对偶关系.

定义 7.5.3 设图 $G = (V, E)$. V 的子集 S 称为 G 的一个**点覆盖**, 如果 E 中的任意边都至少有一个端点在 S 中. G 的**点覆盖数**定义为
$$\beta(G) := \min\{|S| \mid S \text{ 是 } G \text{ 的点覆盖}\}.$$

对 G 的边集的一个子集 $F \subseteq E$, 称点集 S 覆盖了 F, 如果对 F 中的任意边, 均存在 S 中的某个点与之关联.

例 7.5.4 对任意 $m, n \in \mathbb{Z}^+$, 有
$$\beta(K_{m,n}) = \min\{m, n\},$$
$$\alpha'(K_{m,n}) = \min\{m, n\},$$
$$\beta(K_n) = n - 1,$$
$$\alpha'(K_n) = \left\lfloor \frac{n}{2} \right\rfloor.$$

特别地, 星图 $K_{1,n}$ 的匹配数和点覆盖数都是 1, 独立数是 n. 除非 $n=1$, 否则 $K_{1,n}$ 没有完美匹配.

与上述定义对偶地有下面的定义.

定义 7.5.5 设图 $G=(V,E)$. E 的子集 F 称为 G 的一个**边覆盖**, 如果任意的顶点 $v \in V$ 都与某条边 $e \in F$ 关联. G 的**边覆盖数**定义为

$$\beta'(G) := \min\{|F| \mid F \text{ 是 } G \text{ 的边覆盖}\}.$$

对 G 的顶点集 V 的一个子集 S, 称边集 F 覆盖了 S, 如果对 S 中任意的点, 都有 F 中的某条边与之关联.

注 7.5.6 图 G 的点覆盖一定存在, 但边覆盖不一定存在. 事实上, 简单图 G 有边覆盖当且仅当其没有孤立点 (即不与任何其他顶点相邻的顶点).

例 7.5.7 对任意 $m, n \in \mathbb{Z}^+$, 有

$$\beta'(K_{m,n}) = \max\{m,n\},$$
$$\beta'(K_n) = \left\lceil \frac{n}{2} \right\rceil.$$

特别地, 星图 $K_{1,n}$ 的边覆盖数是 n.

定理 7.5.8 二部图 $G = X \triangle Y$ 具有覆盖了 X 的匹配当且仅当如下条件 (简称为 HC2) 成立:

$$|N(J)| \geqslant |J|, \quad \forall J \subseteq X. \tag{7.0}$$

证明 对 $v \in X$, 令 $S_v = N(v)$. 注意到 HC2 实际就是关于集族 $\{S_v \mid v \in V\}$ 的 Hall 条件, 从而存在覆盖了 X 的匹配等价于集族 $\{S_v \mid v \in V\}$ 有相异代表系. 由定理 6.3.3 即得本结论. □

下面给出此定理充分性的另一个证明, 从中可看到偏序集的应用. 在集合 $X \cup Y$ 上定义一个偏序: 对于 $x \in X$ 和 $y \in Y$, $x < y$ 当且仅当 x 和 y 在图 G 中相邻. 显然, 在偏序集 $X \cup Y$ 中链的长度为 2 或

1. 设 $|X| = m$, $|Y| = n$. 由于 $N(X) \subseteq Y$, 所以 HC2 给出 $m \leqslant n$. 设 $\{x_1, \cdots, x_h, y_1, \cdots, y_k\}$ 是此偏序集中的一条最长的反链, 其中 $x_i \in X$ $(1 \leqslant i \leqslant h)$, $y_j \in Y$ $(1 \leqslant j \leqslant k)$. 由于

$$N(\{x_1, \cdots, x_h\}) \subseteq Y \backslash \{y_1, \cdots, y_k\},$$

所以 HC2 给出 $h \leqslant n - k$, 即 $h + k \leqslant n$. 由定理 1.2.12 知, $X \cup Y$ 是 $h + k$ 条互不相交的链的并. 假设这些链中长度为 2 的有 s 条, 则这 s 条长度为 2 的链就是图 G 的一个匹配. 又其中长度为 1 的链数为

$$(m - s) + (n - s) = m + n - 2s = h + k - s \leqslant n - s,$$

所以 $s \geqslant m$, 这便是一个覆盖了 X 的匹配.

如同 HC, 今后 HC2 也同样称为 Hall 条件.

定理 7.5.9 正则的二部图一定存在完美匹配.

证明 设 $G = X \triangle Y$ 是 k-正则二部图. 由 G 的边数为 $\sum_{v \in X} d(v)$, 也等于 $\sum_{v \in Y} d(v)$, 可得 $|X| = |Y|$, 因此覆盖了 X 的匹配即是完美匹配. 由上述定理, 只需验证 HC2 成立. 对任意 $J \subseteq X$, 令 F 表示连接 J 与 $N(J)$ 的那些边. 一方面, F 是与 J 中顶点关联的所有边, 故 $|F| = k|J|$. 另一方面, F 是与 $N(J)$ 中顶点关联的所有边的子集, 故 $|F| \leqslant k|N(J)|$. 这说明 $|N(J)| \geqslant |J|$, 从而 HC2 成立. 故 G 一定存在完美匹配. □

注 7.5.10 以上证明中再次用到了双计数.

通常而言, 完美匹配不一定存在. 下面讨论图的匹配数、独立数与覆盖数之间的关系. 几个最简单的例子在前面已经讨论过了.

定理 7.5.11 图的独立数与点覆盖数之和为常数, 即对任意图 $G = (V, E)$, 有

$$\alpha(G) + \beta(G) = |V|.$$

证明 设 $S \subseteq V$ 为 G 的一个最大的独立集,则 $V\setminus S$ 必为 G 的一个点覆盖. 若不然,某条边不与 $V\setminus S$ 中的某个顶点关联,则其两个端点都在 S 中. 这与 S 是独立集矛盾. 因此

$$|V| - \alpha(G) \geqslant \beta(G).$$

再设 $T \subseteq V$ 为 G 的一个最小的点覆盖,则 $V\setminus T$ 必为 G 的独立集. 若不然,则 $V\setminus T$ 中某两点之间存在边. 这与 T 是点覆盖矛盾. 故

$$|V| - \beta(G) \leqslant \alpha(G).$$

综合两方面,即得

$$\alpha(G) + \beta(G) = |V|. \qquad \square$$

注 7.5.12 从定理 7.5.11 的证明可以看出: 若 $S \subseteq V$ 是 G 的一个最大独立集,则 $V\setminus S$ 是 G 的一个最小点覆盖; 反之亦然.

定理 7.5.13 (Gallai, 1959) 没有孤立点的图的匹配数与边覆盖数之和为常数,即对任意没有孤立点的图 $G = (V, E)$, 有

$$\alpha'(G) + \beta'(G) = |V|.$$

证明 设 M 是 G 中有 $\alpha'(G)$ 条边的匹配. 对每个不被 M 覆盖的顶点取一条与之关联的边,共计 $|V| - 2\alpha'(G)$ 条这样的边,再加上 M 中的 $\alpha'(G)$ 条边,构成了 G 的一个边覆盖. 故

$$\beta'(G) \leqslant |V| - 2\alpha'(G) + \alpha'(G) = |V| - \alpha'(G).$$

再设 F 是边覆盖数为 $\beta'(G)$ 的边覆盖. 注意 F 可以看做 G 的一个生成子图,但未必连通. 设其有 k 个连通分支 $F_1, \cdots, F_k$ ($k \geqslant 1$). 易见每个连通分支必为树,否则有圈,可找到图 G 的比 F 更小的边覆盖. 故

$$\beta'(G) = \sum_{i=1}^{k}(|V(F_i)| - 1) = |V| - k.$$

在每个 F_i ($1 \leqslant i \leqslant k$) 中任意取一条边, 这 k 条边组成一个大小为 k 的匹配, 所以 $\alpha'(G) \geqslant k$. 因此

$$\beta'(G) = |V| - k \geqslant |V| - \alpha'(G).$$

综合两方面, 即得

$$\alpha'(G) + \beta'(G) = |V|. \qquad \square$$

性质 7.5.14 对任意图 G, 有

$$\alpha'(G) \leqslant \min\left\{\left\lfloor\frac{n}{2}\right\rfloor, \beta(G)\right\},$$
$$\max\left\{\left\lceil\frac{n}{2}\right\rceil, \alpha(G)\right\} \leqslant \beta'(G).$$

证明 设 S 是 G 中有 $\beta(G)$ 个顶点的点覆盖, M 是 G 中有 $\alpha'(G)$ 条边的匹配. 因 S 是点覆盖, 从而 M 中的每条边都有端点在 S 中, 又 M 是匹配, M 中不同边的端点互不相同, 故

$$|M| \leqslant |S|, \quad 即 \quad \alpha'(G) \leqslant \beta(G).$$

类似地, 边覆盖需覆盖一个最大独立集 D 中的所有顶点, 且每条边至多可覆盖 D 中的一个顶点, 故

$$\alpha(G) \leqslant \beta'(G).$$

又显然有

$$\alpha'(G) \leqslant \left\lfloor\frac{n}{2}\right\rfloor \quad 及 \quad \left\lceil\frac{n}{2}\right\rceil \leqslant \beta'(G). \qquad \square$$

定理 7.5.15 (König, 1931; Egerváry, 1931) 若 G 是二部图, 则

$$\alpha'(G) = \beta(G).$$

证明 对二部图 $G = X \triangle Y$ 的一个最小点覆盖 C, 为了证明原命题, 只需构造一个大小为 $|C| = \beta(G)$ 的匹配, 则 $\alpha'(G) \geqslant \beta(G)$, 再结合 $\alpha'(G) \leqslant \beta(G)$ (由上述性质), 即得 $\alpha'(G) = \beta(G)$.

设 $C \cap X = S$, $C \cap Y = T$. G 的顶点可以分为四部分: S, $X \backslash S$, T, $Y \backslash T$. 因 C 是点覆盖, 且 G 为二部图, 故 G 的边只存在于 S 与 T, S 与 $Y \backslash T$ 及 $X \backslash S$ 与 T 之间. 下面证明: 子二部图 $G[S \cup (Y \backslash T)]$ 具有一个覆盖了 S 的匹配. 事实上, 相应的 HC2 即 $|N(J)| \geq |J|$, $\forall J \subseteq S$. 假如对某个 $J \subseteq S$, 上述条件不能满足, 即 $|N(J)| < |J|$, 那么 $C' := (S \backslash J) \cup N(J) \cup T$ 也将是 G 的一个点覆盖, 并且

$$|C'| = |S \backslash J| + |N(J)| + |T| = |S| - |J| + |N(J)| + |T|$$
$$< |S| + |T| = |C|.$$

这与 C 是最小点覆盖矛盾. 故 $G[S \cup (Y \backslash T)]$ 有一个覆盖了 S 的匹配 M_1. 同理 $G[(X \backslash S) \cup T]$ 有一个覆盖了 T 的匹配 M_2. 因为 M_1, M_2 既无交集也没有共用一个顶点的边, 所以 $M = M_1 \cup M_2$ 是 G 的一个匹配, 且其大小为 $|M_1| + |M_2| = |S| + |T| = \beta(G)$. □

推论 7.5.16 对任意没有孤立点的二部图 G, 有

$$\alpha(G) = \beta'(G).$$

证明 由定理 7.5.11, 定理 7.5.13 及定理 7.5.15 立得. □

§7.6 完 美 图

容易观察到, 任意图的色数不会小于它的团数. 若这两者相等, 计算色数就会相对简单.

那么何时两者相等呢? 譬如, 取一个 r 阶完全图 K_r 和任何一个 n 阶图 H 的不交并 $G = K_r \cup H$, 其中 $n \leq r$, 则显然 $\chi(G) = \omega(G) = r$. 但这个事实没有意义, 因为从中不能得到对 G 的结构 (准确地说是 G 的导出子图 $G[H]$ 的结构) 的任何合理了解. Berge 在 1961 年引入了一个带有 "遗传性质" 的概念 "完美", 即要求两个参数 χ 与 ω "处处" 相等 (文献 [14]).

定义 7.6.1 若图 G 的每个导出子图 H 都满足 $\chi(H) = \omega(H)$, 则称图 G 为**完美图**.

完美图的应用十分广阔, 现知的完美图至少有 96 种之多. 例如, 它和信息论里的 Shannon 容量有关. 一个图的 Shannon 容量总是介于团数和色数之间, 所以完美图的 Shannon 容量便被这两个参数中的任一个确定了. 有关完美图研究的早期历史可参见文献 [16].

例 7.6.2 二部图是完美图; 完全图是完美图.

独立集和团是两个互补的概念. 鉴于一种真着色是将 V 划分成若干个独立集, 引进一个将 V 划分成若干个团的概念.

定义 7.6.3 一个图 $G = (V, E)$ 的**团划分**即是对 V 的一个划分, 使得划分出的每个子集都是 G 中的团. G 被团划分成的子集个数最小值, 称为 G 的**团划分数**, 记为 $\theta(G)$.

事实 7.6.4 对任意图 G, 有

$$\theta(G) = \chi(\overline{G}).$$

结合 $\chi(\overline{G}) \geqslant \omega(\overline{G}) = \alpha(G)$, 得

$$\theta(G) \geqslant \alpha(G).$$

定义 7.6.5 图 G 称为 θ-**完美图**, 如果 G 的每个导出子图 H 都满足 $\theta(H) = \alpha(H)$.

完美图与 θ-完美图的定义看上去很相似, 实际上它们是互补的对偶关系, G 是完美图当且仅当 $\overline{G}$ 是 θ-完美图. 1961 年, 法国数学家、文学家和雕刻艺术师 Claude Berge (1926—2002) 猜想这两个定义等价. 十几年后, 此猜想被 László Lovász 证明.

定理 7.6.6 (完美图定理, 文献 [57]) 图 G 是完美图当且仅当它是 θ-完美图.

此处给出 G. S. Gasperian 的一个利用线性代数得到的结果, 其思想巧妙且有方法论上的意义, 定理 7.6.6 是它的一个推论.

§7.6 完美图

定理 7.6.7 (文献 [37], [25, pp.115–116]) 图 G 是完美的当且仅当对 G 的每一个导出子图 H, 有

$$|V(H)| \leqslant \alpha(H) \cdot \omega(H).$$

证明 **必要性** 由于 G 是完美图, 结合定理 7.4.7 知

$$\alpha(H) \cdot \omega(H) = \alpha(H) \cdot \chi(H) \geqslant |V(H)|.$$

充分性 用反证法. 设 G 是最小的反例, 即对任意 $H \triangleleft G$, 有 $|V(H)| \leqslant \alpha(H) \cdot \omega(H)$, 但 $\omega(G) < \chi(G)$, 同时, 凡是比 G 小的, 满足相应条件的图 G' (即 $G' \subset G$ 且对 G' 的每一个导出子图 H, 有 $|V(H)| \leqslant \alpha(H) \cdot \omega(H)$) 必为完美图. 为了方便, 令 $n = |V(G)|$, $\omega = \omega(G)$, $\chi = \chi(G)$ 及 $\alpha = \alpha(G)$. 显然 G 的所有真导出子图都是完美图, 从而对任何 $V(G)$ 的独立子集 U, 有

$$\omega(G - U) = \chi(G - U).$$

但是同时有

$$\omega(G - U) + 1 \leqslant \omega + 1 \leqslant \chi \leqslant \chi(G - U) + 1 = \omega(G - U) + 1,$$

故 $\omega(G - U) = \omega = \chi(G - U)$.

特别地, 对 $U = \{u\}$, 存在一个 $G - u$ 的 ω-真着色 C. 考虑 G 的任意最大团 K_ω, 有两种情况:

(1) 若 $u \notin K_\omega$, 即 $K_\omega \subseteq G - u$, 则 K_ω 被染上了 C 中的所有颜色恰好一次, 从而 K_ω 与每种颜色对应的独立集之交为单元集;

(2) 若 $u \in K_\omega$, 即 $|K_\omega \cap (G - u)| = \omega - 1$, 则 $K_\omega - u$ 被染上了 C 中的 $\omega - 1$ 种颜色恰好一次, 从而 K_ω 与 $\omega - 1$ 种颜色对应的独立集之交为单元集, 与某种颜色对应的独立集之交为空集.

取 G 的一个最大独立集 $A_0 = \{u_1, \cdots, u_\alpha\}$. 令 $A_1, \cdots, A_\omega$ 表示 $G - u_1$ 的一个 ω-真着色对应的划分; $A_{\omega+1}, \cdots, A_{2\omega}$ 表示 $G - u_2$ 的一个 ω-真着色对应的划分; 依次类推, $A_{(\alpha-1)\omega+1}, \cdots, A_{\alpha\omega}$ 表示

$G - u_\alpha$ 的一个 ω-真着色对应的划分. 这样总共得到 $\alpha\omega + 1$ 个独立集 $A_0, A_1, \cdots, A_{\alpha\omega}$. 由前知, 对每个 $i = 0, 1, \cdots, \alpha\omega$, 都有

$$\omega(G - A_i) = \omega = \chi(G - A_i).$$

在每个 $G - A_i$ 中取定一个最大团, 记做 $K^{(i)}$.

另一方面, 我们断言: 对 G 中任意的最大团 K, 都恰好存在某个 i $(0 \leqslant i \leqslant \alpha\omega)$, 满足 $K \cap A_i = \varnothing$, 而对其余的 j $(0 \leqslant j \leqslant \alpha\omega, j \neq i)$, 有 $|K \cap A_j| = 1$. 事实上, 若 $K \cap A_0 = \varnothing$, 则 $u_r \notin K$, $\forall r \in [\alpha]$, 故 $K \subseteq G - u_r$, 从而 $|K \cap A_{(r-1)\omega+s}| = 1$, $\forall s \in [\omega]$, 即 $K \cap A_0 = \varnothing$, $|K \cap A_i| = 1$ $(1 \leqslant i \leqslant \alpha\omega)$. 若 $K \cap A_0 \neq \varnothing$, 则必有 $|K \cap A_0| = 1$. 设 $K \cap A_0 = \{u_t\}$, 易见 $|K \cap A_{(r-1)\omega+s}| = 0$ 恰在 $r = t$ 时有唯一的某个 s 使之成立, 与前述情形类似知断言成立.

定义矩阵 $\boldsymbol{X} = (x_{ij})_{(\alpha\omega+1) \times n}$, 其中若 $v_j \in A_i$ 则令 $x_{ij} = 1$ $(0 \leqslant i \leqslant \alpha w, 1 \leqslant j \leqslant n)$; 否则, 令 $x_{ij} = 0$ $(0 \leqslant i \leqslant \alpha\omega, 1 \leqslant j \leqslant n)$. 定义矩阵 $\boldsymbol{Y} = (y_{ij})_{n \times (\alpha\omega+1)}$ 如下: 若 $v_i \in K^{(j)}$, 则令 $y_{ij} = 1$ $(1 \leqslant i \leqslant n, 0 \leqslant j \leqslant \alpha w)$; 否则, 令 $y_{ij} = 0$ $(1 \leqslant i \leqslant n, 0 \leqslant j \leqslant \alpha\omega)$. 注意到 $|A_i \cap K^{(i)}| = 0$ (由 $K^{(i)}$ 的定义), 通过前述断言, 易知 $|A_i \cap K^{(j)}| = 1 - \delta(i,j)$ $(0 \leqslant i, j \leqslant \alpha\omega)$. 所以

$$\boldsymbol{XY} = \boldsymbol{Z},$$

其中 $\boldsymbol{Z} = (z_{ij})_{(\alpha\omega+1) \times (\alpha\omega+1)}$ 为 $(0,1)$-矩阵, $z_{ij} = 1 - \delta(i,j)$ $(0 \leqslant i, j \leqslant \alpha\omega)$. 易见 $\boldsymbol{Z}$ 是非退化矩阵 (见本章习题第 12 题), 从而 $\boldsymbol{X}$ 的秩为 $\alpha\omega + 1$. 这说明 $n \geqslant \alpha\omega + 1$, 即 $|V(G)| > \alpha(G) \cdot \omega(G)$. 而由假设, 对 G 的每一个导出子图 H, 有

$$|V(H)| \leqslant \alpha(H) \cdot \omega(H).$$

特别地, 取 $H = G$, 应有

$$|V(G)| \leqslant \alpha(G) \cdot \omega(G),$$

矛盾! 故假设不成立, 从而充分性成立. □

推论 7.6.8 (定理 7.6.6) 图 G 是完美图当且仅当其补图 $\overline{G}$ 是完美的.

证明 注意到 $\omega(G) = \alpha(\overline{G})$, 由定理 7.6.7 立得. □

推论 7.6.8 也被称做完美图定理. 但 Berge 在 1961 年提出的另一个猜想更强, 此猜想历时 40 年之久才被攻克, 它成立的事实使得推论 7.6.8 成为一个推论. 据统计, 在这 40 年中有关完美图的论文有约 600 篇之多. 美国数学会还在 2000 年给完美图的研究分配了单独的代码 05C17, 标志着完美图已成为一个独立的研究领域.

定义 7.6.9 若图 G 及其补图 $\overline{G}$ 中都不含有长度至少为 5 的奇圈作为导出子图, 则称 G 为 **Berge 图**.

显然, 完美图必须是 Berge 图. 易见, 对任意 $n \geqslant 2$, 有

$$\chi(C_{2n+1}) = 3 \neq 2 = \omega(C_{2n+1}),$$
$$\chi(\overline{C_{2n+1}}) = n+1 \neq n = \omega(\overline{C_{2n+1}}).$$

故完美图不能含有长度至少为 5 的奇圈或其补图作为导出子图. Berge 猜想 Berge 图与完美图是等价的, 这便给出了一个对完美图相对直观的刻画. 这个猜想被称为 "强完美图猜想". 经过很多数学家的积累和努力, 强完美图猜想被 Maria Chudnovsky, Neil Robertson, Paul Seymour 和 Robin Thomas 这四位数学家证明, 从此成为 "强完美图定理". 他们的论文最终有 179 页, 发表在 2006 年第四期的 *Annals of Mathematics* 上.

定理 7.6.10 (强完美图定理, 文献 [22]) 一个简单图是完美图当且仅当它是 Berge 图.

此定理的证明是一项艰巨而宏伟的工程. 粗略而言, 假设 Berge 猜想存在反例, 对一个极小的反例进行分析, 可知它必含有若干种结构之一, 从而要从每种结构中导出矛盾.

注 7.6.11 根据 Berge 图的定义立即得出 G 是 Berge 图当且仅

当 $\overline{G}$ 是 Berge 图,从而完美图定理是强完美图定理的一个推论.

定义 7.6.12 对于图 G 中的圈 C,连接 C 的两个顶点但不在 C 中的边称为**弦**. 若 G 中任意长度大于 3 的圈都有弦,则称 G 为**弦图**.

推论 7.6.13 弦图都是完美图.

证明 由强完美图定理知,只要证明弦图都是 Berge 图. 反设某个弦图 G 不是 Berge 图,则存在 $n \geqslant 2$,使得 C_{2n+1} 或 $\overline{C_{2n+1}}$ 为 G 的导出子图. 而易见,对任意 $n \geqslant 5$,C_n 与 $\overline{C_5}$ 是没有弦的圈,$\overline{C_{n+1}}$ 存在长度为 4 的无弦圈作为其导出子图,从而 G 一定含有长度大于 3 的无弦圈. 这与 G 是弦图矛盾!故假设不成立,从而弦图都是完美图. □

更多关于定理 7.6.10 的应用见习题.

习 题 七

以下除非特殊说明,仅考虑简单图.

1. 设图 $G = (V, E)$ 有 m 条边,证明:G 一定包含一个至少有 $\dfrac{m}{2}$ 条边的二部子图.

2. (a) 证明:长度为奇数的闭途径必含有奇圈.

   (b) 长度为偶数的闭途径是否一定含有偶圈呢?证明你的结论.

3. 证明:(Martel, 1907) 若图 G 有 $2n$ 个顶点,有 $n^2 + 1$ 条边,则 G 中一定包含 K_3.

4. 考虑下列问题:

   (a) 找一个 3-正则的简单图,它没有完美匹配.

   (b) 设 G 为一个二部图,顶点集划分为 $X \triangle Y$;又设 X 中每个顶点的度数为 $s > 0$,Y 中每个顶点的度数为 t(这时图称为**半正则**的). 证明:若 $|X| \leqslant |Y|$,则存在一个覆盖了 X 的匹配.

5. 证明:设 G 是一个简单图,若 $\delta(G) \geqslant 3$,则 G 中必含有偶圈.

6. 分别对什么样的 m, n,二部图 $K_{m,n}$ 有 Hamilton 圈与 Hamilton 路?

7. 证明: 若 T 是树, 则 T 至少有 $\Delta(T)$ 片叶子.

8. 色数为 k 的图 $G = (V, E)$ 称为 k-**临界**的, 如果对任意 $v \in V$, 恒有 $\chi(G - v) < k$. 证明: 任何色数为 k 的图均可找到 k-临界的导出子图.

9. 证明: 图 G 的任意极大匹配 M (即不存在 G 的另一个匹配 M', 使得 $M \subseteq M'$) 都至少有 $\dfrac{\alpha'(G)}{2}$ 条边.

10. 对简单图 G, 证明:
$$\alpha(G) \leqslant |V(G)| - \frac{|E(G)|}{\Delta(G)}.$$
由此得到: 若 G 为正则图, 则 $\alpha(G) \leqslant \dfrac{|V(G)|}{2}$.

11. 设 $T_1, T_2, \cdots, T_n$ 为某棵树 T 的一些子树. 定义图 $G = (V, E)$ 如下: $V = \{v_1, v_2, \cdots, v_n\}$, $(v_i, v_j) \in E$ 当且仅当 $V(T_i) \cap V(T_j) \neq \varnothing$. 证明: G 是弦图.

12. 证明: 定理 7.6.7 中的矩阵 $\boldsymbol{Z} = (1 - \delta(i,j))_{(\alpha\omega+1)\times(\alpha\omega+1)}$ 是非退化的.

13. 称图 G 为 p-**临界**的, 如果 G 是极小非完美图, 即 G 不是完美图, 但 G 的所有真导出子图都是完美的. 证明: 若 $G = (V, E)$ 是 p-临界的, 则有下列事实成立:

(a) G 是连通图;

(b) $\overline{G}$ 也是 p-临界的;

(c) $\omega(G) \geqslant 2$;

(d) $\alpha(G) \geqslant 2$;

(e) 对任意 $v \in V$, 有 $\theta(G - v) = \alpha(G)$.

14. 证明下面的图均为完美图:

(a) 二部图.

(b) 二部图的补图 (文献 [51, 15, 21]).

(c) 二部图的线图. 图 $G = (V(G), E(G))$ 的**线图** $L(G)$ 定义为 $L(G) = (V(L), E(L))$, 其中 $V(L) = E(G)$, $E(L) = \{e_1 e_2 \mid e_1$ 与 e_2 在 $E(G)$ 中相邻, $e_1, e_2 \in E(G)\}$ (文献 [51, 15, 21]).

(d) 二部图的线图的补图 (文献 [27, 52, 15, 21]).

(e) 可比较图. 图 $G = (V, E)$ 称为**可比较图**, 如果存在 V 上的偏序 P, 满足 $v_1v_2 \in E$ 当且仅当 $(v_1, v_2) \in P$ 或 $(v_2, v_1) \in P, \forall\, v_1, v_2 \in V$ (文献 [38, 15, 32]).

(f) 可比较图的补图 (文献 [15, 65]).

(g) 区间图及其补图. 图 $G = (V, E)$ 称为**区间图**, 如果存在一个对应的区间的集合 $I_V = \{I_v \mid v \in V\}$, 满足 $v_1v_2 \in E$ 当且仅当 $I_{v_1} \cap I_{v_2} \neq \varnothing, \forall\, v_1, v_2 \in V$ (文献 [38, 15, 32]).

(h) 弦图及其补图 (文献 [40, 26, 14, 15]).

(i) 奇的轮图及其补图. **轮图** W_n 是由圈 C_{n-1} 与一个和所有 C_{n-1} 中的顶点相邻的顶点构成的图 (文献 [22]).

(j) Meyniel 图及其补图. 图 G 称为 **Meyniel 图**, 如果它的任意长度不小于 5 的奇圈都至少有两条弦 (文献 [62, 58, 47]).

第八章 代数结构与集合相交的理论

§8.1 偶镇与奇镇

出于文艺、数学讨论或是其他方面的原因，"偶镇"的 32 位居民决定组建一些俱乐部. 但是，必须遵循以下的"偶规则"：

(E1) 每个俱乐部要有偶数个成员；

(E2) 任何两个不同的俱乐部之交的成员必须是偶数个；

(E3) 不允许有成员完全重叠的俱乐部.

根据偶规则，"空俱乐部" = ∅ 可以被注册，有奇数 1 个成员的俱乐部即"孤星俱乐部"= {独行侠} 则不可以被注册. 那么最多可以有多少个俱乐部呢？一个简单的解是"捆"成 16 对，这就至少可以组建 2^{16} 个俱乐部了.

太多了! 如此看来，俱乐部数量有失控的危险. 居民们于是觉得有必要修改规则，从而引出了"奇规则". "奇规则"是这样的：

(O1) 每个俱乐部要有奇数个成员；

(O2) 任何两个不同的俱乐部之交的成员必须是偶数个.

至于原来的第三条，由于规则 (O1) 和 (O2) 已经表明不可以有成员完全重叠的俱乐部，也就不必将之作为一条单独的规则了. 由于制定了俱乐部必有奇数个成员的规则，偶镇也重新命名为"奇镇". 显然，在奇规则之下组成 32 个俱乐部是不成问题的. 令人惊奇的是，竟然止此而已.

定理 8.1.1 设奇镇共有 n 位居民，则在奇规则之下最多可以形成 n 个俱乐部.

证明 假设在奇规则下有 m 个俱乐部 $C_1, C_2, \cdots, C_m$，且将镇上的居民表示为 $\{1, 2, \cdots, n\}$. 对 $i = 1, 2, \cdots, m$，令 $\boldsymbol{v}^{(i)}$ 为 C_i 的 n 维示

性向量 (也称为特征向量或关联向量, 通常写为列向量的形式), 它的第 j 个分量 $v_j^{(i)} = 1$, 若 $j \in C_i$, 否则 $v_j^{(i)} = 0$. 所以 $\boldsymbol{v}^{(1)}, \boldsymbol{v}^{(2)}, \cdots, \boldsymbol{v}^{(m)}$ 是在域 $\mathbb{F}_2$ 上的向量空间 $V = \{0,1\}^n$ 中的 m 个向量. V 上的向量加法和数量乘法定义是自然的, 且易见 V 的维数是 n. 进一步, 可通过取模 2 来定义 V 上的对称双线性函数 (内积) 如下:

$$\boldsymbol{u} \cdot \boldsymbol{v} = u_1 v_1 + u_2 v_2 + \cdots + u_n v_n \pmod{2},$$

其中 $\boldsymbol{u} = (u_1, u_2, \cdots, u_n)'$, $\boldsymbol{v} = (v_1, v_2, \cdots, v_n)'$. 现在考察向量 $\boldsymbol{v}^{(1)}$, $\boldsymbol{v}^{(2)}, \cdots, \boldsymbol{v}^{(m)}$. 易知

$$\boldsymbol{v}^{(i)} \cdot \boldsymbol{v}^{(j)} = |C_i \cap C_j| \pmod{2}, \quad 1 \leqslant i, j \leqslant m.$$

奇规则(O1), (O2) 无非是说

$$\boldsymbol{v}^{(i)} \cdot \boldsymbol{v}^{(j)} = \begin{cases} 1, & i = j, \\ 0, & i \neq j \end{cases}, \quad 1 \leqslant i, j \leqslant m.$$

若

$$\lambda_1 \boldsymbol{v}^{(1)} + \lambda_2 \boldsymbol{v}^{(2)} + \cdots + \lambda_m \boldsymbol{v}^{(m)} = \boldsymbol{0},$$

这里 $\lambda_i \in \mathbb{F}_2$ $(1 \leqslant i \leqslant m)$, 则两边同右乘 $\boldsymbol{v}^{(j)}$ 得

$$\lambda_1 \boldsymbol{v}^{(1)} \cdot \boldsymbol{v}^{(j)} + \lambda_2 \boldsymbol{v}^{(2)} \cdot \boldsymbol{v}^{(j)} + \cdots + \lambda_m \boldsymbol{v}^{(m)} \cdot \boldsymbol{v}^{(j)} = \boldsymbol{0} \cdot \boldsymbol{v}^{(j)}.$$

这说明 $\lambda_j = 0$. 由 j 的任意性得向量组 $\boldsymbol{v}^{(1)}, \boldsymbol{v}^{(2)}, \cdots, \boldsymbol{v}^{(m)}$ 线性无关, 从而 $m \leqslant \dim V = n$. □

本章研究的是一个给定 n-集合的子集族的极值性质, 所以下面多数情形以 n-集合 $[n]$ 为例来说明.

注 8.1.2 将以上证明中的示性向量顺次排起来 (不妨将列向量从左到右逐个排列), 可以得到一个示性矩阵 $\boldsymbol{M} = (m_{ij})_{n \times m}$. 一般地, 用 $\delta(p(i,j))$ 表示关于性质 $p(i,j)$ 的示性函数, 即当 $p(i,j)$ 成立时, $\delta(p(i,j))$ 取值 1; 当 $p(i,j)$ 不成立时, $\delta(p(i,j))$ 取值 0. 以上的示性矩

阵 M 即为 $M = (m_{ij} = \delta(i \in C_j))_{n \times m}$. 应用类似于定理 7.6.7 的证明思想, 可以得到 $M'M$ 是一个对角线元素皆为奇数, 其余皆为偶数的矩阵, 从而为非退化矩阵, 故 $m \leqslant n$.

考察示性矩阵的方法和定理 8.1.1 中引入线性空间的方法在处理集合相交问题时都比较常用. 但是, 在偶规则的约束下, 示性矩阵却难以奏效.

为了处理偶镇问题, 作为准备, 先回忆一些线性代数.

设 W 是域 F 上的线性空间. 一个双线性函数 β 是一个从 $W \times W$ 到 F 的映射, 满足对任意 $\lambda, \mu \in F$ 与 $\boldsymbol{u}, \boldsymbol{v}, \boldsymbol{w} \in W$, 有

$$\beta(\lambda \boldsymbol{u} + \mu \boldsymbol{v}, \boldsymbol{w}) = \lambda \beta(\boldsymbol{u}, \boldsymbol{w}) + \mu \beta(\boldsymbol{v}, \boldsymbol{w})$$

及

$$\beta(\boldsymbol{w}, \lambda \boldsymbol{u} + \mu \boldsymbol{v}) = \lambda \beta(\boldsymbol{w}, \boldsymbol{u}) + \mu \beta(\boldsymbol{w}, \boldsymbol{v}).$$

称 β 为对称的, 如果对任意 $\boldsymbol{u}, \boldsymbol{v} \in W$, 有

$$\beta(\boldsymbol{u}, \boldsymbol{v}) = \beta(\boldsymbol{v}, \boldsymbol{u}).$$

若 β 是 W 上的双线性函数, 则称 (W, β) 为一个双线性度量空间, 其中 β 称为度量或内积. 若 β 还是对称的, 则 (W, β) 也称为一个正交空间. 在 W 给定的基 $\varepsilon_1, \varepsilon_2, \cdots, \varepsilon_n$ 下, 每个双线性函数 β 都可表示为

$$\beta(\boldsymbol{u}, \boldsymbol{v}) = \boldsymbol{x}' \boldsymbol{B} \boldsymbol{y},$$

其中 $\boldsymbol{x}, \boldsymbol{y}$ 是 $\boldsymbol{u}, \boldsymbol{v}$ 在这组基下的坐标, $\boldsymbol{B}$ 是由 β 唯一确定的 n 阶矩阵, 称为 β 的度量矩阵 (实际上, $\boldsymbol{B} = (b_{ij})_{n \times n}$ 是关于这组给定的基 $\varepsilon_1, \varepsilon_2, \cdots, \varepsilon_n$ 的度量矩阵, 即 $b_{ij} = \beta(\varepsilon_i, \varepsilon_j)$). 反之, 对任意的矩阵 $\boldsymbol{B}$ 及基 $\varepsilon_1, \varepsilon_2, \cdots, \varepsilon_n$, $\beta(\boldsymbol{u}, \boldsymbol{v}) := \boldsymbol{x}' \boldsymbol{B} \boldsymbol{y}$ 都是双线性函数, 这里 $\boldsymbol{x}, \boldsymbol{y}$ 是 $\boldsymbol{u}, \boldsymbol{v}$ 的坐标. 最后, $\boldsymbol{B}$ 是对称矩阵当且仅当 β 是对称的.

以下取定 $W = F^n$. W 上最常见的双线性函数 β 是以单位矩阵 $\boldsymbol{I}_n$ 为度量矩阵的普通点乘内积 "$\cdot$":

$$\boldsymbol{u} \cdot \boldsymbol{v} = \boldsymbol{x}' \boldsymbol{I}_n \boldsymbol{y} = \boldsymbol{x}' \boldsymbol{y} = \sum_{i=1}^{n} \xi_i \eta_i,$$

这里 $\boldsymbol{x} = (\xi_1, \xi_2, \cdots, \xi_n)'$, $\boldsymbol{y} = (\eta_1, \eta_2, \cdots, \eta_n)'$, $\boldsymbol{x}, \boldsymbol{y} \in F^n$ 分别是 $\boldsymbol{u}$ 和 $\boldsymbol{v}$ 在单位向量组 $\varepsilon_1, \varepsilon_2, \cdots, \varepsilon_n$ 下的坐标. 注意这时 β 是对称的.

一般地, 若 $\beta(\boldsymbol{u}, \boldsymbol{v}) = 0$, 则称向量 $\boldsymbol{u}, \boldsymbol{v}$ 为正交 (或垂直) 的, 记为 $\boldsymbol{u} \perp \boldsymbol{v}$. 对 W 的子集 $S \subseteq W$, 考虑其正交 (或对偶) 子空间

$$S^\perp = \{\boldsymbol{v} \in W \mid \beta(\boldsymbol{u}, \boldsymbol{v}) = 0, \forall \, \boldsymbol{u} \in S\}.$$

设 $S, T \subseteq W$, 则有下面的事实:

(1) $S \subseteq T^\perp$ 当且仅当 $S \perp T$, 即对任意 $\boldsymbol{u} \in S$, $\boldsymbol{v} \in T$, 有 $\boldsymbol{u} \perp \boldsymbol{v}$;

(2) $S^\perp$ 是 W 的子空间;

(3) $S^\perp = (\mathrm{span}(S))^\perp$;

(4) $\mathrm{span}(S) \subseteq U$, 对任意包含 S 的 W 的子空间 U;

(5) 若 $S \subseteq T \subseteq W$, 则 $T^\perp \subseteq S^\perp \subseteq W$;

(6) $S \subseteq S^{\perp\perp}$.

这里 $\mathrm{span}(S)$ 是 S 生成的子空间.

非零向量 $\boldsymbol{w} \in W$ 称为自正交 (或迷向) 的, 如果 $\boldsymbol{w} \perp \boldsymbol{w}$. 子空间 $U \subseteq W$ 称为自正交 (或迷向) 的, 如果它含有自正交的元素; U 称为完全自正交 (或全迷向) 的, 如果 $U \perp U$, 即 U 中的每对向量都正交, 换言之 $U \subseteq U^\perp$. 子空间 U 的根 (基) 是它与自己的正交子空间的交集:

$$\mathrm{rad}(U) = U \cap U^\perp.$$

称 U 是退化的, 如果 $\mathrm{rad}(U) \neq \{0\}$; 否则, 称 U 是非退化的. 所考察的内积空间 (W, β) 是退化的或非退化的根据 W 本身的退化性而定.

性质 8.1.3 设 W 为域 F 上的度量空间, 且 $\dim(W) = n$, 则

(1) 对任意子空间 $U \subseteq W$, 有

$$\dim(U) + \dim(U^\perp) \geqslant n;$$

(2) 当 W 非退化时, 对每个子空间 $U \subseteq W$, 有

$$\dim(U) + \dim(U^\perp) = n;$$

(3) W 是非退化的当且仅当其对应的矩阵 $\boldsymbol{B}$ 是可逆的.

从性质 8.1.3 立即有下面的推论.

推论 8.1.4 在 n 维非退化内积空间中, 每个完全自正交子空间的维数都不超过 $\left\lfloor \dfrac{n}{2} \right\rfloor$.

回到偶镇问题. 令 $\mathcal{F} = \{C_1, C_2, \cdots, C_m\}$ 为所有俱乐部的集合, 每个元素都是 $[n]$ 的子集. 偶规则指定, 对所有的 $1 \leqslant i \leqslant j \leqslant m, |C_i \cap C_j|$ 是偶数. 给定 n, 我们寻找最大可能的 m. 配对的方法告诉我们, m 可以是 $2^{\lfloor n/2 \rfloor}$. 还可以更大吗?

定理 8.1.5 (偶镇定理) 若 $[n]$ 的 m 个子集 $C_1, C_2, \cdots, C_m$ 满足偶规则, 即对任意 $i \in [n], |C_i|$ 是偶数, 对任意 $i \neq j\ (i, j \in [n])$, $C_i \neq C_j$ 且 $|C_i \cap C_j|$ 是偶数, 则有 $m \leqslant 2^{\lfloor n/2 \rfloor}$.

证明 考察在普通内积下的双线性度量空间 $(\mathbb{F}_2^n, \cdot)$. 这是个非退化的空间, 因为单位矩阵 I_n 可逆. 令 $S \subseteq \mathbb{F}_2^n$ 表示所有 $C_i\ (i \in [n])$ 的示性向量组成的集合. 偶规则说明 $S \perp S$, 或者说 $S \subseteq S^\perp$. 令 $U = \mathrm{span}(S)$. 由上面的事实 (3) 有 $S \subseteq S^\perp = U^\perp$.

既然 $S^\perp$ 是包含 S 的子空间, 有 $U \subseteq S^\perp$, 所以 $U \subseteq S^\perp = U^\perp$, 即 U 是完全自正交的. 根据推论 8.1.4, 有 $\dim(U) \leqslant \left\lfloor \dfrac{n}{2} \right\rfloor$, 从而

$$|S| \leqslant |U| \leqslant 2^{\lfloor n/2 \rfloor}. \qquad \square$$

以下的内积都是指普通点乘内积.

定理 8.1.6 $\mathbb{F}_2^n$ 的每个极大完全自正交子空间的维数都恰好是 $\left\lfloor \dfrac{n}{2} \right\rfloor$.

证明 令 U 为 $\mathbb{F}_2^n$ 的一个完全自正交子空间, 即 $U \subseteq U^\perp$. 假设 $\dim(U) \leqslant \left\lfloor \dfrac{n}{2} \right\rfloor - 1$. 这必然导致 $\dim(U^\perp) \geqslant 2 + \dim(U)$.

往证 U 并非极大. 而这只要找到自正交的 $\boldsymbol{w} \in U^\perp, \boldsymbol{w} \notin U$ 就可以了. 事实上, 对那样的 $\boldsymbol{w}$, 子空间 $\mathrm{span}(U \cup \{\boldsymbol{w}\})$ 将是完全自正交且严格包含 U 的. 由 $\dim(U^\perp) - \dim(U) \geqslant 2$, 令 $\boldsymbol{u}, \boldsymbol{v} \in U^\perp$ 为两个彼此独立, 且各与 U 线性无关的向量. 换言之, $\boldsymbol{u}, \boldsymbol{v}$ 的任何非零线性

组合不在 U 中. 若 u, v 中至少一个自正交, 则已证完. 否则, 必有 $u \cdot u = v \cdot v = 1$ (不要忘记我们的向量空间是在域 $\mathbb{F}_2$ 上的). 所以 $(u+v) \cdot (u+v) = u \cdot u + v \cdot v + 0 = 1+1 = 0$, 从而 $u+v$ 就是 $U^\perp \backslash U$ 中的自正交向量. □

推论 8.1.7 每个极大的偶镇俱乐部安排都是最大的.

这又是偶镇与奇镇的一个不同之处. 当 $n = 4$ 时, 假设迷你奇镇上的 4 个人是 P_1, P_2, P_3, P_4, 俱乐部 $C_1 = \{P_1, P_2, P_3\}, C_2 = \{P_4\}$ 就是一个极大的安排, 但并非最大. 而在偶镇上则不会出现这种情况.

如同在我们的处理中把俱乐部看成集合, 奇镇与偶镇的问题属于极值集合论. 在本节最后列出 Erdős 提出的两个著名问题, 冀望有志于此的青年能够作出贡献.

问题 8.1.8 令 $\mathcal{F} \subseteq P([n]) \, (= 2^{[n]})$ 为一族**并封闭**的集合, 即对任意 $A, B \in \mathcal{F}$, 有 $A \cup B \in \mathcal{F}$. 是否一定存在 $x \in [n]$, 使得 x 包含在 $\mathcal{F}$ 中至少一半的集合里?

问题 8.1.9 称一个有限集 $X \subseteq \mathbb{N}$ 为**子集异和**的, 如果对 X 的任意两个不同的子集 A, B, A 中的元素之和必定异于 B 中的元素之和. 是否存在常数 c, 使得对所有的 n 和所有子集异和的 $S \subset [n]$, 都有

$$|S| < \log_2 n + c?$$

尽管生前居无定所, 也没有固定收入, Erdős 愿意为第二个问题的解决提供 500 美元的私人奖金. 它的价值当然远不止此.

§8.2 相交的集合

最多有多少个 $[n]$ 的子集两两相交且它们的交集都有同样的大小?

定理 8.2.1 (Fisher 不等式) 设 $F_1, F_2, \cdots, F_m$ 都是 $[n]$ 的子集, 且满足对任意 $i \neq j$, 有 $|F_i \cap F_j| = \lambda$, 这里 λ 是一个任意给定的正整数, $1 \leqslant \lambda < n$, 则有 $m \leqslant n$.

证明 和奇镇的情形类似，这里也证明在所给条件之下，示性向量彼此线性无关。设 $\mathcal{F} = \{F_1, F_2, \cdots, F_m\}$. 若存在 F_j 恰含 λ 个元素，则其他的 F_i 必都包含 F_j. 易见 $m \leqslant n - \lambda + 1 \leqslant n$.

令 $\gamma_i = |F_i| - \lambda$. 以下设 $\gamma_i > 0 \ (1 \leqslant i \leqslant m)$. 令 $M_{n \times m}$ 为集族 $\mathcal{F}$ 的示性矩阵 (即第 j 列就是 F_j 的示性向量)，则所给条件转化为

$$A_{m \times m} = M'M = \lambda J + C,$$

这里 J 是 m 阶的全 1 矩阵，C 是对角矩阵: $C = \mathrm{diag}\{\gamma_1, \gamma_2, \cdots, \gamma_m\}$. 只需证明 $\mathrm{rank}(A) = m$, 即有 $m = \mathrm{rank}(A) \leqslant \mathrm{rank}(M) \leqslant n$.

回忆: n 阶实对称矩阵 B 是半正定的，如果对任意 $x \in \mathbb{R}^n$, 有 $x'Bx \geqslant 0$; 若对任意非零向量 $x \in \mathbb{R}^n$, 都有 $x'Bx > 0$, 则 B 是正定的. 显然正定矩阵都是非退化的，此外正定矩阵与半正定矩阵之和必为正定矩阵. 下面证明 λJ 是半正定的，同时 C 是正定的.

考虑任意给定的 $x = (x_1, x_2, \cdots, x_m)' \in \mathbb{R}^m$, 有

$$x'\lambda J x = \lambda \sum_{i=1}^{m} \sum_{j=1}^{m} x_i x_j = \lambda (x_1 + x_2 + \cdots + x_m)^2 \geqslant 0$$

和

$$x'Cx = \sum_{i=1}^{m} \gamma_i x_i^2 > 0,$$

除非 $x = 0$. □

上面的不等式的思想起源于英国统计学家 R. A. Fisher. 后来，印度裔数学家 R. C. Bose 把它表示成现在的形式.

注意 Fisher 不等式没有告诉我们是否或何时等式能够取得. de Bruijin 和 Erdős 对 $\lambda = 1$ 的情形给出了改进的结果，完全刻画了取得极值的集族.

定理 8.2.2 (de Bruijin-Erdős 定理) 设 $\mathcal{F} = \{F_1, F_2, \cdots, F_m\} \subseteq 2^{[n]}$. 若对任意 $F_i, F_j \in \mathcal{F} \ (i \neq j)$, 有 $|F_i \cap F_j| = 1$, 则必有 $|\mathcal{F}| = m \leqslant n$. 进一步，若 $m = n$, 则一定有下列三种情形之一出现:

(1) 经过一定的重新排列, 有 $\mathcal{F} = \{F_1, F_2, \cdots, F_n\}$, 其中 $F_i = \{i, n\}$ $(1 \leqslant i \leqslant n-1)$, $F_n = \{n\}$;

(2) 经过一定的重新排列, 有 $\mathcal{F} = \{F_1, F_2, \cdots, F_n\}$, 其中 $F_i = \{i, n\}$ $(1 \leqslant i \leqslant n-1)$, $F_n = \{1, 2, \cdots, n-1\}$;

(3) 存在某个正整数 q, 使得 $n = q^2 + q + 1$, $|F_i| = q+1$ $(1 \leqslant i \leqslant n)$, 并且 $[n]$ 中的每一个元素恰好被 $q+1$ 个 $\mathcal{F}$ 中的集合所包含, $[n]$ 中的任意两个元素恰好被一个 $\mathcal{F}$ 中的集合所包含 (这时的结构即 q 阶射影平面).

证明 由定理 8.2.1 知, 只需证明后半部分, 即当 $|\mathcal{F}| = n$ 时, 必有 (1), (2), (3) 三种情形之一出现. 设对集族 $\mathcal{F} = \{F_1, F_2, \cdots, F_n\}$, (1) 不真, 往证必有 (2) 或 (3) 为真.

首先, 不妨设 $\mathcal{F}$ 中的每个集合都至少有两个元素. 事实上, 显然空集 $\varnothing \notin \mathcal{F}$; 若 $\mathcal{F}$ 含有单元集, 不失一般性, 设为 $\{n\}$, 则其他的集合都必须含有 n, 任意两个其他的集合除了 n 又不能再有交集, 这正是情形 (1).

其次, 若 $n > 2$, 则一定有 $[n] \notin \mathcal{F}$. 否则, $\mathcal{F}$ 顶多只能再有一个元素, 即一个单元集. 对于 $i = 1, 2, \cdots, n$, 定义

$$E_i = \overline{F_i} = [n] \setminus F_i, \quad k_i = |F_i|,$$

且设 r_i 为 $\mathcal{F}$ 中包含 i 的元素的个数.

若 $i \notin F_j$, 则 $r_i \leqslant k_j$. 这是因为 $\mathcal{F}$ 中每个含有 i 的元素都与 F_j 交于一点, 这些点又都不允许相同.

下面证明集族 $\{E_1, E_2, \cdots, E_n\}$ 满足 HC. 对任意 $J \subseteq [n]$, 有

$$E(J) = \bigcup_{j \in J} \overline{F_j} = \overline{\bigcap_{j \in J} F_j}.$$

若 $J = \{j\}$, 则 $E(J) = E_j = \overline{F_j} \neq \varnothing$ (因为 $F_j \neq [n]$). 这时 HC 成立.
若 $2 \leqslant |J| \leqslant n-1$, 则对任意 $j_1, j_2 \in J$, 有

$$|E(J)| \geqslant |E_{j_1} \cup E_{j_2}| = |\overline{F_{j_1} \cap F_{j_2}}| = n - 1 \geqslant |J|$$

(因为 $\mathcal{F}$ 中任意两元素交于一点). 若 $|J| = n$, 既然 (1) 不真, $\bigcap_{j \in [n]} F_j$ 必为空集, 故 $|E([n])| = n$. 所以 $E_1, E_2, \cdots, E_n$ 满足 HC, 从而有相异代表系. 重新排列集族的次序, 使得 i 是 E_i 的代表, 则 $i \notin F_i$ ($1 \leqslant i \leqslant n$). 根据前面的观察, 对每个 $i = 1, 2, \cdots, n$, 有 $r_i \leqslant k_i$. 下面计有序对 (i, F_j) 的个数, 其中 $i \in F_j$. 因为每个点 i 在 r_i 个集合里, 每个 F_j 包含 k_j 个点, 所以有序对 (i, F_j) 的个数为

$$\sum_{i=1}^n r_i = \sum_{j=1}^n k_j.$$

所以, 对任意 $i = 1, 2, \cdots, n$, 都有 $r_i = k_i$. 由于 $i \notin F_i$, 所以 $\mathcal{F}$ 中每个含有 i 的元素都与 F_i 交于一点, 这些点又都互不相同. 由 $r_i = k_i$ 便得出 F_i 中的每个点都包含在 $\mathcal{F}$ 的某个含有 i 的元素里.

现在重新审视 $E_1, E_2, \cdots, E_n$ 满足 HC 的证明. 在那个证明过程中, 对 $2 \leqslant |J| \leqslant n-1$, J 是临界的仅当 $|J| = n-1$. 这还要求 $\left|\bigcap_{j \in J} F_j\right| = n - 1$, 从而 $\left|\bigcap_{j \in J} F_j\right| = 1$, 即 $n - 1$ 个 $\mathcal{F}$ 中的元素交于同一点. 这暗示了情形 (2). 此外, 若 J 是临界的且 $J = \{j\}$, 则 $|E_j| = 1$, 或者说 $|F_j| = n - 1$. 这也是情形 (2). 所以, 现在可以不妨假设除了空集和 $[n]$, J 都不是临界的. 这时是 Hall 定理证明中的情形 1 了 (回忆 Hall 定理的证明). 由那里的证明知, 对任意 E_j, 可任取一个元素作为它的代表, 再继续直至得到整个相异代表系.

下面, 对任意 $x, y \in [n]$, 往证一定有 $\mathcal{F}$ 中的元素同时包含 x 和 y. 假设不然. 给 $\mathcal{F}$ 中的元素重新排序, 使得 $x \in F_1$ 但 $y \notin F_1$, 则 $y \in E_1$. 通过刚才的分析, 可取 y 作为 E_1 的代表. 现在, F_1 的每一个元素, 包括 x, 都在 $\mathcal{F}$ 的一个含有 y 的元素里面. 这就证得任何两点都包含在 (唯一的) 某个 $\mathcal{F}$ 的元素里. 从而, 若 $i \notin F_j$, 则 $r_i = k_j = r_j$. 最后, 若存在两点 $x, y \in [n]$, 使得 $r_x \neq r_y$, 则 $\mathcal{F}$ 的每个元素都至少包含 x 和 y 中的一个 (对某个 F_i, 若 $x \notin F_i$ 且 $y \notin F_i$, 则 $r_x = k_i = r_y$). 若 z 是另一点, 则不妨设 $r_x \neq r_z$ (如有必要交换 x 和 y 的名称), 所以每个集合至少包含 x 和 z 中的一个. 但是只有一个集合, 不妨设为 F_n, 同时包

含了 y 和 z. 所以, 除了 F_n, 其他的集合都包含 x. 这也是情形 (2).

所以, 现在可以设 r_x 是常数, 令 $r_x = q+1$, 则对任意 $F_i \in \mathcal{F}$, 有

$$|F_i| = k_i = r_i = q+1.$$

任取一点 i. 易见, 所有这 n 个点被子集族 $\{F_{i_j} \mid i \in F_{i_j}, 1 \leqslant j \leqslant q+1\}$ 覆盖. 上述 $q+1$ 个集合中的每一对交于唯一一点 i, 从而

$$n = 1 + (q+1)q = q^2 + q + 1. \qquad \square$$

更为一般的是 L-相交理论.

定义 8.2.3 设 L 是一些非负整数组成的集合. 称集族 $\mathcal{F}$ 为 L-相交的, 如果对 $\mathcal{F}$ 中任意一对 (不同的) 元素 E 和 F, 有 $|E \cap F| \in L$.

问题 8.2.4 (交限制问题) 设 L 是一些非负整数组成的集合. 一个 L-相交的包含于 $2^{[n]}$ 的集族最多有多少个元素?

若集族 $\mathcal{F}$ 中的所有元素都有同样的大小, 则称其为**正则的**, k-**正则**即 $\mathcal{F}$ 中每个元素都含有 k 个元素.

问题 8.2.5 (交限制问题——正则情况) 设 L 是一些非负整数组成的集合, $k \geqslant 1$. 一个 k-正则且 L-相交的包含于 $2^{[n]}$ 的集族最多有多少个元素?

上述两个问题都尚有待于完全的解答. 但是, 阶段性的成果则颇为丰富. 下面主要体会一下方法.

定理 8.2.6 (Ray-Chaudhuri-Wilson 定理, 简称为 RW 定理) 任意给定正整数 $s, n, s \leqslant n$. 令 L 为含有 s 个非负整数的集合, $\mathcal{F}$ 为一个 k-正则且 L-相交的集族, 其每一个元素都是 $[n]$ 的子集, 其中 k 为某个不固定的整数, 满足 $s \leqslant k \leqslant n$, 则

$$|\mathcal{F}| \leqslant \binom{n}{s}.$$

定理 8.2.6 的证明详见文献 [64]. 上面的结果是针对一般的 $\mathcal{F}$ 的. 如果只有 n 和 s 是给定的 (单个集合的基数 k 也可以选择), 这显然是

最佳的了, $[n]$ 的所有 s-子集是 $\{0,1,\cdots,s-1\}$-相交的正则集族, 已经达到了这个上界. 但是, 如果附加一些条件, 上界则会大大地下降. 比如, 若 L 中的所有元素都是偶数, 而且 k 是奇数, 则由奇镇定理有

$$|\mathcal{F}| \leqslant n.$$

另一方面, 即使仅考虑 $L = \{0,1,\cdots,s-1\}$, 也尚有许多可讨论之处. 如果 k 和 s 比较接近, 那么 L-相交的条件实际没有对集族加上多少限制. 然而, 如果 k 大出 s 相当多, 直觉似乎暗示 $\mathcal{F}$ 最大可能的基数就会受到显著影响.

固定 s 和 k ($s \leqslant k$), 令 $n \to \infty$, 则定理 8.2.6 给出的上界以 $\Theta(n^s)$ 的速率增长, 其中 $f(n) = \Theta(g(n))$ 表示存在正常数 c_1, c_2 和 n_0, 使得当 $n \geqslant n_0$ 时, 有 $c_1 g(n) \leqslant f(n) \leqslant c_2 g(n)$. 下面证明, 对任意给定的 s 和 k, 在 $L = \{0,1,\cdots,s-1\}$ 的情形之下, $\Theta(n^s)$ 这个无穷大量的确可以有相应的集族 $\mathcal{F}$ 达到.

定理 8.2.7 对任意 $k \geqslant s \geqslant 1$ 和 $n \geqslant 2k^2$, 必存在 k-正则集族 $\mathcal{F} \subseteq 2^{[n]}$, 使得对任意两个不同的元素 $E, F \in \mathcal{F}$, 有 $|E \cap F| \leqslant s-1$, 并且

$$|\mathcal{F}| > \left(\frac{n}{2k}\right)^s.$$

证明 设 p 是 $\leqslant \dfrac{n}{k}$ 的最大素数, 从而 $\dfrac{n}{2k} < p \leqslant \dfrac{n}{k}$. 任意选取并固定 $\mathbb{F}_p$ 的一个 k-子集 A (由 $n \geqslant 2k^2$ 有 $k < p$). 令 X 为包含 $A \times \mathbb{F}_p$ 的一个大小为 n 的集合 (X 中的 $n - kp$ 个元素是造出来凑足大小的).

对任意给定的函数 $f : A \to \mathbb{F}_p$, 其图像 (即 (原像, 像) 的集合) $G(f) := \{(\xi, f(\xi)) \mid \xi \in A\}$ 是 X 的一个 k-子集. 设集族由 $\mathbb{F}_p$ 上的原像限制在 A 上的次数不超过 $s-1$ 的多项式函数的图像组成. 对两个不同的次数 $\leqslant s-1$ 的多项式, 它们的图像最多有 $s-1$ 个交点. 而这样的多项式的个数则是 $p^s > \left(\dfrac{n}{2k}\right)^s$, 定理得证. □

以下考虑更一般的集合 L.

什么样的 L 和 k 会导致上界的增长是线性 (即 $O(n)$) 的呢? 这是个很有意义的问题, 但现在还没有完全解决. 如果 $0 \in L$ 以及 k 足够大 (相比 L 中的数), 这一问题就变得比较容易了. 线性与非线性之间的分水岭将仅仅是由 L 中数的最大公因数是否整除 k 所决定的. 此外, 若整除性成立, 增长的速率将至少是二次方的.

为了便于理解, 先考虑 $0 \in L$ 和 k 是 L 中元素的非负整系数线性组合的情形. 事实上, 为了构造大小为 $\Omega(n^2)$ (即 $\geqslant cn^2$, c 为某个正常数) 的合适集族, 只需针对 $s=2$ 略加修改定理 8.2.7 的证明即可.

引理 8.2.8 设 $k \geqslant 2$, $n \geqslant 2k^2$, $L = \{l_1 = 0, l_2, \cdots, l_s\}$ 为一些非负整数组成的集合. 若 $k = \sum_{j=2}^{s} a_j l_j$, 其中 a_j $(2 \leqslant j \leqslant s)$ 为非负整数, 则存在 n 个点上的 k-正则且 L-相交的集族 $\mathcal{F}$, 其基数 $|\mathcal{F}| > \left(\dfrac{n}{2k}\right)^2$.

证明 由所给的两条件, 可以把 k 写成 k 个不一定互异的 L 中的元素之和:
$$k = \sum_{j=1}^{k} l_{i_j} \tag{8.1}$$
(注意到若 $a_2 + \cdots + a_s < k$, 则补上 $k - (a_2 + \cdots + a_s)$ 个 $l_1 = 0$ 即可凑足 k 项). 应用定理 8.2.7 中的构造, 取 $s = 2$, 令 p 为 $\leqslant \dfrac{n}{k}$ 的最大素数. 固定 $\mathbb{F}_p$ 的任意 k-子集 $A = \{\alpha_1, \alpha_2, \cdots, \alpha_k\}$, 令 X 为包含 $A \times \mathbb{F}_p$ 的基数为 n 的集合.

函数 $f: A \to \mathbb{F}_p$ 的图像 $G(f) = \{(\xi, f(\xi)) \mid \xi \in A\}$ 是 X 的一个 k-子集. 取 $\mathcal{F}$ 为包括所有系数取自 $\mathbb{F}_p$ 的限制在 A 上的次数不超过 1 的多项式 (即线性函数 $A \to \mathbb{F}_p$) 的图像. 这样 $\mathcal{F}$ 中的任两个图像彼此相交于一点或彼此不相交.

现在再把 $(\alpha_j, \beta) \in A \times \mathbb{F}_p$ 的每个点替换为一个大小为 $l_{i_j} (1 \leqslant j \leqslant k)$ 的集合 (不同点替换为不交的集合). 这样得到一个新集族.

前面 k 写成 k 个不一定互异的 L 中的元素之和 (即 (8.1) 式) 这个分解保证了该替换不会改变 X 以及 $\mathcal{F}$ 中的任意元素的大小. 与此

同时，更新之后的集族其元素的交得到了控制：若 $E, F \in \mathcal{F}$，且 E 与 F 不交，则对应的一对集合也不交；若它们恰交于一点；例如 (α_j, β)，则对应的一对集合交于 l_{i_j} 个点。□

整理一下就可以开始证明线性分水岭定理了。

定理 8.2.9 (线性分水岭定理) 设 L 为一些非负整数组成的集合。

(1) 若 L 中元素的最大公因数不能整除 k，则任何 k-正则且 L-相交的 n 个点上的集族至多含有 n 个元素。

(2) 令 $0 \in L$，$|L| = s$ 及 $k \geqslant sl_{\max}^2$，其中 $l_{\max}$ 表示 L 中最大的元素。若 L 中元素的最大公因数可以整除 k，则对 $n \geqslant 2k^2$，存在一个 k-正则且 L-相交的 n 个点上的集族 $\mathcal{F}$，其基数 $|\mathcal{F}| > \left(\dfrac{n}{2k}\right)^2$。

不过，要想完全证明这个主要定理，还需要知道两个事实。

性质 8.2.10 令 A 为 m 阶整数矩阵。若素数幂 $q = p^\alpha$ 整除 A 的每个非对角线元素，但不能整除任何对角线元素，则 A 是非退化矩阵。

证明 在 $\det(A)$ 的展开式的 $m!$ 项之中，A 的对角线元素的乘积是唯一一项含有 p 的幂次最低的项。□

性质 8.2.11 令 $L = \{l_1, l_2, \cdots, l_s\}$ 为一些整数组成的集合，且设 $0 \leqslant l_1 < l_2 < \cdots < l_s$。若 L 中所有元素的最大公因数整除 k，且 $k \geqslant sl_s^2$，则 k 可以表示为各个 l_j 的非负整系数的线性组合。

证明 L 中所有元素的最大公因数整除 k，说明 k 可以写为各个 l_j 的整系数线性组合：

$$k = \sum_{j=1}^{s} a_j l_j, \quad a_j \in \mathbb{Z}, 1 \leqslant j \leqslant s.$$

选取一个线性组合的表示，使得所有负的 a_j 之和在取了绝对值之后最小，则在这个组合中实际上没有负的 a_j。事实上，假设存在某个 $a_m <$

0, 则有
$$\sum_{j\neq m} a_j l_j > k \geqslant s l_s^2.$$

这说明, 对某个 $r \neq m$, 有 $a_r l_r > l_s^2$ (所以当然有 $a_r > 0$, 且 $l_r \neq 0$, 从而 $l_r > 0$). 此外, $a_r > l_s \geqslant l_m$, 故 $a_r - l_m$ 是正的. 置 $b_m = a_m + l_r$, $b_r = a_r - l_m > 0$, 而对 $j \neq m, r$, 令 $b_j = a_j$. 现在我们仍有
$$k = \sum_{j=1}^{s} b_j l_j, \quad b_j \in \mathbb{Z}, 1 \leqslant j \leqslant s.$$

另一方面, 唯一减小的系数 a_r 变成 b_r, 仍旧是正数, 并且某个负的系数 a_m 变成 b_m, 比原来增大了. 这与线性组合 $\sum_{j=1}^{s} a_j l_j$ 的选取矛盾. □

定理 8.2.9 的证明 (1) 如同定理 8.2.1 的证明, 令 M 为 k-正则且 L-相交的集族 $\mathcal{F} = \{F_1, F_2, \cdots, F_m\}$ 的示性矩阵 (即令 F_j 的示性向量 v_j 作第 j 列). 令 $A = (a_{ij})_{m \times m} := M'M$, 易见
$$a_{ij} = v_i' \cdot v_j = |F_i \cap F_j| \begin{cases} \in L, & i \neq j \\ = k, & i = j, \end{cases} \quad 1 \leqslant i, j \leqslant m.$$

既然 L 中元素的最大公因数不能整除 k, 则存在素数幂 $q = p^\alpha$ 整除每个 l_i 但不整除 k. 应用性质 8.2.10, 有 $\operatorname{rank}(A) = m$. 所以
$$m = \operatorname{rank}(A) \leqslant \operatorname{rank}(M) \leqslant n.$$

(2) 在假设条件之下, 性质 8.2.11 告诉我们引理 8.2.8 的条件已经满足了. 引理 8.2.8 的结果就是这里的结论. □

§8.3 几个经典结果

极值集合论的一个主要问题是在特定的条件下找到具有最大基数的集族.

定义 8.3.1 集族 $\mathcal{F}$ 称为 **Sperner 族**, 如果没有哪个元素是另一个元素的子集.

换言之, 一个 Sperner 族就是一个在集合包含关系下的反链 (有关反链的一般理论参见文献 [75]). 例如, $[n]$ 的所有 k-子集就是一个 Sperner 族, 它具有基数 $\binom{n}{k}$. 这时最大的 Sperner 族对应 $k = \lfloor \frac{n}{2} \rfloor$. Sperner 族不要求是正则的. 然而, E. Sperner 证明了取到极值的 Sperner 族都是正则的.

定理 8.3.2 (Sperner 定理) 若 $\mathcal{F}$ 是一个 n 个点上的 Sperner 族, 则有
$$|\mathcal{F}| \leqslant \binom{n}{\lfloor n/2 \rfloor},$$
并且只有正则族方能取到等号.

利用偏序集理论中提到的 $2^{[n]}$ 可以分解成 $\binom{n}{\lfloor n/2 \rfloor}$ 条链这一事实可以证明 Sperner 定理. 显然, Sperner 族与每条链最多有一个公共元素. 另外一个证明的途径是引用 LYM 不等式, 这个不等式本身也很重要, 它是由 D. Lubell (1966), K. Yamamoto (1954) 和 L. D. Meshalkin (1963) 三个人分别独立证明的.

定理 8.3.3 (LYM 不等式) 若集族 $\mathcal{F}$ 是 n 个点上的 Sperner 族, 则
$$\sum_{A \in \mathcal{F}} \frac{1}{\binom{n}{|A|}} \leqslant 1.$$

证明 对 $[n]$ 的每个全排列 $a_1 a_2 \cdots a_n$, 定义 $A_i = \{a_1, a_2, \cdots, a_i\}$, 则可以得到一条长度为 n 的链
$$A_1 \subseteq A_2 \subseteq \cdots \subseteq A_n = [n].$$

显然可得到 $n!$ 条个这样的链, 且 $[n]$ 的两不同子集 E 和 F 互不包含的充分必要条件是 E 和 F 不能在同一条链中. 给定 $A \subseteq [n]$, 不妨设 $|A| = k$, 则 A 必为这样的链中的第 k 个元素 A_k, 所以 A_{k-1} 有 k 种可能 (比 A 少一个元素), A_{k-2} 有 $k-1$ 种可能, 以此类推, A_1 有 2 种可能. 类似地, A_{k+1} 有 $n-k$ 种可能 (比 A 多一个元素), A_{k+2} 有 $n-k-1$ 种可能, 等等, 故包含 A 的链共有 $|A|!(n-|A|)!$ 条. 于是

$$\sum_{A \in \mathcal{F}} |A|!(n-|A|)! \leqslant n!.$$

上式两边除以 $n!$ 即得结论. □

下面给出定理 8.3.2 前半部分的证明:

$$|\mathcal{F}| = \sum_{A \in \mathcal{F}} 1 \leqslant \sum_{A \in \mathcal{F}} \frac{\binom{n}{\lfloor n/2 \rfloor}}{\binom{n}{|A|}} \leqslant \binom{n}{\lfloor n/2 \rfloor} \cdot 1 = \binom{n}{\lfloor n/2 \rfloor}.$$

下面这个结果是关于两两相交的 k-正则集族的. 一个得到这样的集族的简单办法是: 固定某个元素, 让所有的集合都含有它, 再把各个集合做成相同的大小. 对 $k \leqslant n/2$, Erdős, Ko (柯召) 和 Rado 证明了不会有比这更好的了.

定理 8.3.4 (Erdős-Ko-Rado 定理) 若 $\mathcal{F}$ 是 $[n]$ 上的 k-正则集族, $k \leqslant n/2$, 且任意两个 $\mathcal{F}$ 中的元素的交非空, 则有

$$|\mathcal{F}| \leqslant \binom{n-1}{k-1}. \tag{8.2}$$

证明 设 $\mathcal{F} = \{F_1, F_2, \cdots, F_m\}$ 是 $[n]$ 上的 k-正则集族, 其元素两两之交非空.

把 $[n]$ 中的元素连续地排成一个圆环. 对于 $1 \leqslant i \leqslant n$, 令 $A_i = \{i, i+1, \cdots, i+k-1\}$, 其中整数取模 n 运算. 记 $\mathcal{A} = \{A_1, A_2, \cdots, A_n\}$,

则显然有 $|\mathcal{F} \cap \mathcal{A}| \leqslant k$. 对 $[n]$ 上的每一个置换 π, 有

$$\pi(A_i) = \{\pi(i), \pi(i+1), \cdots, \pi(i+k-1)\},$$
$$\pi(\mathcal{A}) = \{\pi(A_1), \pi(A_2), \cdots, \pi(A_n)\},$$

同样易知 $|\mathcal{F} \cap \pi(\mathcal{A})| \leqslant k$. 所以

$$\sum_{\pi \in S_n} |\mathcal{F} \cap \pi(\mathcal{A})| \leqslant k \cdot n!.$$

另一方面, 对固定的 $F_j \in \mathcal{F}$ 和 $A_i \in \mathcal{A}$, 满足 $\pi(A_i) = F_j$ 的置换 π 有 $k!(n-k)!$ 个, 从而上面这个和式为 $mn \cdot k!(n-k)!$, 所以

$$m \leqslant \frac{k \cdot n!}{n \cdot k!(n-k)!} = \binom{n-1}{k-1}. \qquad \square$$

对 $k = n/2$, 达到极值的集族有很多, 例如在每对互补的大小为 $n/2$ 的子集里取其中一个. 但是, 对 $k < n/2$, 上界仅在所有子集有一个公共点时才能达到.

本节介绍的最后一个经典结果是说, 在一个充分大的 k-正则集族中, 一种高度规则和优美的结构必将呈现, 称其为 "向日葵". 以下不再限于 $[n]$ 的子集.

定义 8.3.5 称集族 $\mathcal{F}' = \{F_1, F_2, \cdots, F_s\}$ 为 s-**瓣向日葵** (简称为**向日葵**), 如果对任意 $i \neq j, 1 \leqslant i, j \leqslant s$, 有

$$F_i \cap F_j = \bigcap_{t=1}^{s} F_t.$$

一个向日葵集族的所有元素的交称为它的**核**.

注 8.3.6 根据定义, 一个互不相交的集族也是一朵向日葵 (此时核是空集).

定理 8.3.7 (向日葵定理, Erdös-Rado, 1960) 若 $\mathcal{F}$ 是 k-正则集族且含有多于 $k!(s-1)^k$ 个元素, 则 $\mathcal{F}$ 必含有 s-瓣向日葵.

证明 对 k 用归纳法. 当 $k=1$ 时, $\mathcal{F}$ 中有多于 $s-1$ 个 1-子集, 这些子集中任意 s 个都是一朵 s-瓣 (空核的) 向日葵.

设 $k \geqslant 2$. 令 $\mathcal{T} = \{F_1, F_2, \cdots, F_r\}$ 为 $\mathcal{F}$ 的一个极大的两两不交的子族. 若 $r \geqslant s$, 则在这个子族中任取 s 个元素就是 s-瓣向日葵. 下面设 $r < s$. 令 $E = \bigcup_{i=1}^{r} F_i$, 则 $|E| = kr \leqslant k(s-1)$. 既然 $\mathcal{T}$ 是极大的, 任何 $\mathcal{F}$ 中的元素就必须和 E 的交非空. 由鸽笼原理知, 存在 $x \in E$, 包含在至少

$$\frac{|\mathcal{F}|}{|E|} > \frac{k!(s-1)^k}{k(s-1)} = (k-1)!(s-1)^{k-1}$$

个 $\mathcal{F}$ 的元素中. 设这些包含 x 的元素组成的 $\mathcal{F}$ 的子族为 $\mathcal{F}_1$.

从 $\mathcal{F}$ 中那些包含 x 的元素中删去 x, 考虑 $(k-1)$-正则集族

$$\mathcal{F}_1(x) := \{F \backslash \{x\} \mid F \in \mathcal{F}_1\}.$$

由归纳假设知, $(k-1)$-正则集族 $\mathcal{F}_1(x)$ 含有一朵 s-瓣向日葵 $\mathcal{G}$. 把 x 加回 $\mathcal{G}$ 的每一个元素上, 就得到 $\mathcal{F}$ 中的一朵 s-瓣向日葵. □

令 $f(k, s)$ 表示最小的可以保证每个基数为 $f(k, s)$ 的 k-正则集族都有 s-瓣向日葵的正整数. 定理 8.3.7 告诉我们

$$f(k, s) \leqslant k!(s-1)^k + 1.$$

另外, 不难看出

$$f(k, s) > (s-1)^k.$$

读者可以自己推导一下.

对于一般的 k, $f(k, s)$ 的上、下界之间相差甚远. 即便当 $s=3$ 时, Erdős 和 Rado 提出的以下问题也还有待解答.

问题 8.3.8 是否存在正整数 c, 使得每个 k-正则的基数为 c^k 的集族都含有 3-瓣向日葵? 换句话说, 是否能够找到常数 c, 使得对所有的 k, 都有 $f(k, 3) \leqslant c^k$?

J. Spencer 证明了对某个常数 c_1, 有

$$f(k,3) \leqslant e^{c_1\sqrt{k}} k!.$$

但这离问题的完全解决还相距甚远.

§8.4 多项式空间

本节将介绍如何利用特定的多项式空间来得到需要的子集族的界. 第一个漂亮的例子来源于欧氏几何. n 维欧氏空间 $\mathbb{R}^n$ 的一个子集称为 **2-距离集**, 如果其所有互异两点之间的距离仅取到两个值, 这里 $\|x\| = \left(\sum_{k=1}^{n} x_k^2\right)^{\frac{1}{2}}$ 表示 $\boldsymbol{x} = (x_1, x_2, \cdots, x_n) \in \mathbb{R}^n$ 的欧氏模, 两点 $\boldsymbol{x}, \boldsymbol{y} \in \mathbb{R}^n$ 之间的距离是 $\|\boldsymbol{x} - \boldsymbol{y}\|$. 那么 $\mathbb{R}^n$ 中的 2-距离集最多能够含有多少个点呢? 令 $m = m(n)$ 表示这个最大值. 尽管难以确定 $m(n)$, 但可以有不错的估计.

定理 8.4.1 (Larmen-Rogers-Seidel, 1977) $\mathbb{R}^n$ 中的 2-距离集最多能够含有的点数 $m(n)$ 满足如下不等式:

$$\frac{n(n+1)}{2} \leqslant m(n) \leqslant \frac{(n+1)(n+4)}{2}.$$

注意当 $n \to \infty$ 时上、下界之比为 1.

证明 先证明下界: 考虑 $[n+1]$ 的所有 2-子集的示性向量. 这 $\binom{n+1}{2} = \frac{n(n+1)}{2}$ 个向量中的每一个都在 $\mathbb{R}^{n+1}$ 中, 恰有两个分量为 1, 其他的分量都是 0. 任两个不同向量之间的距离为 2 或 $\sqrt{2}$, 即它们形成了一个 2-距离集. 此外, 它们都在 $\mathbb{R}^{n+1}$ 中的超平面 $\sum_{i=1}^{n+1} x_i = 2$ 之上, 所以可以被看成 $\mathbb{R}^n$ 的子集.

再证明上界: 设 $\{\boldsymbol{a}_1, \boldsymbol{a}_2, \cdots, \boldsymbol{a}_m\}$ 为 $\mathbb{R}^n$ 中的一个最大 2-距离集,

并设这两个距离分别为 δ_1 和 δ_2. 考虑多项式

$$F(\boldsymbol{x},\boldsymbol{y}) := (\|\boldsymbol{x}-\boldsymbol{y}\|^2 - \delta_1^2)(\|\boldsymbol{x}-\boldsymbol{y}\|^2 - \delta_2^2).$$

2-距离集的条件说明

$$F(\boldsymbol{a}_i,\boldsymbol{a}_j) = \begin{cases} (\delta_1\delta_2)^2, & i=j, \\ 0, & i \neq j. \end{cases}$$

熟知所有从 $\mathbb{R}^n$ 到 $\mathbb{R}$ 的映射 (函数) 的集合构成 $\mathbb{R}$ 上的线性空间. 现在考察以下 m 个从 $\mathbb{R}^n$ 到 $\mathbb{R}$ 的函数: $f_i(\boldsymbol{x}) := F(\boldsymbol{a}_i, \boldsymbol{x})$, 这里 $\boldsymbol{x} = (x_1, x_2, \cdots, x_n) \in \mathbb{R}^n$, $1 \leqslant i \leqslant m$. 则一定有 $f_1, f_2, \cdots, f_m$ 在 $\mathbb{R}$ 上线性无关. 事实上, 对任意线性组合

$$\lambda_1 f_1(\boldsymbol{x}) + \lambda_2 f_2(\boldsymbol{x}) + \cdots + \lambda_m f_m(\boldsymbol{x}) = 0,$$

由于对任意 $i \neq j$, 有 $f_i(\boldsymbol{a}_j) = 0$, 代入 $\boldsymbol{x} = \boldsymbol{a}_j$ 便有 $\lambda_j f_j(\boldsymbol{a}_j) = 0$, 而 $f_j(\boldsymbol{a}_j) = (\delta_1\delta_2)^2 \neq 0$, 从而对任意 $j \in [m]$, 有 $\lambda_j = 0$. 故断言成立.

另一方面, 在做了展开后, 每个 f_i 可以表示成多项式 $\left(\sum_{k=1}^{n} x_k^2\right)^2$, $\left(\sum_{k=1}^{n} x_k^2\right) x_j$ $(1 \leqslant j \leqslant n)$, $x_j x_k$ $(1 \leqslant j < k \leqslant n)$, x_k^2 $(1 \leqslant k \leqslant n)$, x_k $(1 \leqslant k \leqslant n)$ 以及多项式 1 的线性组合. 列出的这些多项式共计

$$1 + n + \frac{n(n-1)}{2} + n + n + 1 = \frac{(n+1)(n+4)}{2}$$

个, 所以线性无关的 $f_1, f_2, \cdots, f_m$ 包含在一个维数 $\leqslant \dfrac{(n+1)(n+4)}{2}$ 的线性空间里, 从而 $m \leqslant \dfrac{(n+1)(n+4)}{2}$. □

在定理 8.4.1 的证明中, 构造了一个多项式空间并考察其维数作为特定计数结果的约束. 这种方法值得注意. 现在把这种方法用到模形式的 L-相交集族上去.

再做一点准备工作.

性质 8.4.2 对任意 $n \geqslant 2s$，有
$$\binom{n}{s} + \binom{n}{s-1} + \cdots + \binom{n}{0} < \binom{n}{s}\left(1 + \frac{s}{n-2s+1}\right).$$

证明从略.

注 8.4.3 若 $sl \leqslant n$，则
$$\binom{n}{s}\left(1 + \frac{s}{n-2s+1}\right) < \binom{n}{s}\left(1 + \frac{1}{l-2}\right).$$

例如，若 $4s \leqslant n$，则性质 8.4.2 告诉我们
$$\binom{n}{s} + \binom{n}{s-1} + \cdots + \binom{n}{0} < 2\binom{n}{s}.$$

性质 8.4.4 (对角线准则) 令 F 为一个域，Ω 为一个集合. 对 $i = 1, 2, \cdots, m$，若有函数 $f_i : \Omega \to F$，并存在 $a_i \in \Omega$，使得
$$f_i(a_j) \begin{cases} \neq 0, & i = j, \\ = 0, & i \neq j. \end{cases}$$

则 $f_1, f_2, \cdots, f_m$ 在 F 上线性无关.

证明 只需对定理 8.4.1 的证明的相应部分稍做修改. □

称一个多元多项式是**复线性**的，如果它的每一项中每个未定元的次数都不超过 1. 每个次数 $\leqslant s$ 的复线性多项式都是一些次数 $\leqslant s$ 的复线性单项式的和.

性质 8.4.5 (复线性化) 令 F 为一个域，$\Omega = \{0, 1\} \subseteq F$. 若 f 是 F 上的一个次数 $\leqslant s$ 的 n 元多项式，则存在一个次数 $\leqslant s$ 的复线性多项式 $\tilde{f}$，使得
$$f(\boldsymbol{x}) = \tilde{f}(\boldsymbol{x}), \quad \forall\, \boldsymbol{x} \in \Omega^n.$$

证明 只需利用在 Ω 上 $x_i^2 = x_i$ 的性质. □

定义 8.4.6 对整数集 $L \subseteq \mathbb{Z}$, 整数 r, t, 称 $t \in L \pmod{r}$, 如果对某个 $l \in L$, 有 $t \equiv l \pmod{r}$; 否则, 称 $t \notin L \pmod{r}$. 称集族 $\mathcal{F}$ 是**模 r L-相交的**, 如果对任意相异的 $F_i, F_j \in \mathcal{F}$, 有 $|F_i \cap F_j| \in L \pmod{r}$.

定理 8.4.7 (非正则模形式的 RW 定理, Deza-Frankl-Singhi, 1983) 令 p 为一个素数, L 为一个基数是 s 的整数集. 设 $\mathcal{F} = \{F_1, F_2, \cdots, F_m\}$ 是 $[n]$ 的一个模 p L-相交的子集族, 且 $|F_i| \notin L \pmod{p}$ $(1 \leqslant i \leqslant m)$, 则有

$$m \leqslant \binom{n}{s} + \binom{n}{s-1} + \cdots + \binom{n}{0}.$$

下面的证明是 Alon, Babai 和 Suzuki 在 1991 年给出的, 所应用的多项式空间的方法在本质上和定理 8.4.1 是一致的 (文献 [9]).

证明 设多项式

$$F(\boldsymbol{x}, \boldsymbol{y}) = \prod_{l \in L} (\boldsymbol{x} \cdot \boldsymbol{y} - l) \pmod{p},$$

这里 $\boldsymbol{x}, \boldsymbol{y} \in \mathbb{F}_p^n$, $\boldsymbol{x} \cdot \boldsymbol{y} = \sum_{i=1}^{n} x_i y_i$ 是普通内积. 令 $\Omega = \{0, 1\} \subseteq \mathbb{F}_p$. 考察 $f_i(\boldsymbol{x}) := F(\boldsymbol{v}_i, \boldsymbol{x})$, 这里 $\boldsymbol{v}_i \in \Omega^n \subseteq \mathbb{F}_p^n$ 是集合 F_i $(1 \leqslant i \leqslant n)$ 的示性向量. 模相交的条件说明, 对 $1 \leqslant i, j \leqslant m$, 有

$$f_i(v_j) \begin{cases} \neq 0, & i = j, \\ = 0, & i \neq j. \end{cases}$$

由性质 8.4.5 知, 可把 f_i 替换为复线性多项式 $\tilde{f}_i$, 使得对任意 $\boldsymbol{x} \in \Omega^n$, 有 $\tilde{f}_i(\boldsymbol{x}) = f_i(\boldsymbol{x})$. 由对角线准则 (性质 8.4.4) 知, $\tilde{f}_1, \tilde{f}_2, \cdots, \tilde{f}_m$ 在 $\mathbb{F}_p$ 上线性无关.

另一方面, $\tilde{f}_i$ 是一些复线性单项式的和, 每个单项式的次数 k 满足 $0 \leqslant k \leqslant s$ (注意 $\deg(f_i) \leqslant s$). 共有 $\binom{n}{k}$ 种方法来决定 n 个元素上的次数为 k 的首 1 单项式. 所以, $\tilde{f}_1, \tilde{f}_2, \cdots, \tilde{f}_m$ 属于一个维数不超过

$\sum_{k=0}^{s}\binom{n}{k}$ 的空间. □

注意定理 8.4.7 是关于非正则集族的, 也就是说不要求所有集合的基数均相同. 下面这个结果既是它的一个推论, 又可以看做 RW 定理 (定理 8.2.6) 的弱形式.

推论 8.4.8 令 L 为 s 个整数组成的集合, $\mathcal{F}$ 为一个 k-正则且 L-相交的 $[n]$ 的子集构成的集族, 则有

$$|\mathcal{F}| \leqslant \binom{n}{s} + \binom{n}{s-1} + \cdots + \binom{n}{0}.$$

证明 由 $\mathcal{F}$ 是 k-正则的知, 所有 $\mathcal{F}$ 中的相异两元素必交于 $\leqslant k-1$ 个点, 故不妨设 $k \notin L$. 选取素数 $p > k$, 应用定理 8.4.7 即得. □

定理 8.4.7 的另一个比较重要的推论则是当要求任意两个集合不能交于某个固定大小 (限制一点交) 时 $|F|$ 具有一个形如 $(2-c)^n$ 的上界.

推论 8.4.9 (省略一点交定理) 令 p 为素数, $\mathcal{F}$ 为一个 $(2p-1)$-正则的 $[4p-1]$ 的子集构成的集族. 若 $\mathcal{F}$ 的任意两个相异元素不交于 $p-1$ 点, 则有

$$|\mathcal{F}| \leqslant 2\binom{4p-1}{p-1} < 1.7548^{4p-1},$$

其中后一不等式当 p 充分大时成立.

证明 置 $L = \{0, 1, \cdots, p-2\}$, 则 $\mathcal{F}$ 满足定理 8.4.7 的条件. 于是由注 8.4.3 中的式子有第一个不等式. 当 p 足够大时, 有后一个不等式. □

本节最后给出一个比省略一点交定理更强的结果, 它证实了 Erdős 的一个猜想. 这个结果没有对各集合的大小与它们交的大小做有关整除或其他数论性质的要求.

定理 8.4.10 令 $m(n, t)$ 表示最多的 $[n]$ 的子集的个数, 使得它们中任意相异的两个都不恰好交于 t 个元素, 则有

(1) $m\left(n, \left\lfloor \dfrac{n}{4} \right\rfloor\right) < 1.99^n$;

(2) 对任意 $\delta > 0$, 存在 $\varepsilon > 0$, 使得只要 $\delta n \leqslant t \leqslant (1-\delta)n$, 就有

$$m(n,t) < (2-\varepsilon)^n.$$

此定理的证明见文献 [33]. 另一方面, 只需取 $[n]$ 的所有包括某 t 个固定元素且基数大于 $\dfrac{n+t}{2}$ 的子集, 就得到一个相当大的集族 $\mathcal{F}$, 其任意两个相异元 $F_i, F_j \in \mathcal{F}$ 交于多于 t 点. 特别地, 都不恰好交于 t 个元素. 若取 $t = \left\lfloor \dfrac{n}{4} \right\rfloor$, 就得到 $m\left(n, \left\lfloor \dfrac{n}{4} \right\rfloor\right) > 1.9378^n$. 这说明定理 8.4.10 的结果 1.99^n 已经接近最佳了.

习 题 八

1. 设集族 $\mathcal{F} \subseteq 2^{[n]}$ 满足对任意 $F \in \mathcal{F}$, $|F|$ 是偶数, 而对任意相异的 $F_1, F_2 \in \mathcal{F}$, $|F_1 \cap F_2|$ 是奇数, 则 $|\mathcal{F}|$ 最大可能是多少? 证明之.

2. 设集族 $\mathcal{F} \subseteq 2^{[n]}$ 满足对任意 $F \in \mathcal{F}$, $|F|$ 是奇数, 而对任意相异的 $F_1, F_2 \in \mathcal{F}$, $|F_1 \cap F_2|$ 是奇数, 则 $|\mathcal{F}|$ 最大可能是多少? 证明之.

3. $[n]$ 上的两两相交的集族至多能有多大? 给出最佳的上界并证明之.

4. 若 $\mathcal{F} = \{F_1, F_2, \cdots, F_m\}$ 是 $[n]$ 的 k-正则的子集族, $k \leqslant n/2$, 且对任意 i, j, 有 $F_i \cup F_j \neq [n]$, 则 m 最大可能为多少?

5. 令 $f(k,s)$ 表示最小的可以保证每个基数超过 $f(k,s)$ 的 k-正则集族都有 s-瓣向日葵的正整数, 证明:

$$f(k,s) > \binom{k+s-2}{k}.$$

6. 令 $f(k,s)$ 同上题, 证明:

$$f(k,s) > (s-1)^k.$$

7. 称 $\mathbb{R}^n$ 的一个子集为 s-**距离集**, 如果其所有互异两点之间的距离仅取到 $\leqslant s$ 个值. $\mathbb{R}^n$ 中的一个 s-距离集最多能够有多大? 给出好的上界并证明之.

第九章 组 合 设 计

上一章主要讨论了满足一定条件的集族中的元素个数问题，本章将讨论满足更强限制条件的集族的存在及构造问题.

§9.1 关 联 结 构

定义 9.1.1 一个**关联结构**是一个二元组 $\mathcal{S} = (X, \mathcal{B})$，这里 X 是一个集合，其中的元素称为**点**；$\mathcal{B}$ 是一个由 X 的子集组成的集族，其中的元素称为**区组**或**线** ($\mathcal{B}$ 中的元素不一定两两不同). 对于 $x \in X$, $B \in \mathcal{B}$，若 $x \in B$，也说点 x 在区组或线 B 上. 通常用 v 表示 X 中的元素个数，用 b 表示 $\mathcal{B}$ 中的元素个数.

注 9.1.2 关联结构有时又称为超图. 对任意 $B \in \mathcal{B}$ 都有 $|B| \leqslant 2$ 的超图就是图.

如果把每个区组都换成它在 X 中的补，即

$$\overline{\mathcal{B}} = \{\overline{B} = X - B \mid B \in \mathcal{B}\},$$

称关联结构 $\overline{\mathcal{S}} = (X, \overline{\mathcal{B}})$ 为 $\mathcal{S} = (X, \mathcal{B})$ 的**补**.

一个关联结构可以用一个 $v \times b$ 矩阵 $\mathbf{N}$ 来表示，每个点对应矩阵的一行，每个区组对应矩阵的一列，$\mathbf{N}$ 中第 x 行第 B 列元素 $N(x, B)$ 定义为

$$N(x, B) = \begin{cases} 1, & x \in B, \\ 0, & x \notin B. \end{cases}$$

$\mathbf{N}$ 称为此关联结构的**关联矩阵**. 事实上，矩阵 $\mathbf{N}$ 恰为集族 $\mathcal{B}$ 的示性矩阵.

设 $S_1 = (X_1, \mathcal{B}_1)$ 和 $S_2 = (X_2, \mathcal{B}_2)$ 是两个关联结构,从 S_1 到 S_2 的**同态**是映射 $\varphi : X_1 \to X_2$,使得对任意 $B = \{x_1, x_2, \cdots, x_k\} \in \mathcal{B}_1$,都有 $\varphi(B) = \{\varphi(x_1), \varphi(x_2), \cdots, \varphi(x_k)\} \in \mathcal{B}_2$,所以 S_1 到 S_2 的同态也诱导出映射 $\varphi : \mathcal{B}_1 \to \mathcal{B}_2$. 同态 φ 称为**同构**,如果 φ 为双射,且 $\varphi(B) \in \mathcal{B}_2$ 当且仅当 $B \in \mathcal{B}_1$. 若关联结构 S_1 与 S_2 之间存在同构映射,也称 S_1 与 S_2 是同构的. 一个关联结构 S 到其自身的同构称为 S 的一个**自同构**. S 的所有自同构在映射乘法下构成一个群,记为 $\text{Aut}(S)$. 设 N_1 和 N_2 分别是 S_1 和 S_2 的关联矩阵,显然有 S_1 与 S_2 同构当且仅当存在置换矩阵 P 和 Q,使得 $N_2 = PN_1Q$.

首先来看一种被称为**线性空间**的关联结构,它满足每条线上有至少两个点,任意两个点恰好在一条线上. 例如,一条线上有 $v-1$ 个点,这条线外的那个点与这 $v-1$ 个点组成 $v-1$ 条只含两个点的线,这就是一个线性空间,称为**拟束**,其线集正是 de Bruijin-Erdős 定理 (定理 8.2.2) 中的情形 (2),其中 $v = n$.

定理 9.1.3 在一个线性空间中,有 $b = 1$ 或 $b \geqslant v$. 进一步,若 $b = v$,则任两条线都有唯一的一个交点.

证明 对 $x \in X$,用 r_x 表示经过点 x 的线的条数. 对 $B \in \mathcal{B}$,用 k_B 表示线 B 上点的个数. 若 $b > 1$,则一定存在 $x \in X, B \in \mathcal{B}$,使得 $x \notin B$,且对任意 $x \notin B$,有 $r_x \geqslant k_B$. 如果 $b \leqslant v$,则有

$$b(v - k_B) \geqslant v(b - r_x),$$

从而

$$b = \sum_B 1 = \sum_B \sum_{x \notin B} \frac{1}{v - k_B} \leqslant \frac{b}{v} \sum_x \sum_{x \notin B} \frac{1}{b - r_x} = \frac{b}{v} \sum_x 1 = b.$$

所以上面的不等式是等式,故 $b = v$,且当 $x \notin B$ 时,有 $r_x = k_B$,从而任意两条线必相交. □

§9.2 t-设计

本节讨论具有很强限制条件的被称为 t-设计的一类关联结构.

定义 9.2.1 设 v, k, t 和 λ 为整数, 满足 $v \geqslant k \geqslant t \geqslant 0$ 和 $\lambda \geqslant 1$, 一个 v 个点上的区组大小为 k, 指数为 λ 的 t-**设计**是关联结构 $\mathcal{D} = (X, \mathcal{B})$, 且满足下面条件:

(1) $|X| = v$;
(2) 对所有 $B \in \mathcal{B}$, 有 $|B| = k$;
(3) 对于任意 t 个点, 恰有 λ 个区组包含这 t 个点.

这个 t-设计也称为一个 $t\text{-}(v, k, \lambda)$ **设计**, 记为 $S_\lambda(t, k, v)$. 一个 **Steiner 系**是 $\lambda = 1$ 时的 t-设计, 记为 $S(t, k, v)$.

注 9.2.2 2-设计通常称为**平衡不完全区组设计** (简称为 **BIBD**), 它常常被用于统计分析中的实验设计.

注 9.2.3 当 $k = t$ (这时点集 X 的所有 k-子集都作为区组) 或 $k = v$ (这时每个区组都包含了所有的点) 时, t-设计总是存在的, 这样的设计称为**平凡**的, 而通常人们只对非平凡的设计感兴趣.

例 9.2.4 设 $X = \mathbb{F}_2^4$, 区组定义为四元组 $\{\boldsymbol{x}, \boldsymbol{y}, \boldsymbol{z}, \boldsymbol{w}\}$, 其中 $\boldsymbol{x}, \boldsymbol{y}, \boldsymbol{z}, \boldsymbol{w} \in X$ 且 $\boldsymbol{x} + \boldsymbol{y} + \boldsymbol{z} + \boldsymbol{w} = \boldsymbol{0}$, 这时是一个 $S(3, 4, 16)$. 若设 $X = \mathbb{F}_2^4 \setminus \{\boldsymbol{0}\}$, 取上面那些含 $\boldsymbol{0}$ 的区组再去掉 $\boldsymbol{0}$, 则得到一个 $S(2, 3, 15)$.

例 9.2.5 设 X 是有限域 $\mathbb{F}_q$ 上 n 维向量空间 $\mathbb{F}_q^n$ 的所有 1 维子空间组成的集合, 区组定义为 $\mathbb{F}_q^n$ 的 d 维子空间 $(d \geqslant 2)$, 这时是一个 $2\text{-}(v, k, \lambda)$ 设计, 其中

$$v = \begin{bmatrix} n \\ 1 \end{bmatrix} = \frac{q^n - 1}{q - 1}, \quad k = \begin{bmatrix} d \\ 1 \end{bmatrix} = \frac{q^d - 1}{q - 1},$$

$$\lambda = \begin{bmatrix} n - 2 \\ d - 2 \end{bmatrix} = \frac{(q^{n-2} - 1)(q^{n-3} - 1) \cdots (q^{n-d+1} - 1)}{(q^{d-2} - 1)(q^{d-3} - 1) \cdots (q - 1)}.$$

例 9.2.6 设 $X = \mathbb{Z}_{11} \cup \{\infty\}$, 先在 X 上构造如下 12 个区组, 称为初始区组:

$$\{0,1,2,3,4,6\}, \{0,1,3,5,6,8\}, \{0,1,2,4,5,8\},$$
$$\{0,1,2,3,7,8\}, \{0,1,3,4,5,9\}, \{0,1,2,5,7,9\},$$
$$\{0,1,2,3,9,\infty\}, \{0,1,2,4,7,\infty\}, \{0,1,2,5,6,\infty\},$$
$$\{0,1,3,4,8,\infty\}, \{0,1,3,5,7,\infty\}, \{0,1,4,6,9,\infty\}.$$

对每个初始区组 B 和 $i \in \mathbb{Z}_{11}$, 令 $B+i$ 为 B 中每个元素都加 i 后得到的区组, 此处加法为模 11 加法, 且 $\infty + i = \infty$, 从而由一个初始区组可得 11 个区组, X 与所有这些区组 ($12 \times 11 = 132$ 个) 构成一个 $S(5,6,12)$.

下面给出 t-设计的两个初等结论.

定理 9.2.7 一个 $S_\lambda(t,k,v)$ 的区组个数为

$$b = \lambda \binom{v}{t} / \binom{k}{t}.$$

证明 用两种方式计算有序对 (T,B) 的个数, 其中 T 是 X 的一个 t-子集, 而 B 是包含 T 的区组, 则有 $\lambda \binom{v}{t} = b \binom{k}{t}$. □

定理 9.2.8 给定 i ($0 \leqslant i \leqslant t$), 则一个 $S_\lambda(t,k,v)$ 中包含 X 的一个 i-子集 I 的区组个数为

$$b_i = \lambda \binom{v-i}{t-i} / \binom{k-i}{t-i},$$

从而对于 $i \leqslant t$, 每个 t-设计都是一个 i-设计.

证明 同样用两种方式计算有序对 (T,B) 的个数, 其中 T 是 X 的一个包含 I 的 t-子集, 而 B 是包含 T 的区组. □

注 9.2.9 在定理 9.2.8 中, 令 $i=0$, 则得定理 9.2.7.

推论 9.2.10 一个 $S_\lambda(t,k,v)$ 存在的必要条件是对任意 i ($0 \leqslant i \leqslant t$), $\binom{k-i}{t-i}$ 整除 $\lambda \binom{v-i}{t-i}$.

推论 9.2.11 设 $\mathcal{D} = (X, \mathcal{B})$ 是一个 t-设计, $I \subset X$, 且 $|I| = i \leqslant t$, 则 $\mathcal{D}_I = (X - I, \{B - I \mid I \subset B\})$ 是一个 $(t - i)$-设计. $\mathcal{D}_I$ 称为 $\mathcal{D}$ 的**导出设计**, 其参数分别为 $v_I = v - i$, $k_I = k - i$, $\lambda_I = \lambda$.

注 9.2.12 例 9.2.4 中的 $S(2, 3, 15)$ 便是同例中 $S(3, 4, 16)$ 的导出设计.

与 BIBD 相比, 当 $t \geqslant 3$ 时, t-设计理论的研究远非完善, 特别是 $t \geqslant 6$ 时的结果还相当零星. 如果一个 t-设计不包含重复区组, 则称其为**单纯**的. Magliveras 和 Leavitt 给出了第一个非平凡单纯 6-设计 (文献 [60]), Kreher 和 Radziszowski 找到了最小的单纯 6-设计 $S_4(6, 7, 14)$ (文献 [53]). t-设计理论的一个重大进展是 Teirlinck 在文献 [73] 中证明了对所有的 t, 非平凡单纯 t-设计总是存在的 (设 $v \geqslant t + 1$, 且 $v \equiv t \pmod{((t+1)!)^{2t+1}}$, 则存在单纯 t-$(v, t + 1, ((t + 1)!)^{2t+1})$ 设计. 不过, 这样得到的 t-设计具有巨大的 λ 值, 故而小例子的构造依然是及其困难的未解决问题). 对 $\lambda = 1$, 即 Steiner 系 $S(t, k, v)$ 来说, 已知有 Möbius 几何 $S(3, q + 1, q^n + 1)$, Hanani 证明了 $S(3, 4, v)$ (Steiner 四元系) 存在当且仅当 $v \equiv 2$ 或 $4 \pmod 6$ (文献 [43]). 当 $t \geqslant 4$ 时, 只对很少的几组参数证明了 $S(t, k, v)$ 的存在性; 当 $t \geqslant 6$ 时, 至今还未找到 $S(t, k, v)$ 存在的例子.

下面给出 Möbius 几何 $S(3, q + 1, q^n + 1)$ 的构造, 其中 q 为素数幂. 设 $\mathbb{F}_{q^n}$ 为含 q^n 个元素的有限域, ∞ 为不含在 $\mathbb{F}_{q^n}$ 中的一个符号. 令 $X = \mathbb{F}_{q^n} \cup \{\infty\}$. 对 $\mathbb{F}_{q^n}$ 上的任意 2 阶可逆矩阵

$$g = \begin{pmatrix} a & b \\ c & d \end{pmatrix},$$

定义映射 $g : X \to X$ 如下: 对于 $x \in X$, 若 $c \neq 0$, 则令

$$g(x) = \begin{cases} \dfrac{ax + b}{cx + d}, & x \in \mathbb{F}_{q^n}, \text{ 且 } x \neq -c^{-1}d, \\ \infty, & x = -c^{-1}d, \\ c^{-1}a, & x = \infty; \end{cases}$$

若 $c = 0$ (这时一定有 $d \neq 0$), 则令

$$g(x) = \begin{cases} d^{-1}(ax + b), & x \neq \infty, \\ \infty, & x = \infty. \end{cases}$$

容易验证 g 为 X 到自身的双射 (即 X 上的置换). 这里映射 g 是由矩阵 $\boldsymbol{g}$ 唯一确定的, 为了简便, 通常也直接用矩阵 $\boldsymbol{g}$ 来表示映射 g. 设

$$\boldsymbol{g}' = \begin{pmatrix} a' & b' \\ c' & d' \end{pmatrix}$$

为 $\mathbb{F}_{q^n}$ 上另一个 2 阶可逆矩阵, 则作为 X 到其自身的映射, $\boldsymbol{g} = \boldsymbol{g}'$ 当且仅当存在 $\lambda \in \mathbb{F}_{q^n}^*$, 使得

$$\begin{pmatrix} a & b \\ c & d \end{pmatrix} = \lambda \begin{pmatrix} a' & b' \\ c' & d' \end{pmatrix}.$$

由于 $\mathbb{F}_{q^n}$ 上的 2 阶可逆矩阵共有 $(q^{2n} - 1)(q^{2n} - q^n)$ 个, 所以上面这样定义的 X 上的置换有 $\dfrac{(q^{2n} - 1)(q^{2n} - q^n)}{q^n - 1} = q^n(q^{2n} - 1)$ 个. 容易验证这些置换在映射合成下构成一个群, 称为 $\mathbb{F}_{q^n}$ 上的 2 阶一般射影线性群, 记为 $PGL_2(\mathbb{F}_{q^n})$. 它自然是 X 上的一个置换群.

引理 9.2.13 群 $PGL_2(\mathbb{F}_{q^n})$ 是 X 上的 3-传递置换群, 即对 X 中互不相同元素组成的任意两个有序三元组 (p, q, r) 和 (p', q', r'), 存在 $\boldsymbol{g} \in PGL_2(\mathbb{F}_{q^n})$, 使得 $g(p) = p', g(q) = q', g(r) = r'$.

证明 只需证明对 X 中任意三个互异元素组成的有序组 (p, q, r), 存在 $\boldsymbol{g} \in PGL_2(\mathbb{F}_{q^n})$, 使得 $g(p) = \infty, g(q) = 0, g(r) = 1$.

若 $p \neq \infty$, 令

$$\boldsymbol{g}_1 = \begin{pmatrix} 1 & 0 \\ 1 & -p \end{pmatrix},$$

而若 $p = \infty$, 令 $\boldsymbol{g}_1$ 为 2 阶单位矩阵 $\boldsymbol{I}_2$, 则 $g_1(p) = \infty$. 记 $g_1(q) = q_1$,

$g_1(r) = r_1$,则 $q_1 \neq r_1$. 令
$$g_2 = \begin{pmatrix} (r_1-q_1)^{-1} & -(r_1-q_1)^{-1}q_1 \\ 0 & 1 \end{pmatrix},$$
则 $g_2(\infty) = \infty$, $g_2(q_1) = 0$, $g_2(r_1) = 1$. 取 $g = g_2 g_1$ 即得结论. □

把 q 元域 $\mathbb{F}_q$ 看成 $\mathbb{F}_{q^n}$ 的一个子域，则 $\mathbb{F}_q \cup \{\infty\}$ 是 X 的一个子集. 令 $B_0 = \mathbb{F}_q \cup \{\infty\}$. 对任意 $g \in PGL_2(\mathbb{F}_{q^n})$, 定义
$$g(B_0) = \{g(x) \mid x \in B_0\}.$$

引理 9.2.14 若存在 $g \in PGL_2(\mathbb{F}_{q^n})$, 使得 $\{\infty, 0, 1\} \subset g(B_0)$, 则 $g \in PGL_2(\mathbb{F}_q)$, 且 $g(B_0) = B_0$.

证明 设
$$g = \begin{pmatrix} a & b \\ c & d \end{pmatrix},$$
其中 $a, b, c, d \in \mathbb{F}_{q^n}$, 且 $ad - bc \neq 0$. 分 $c = 0$ 及 $c \neq 0$ 这两种情况证明.

(1) $c = 0$. 由于 $PGL_2(\mathbb{F}_{q^n})$ 中同一个元素的不同矩阵表示相差 $\mathbb{F}_{q^n}$ 中的一个非零倍，故可设 $d = 1$, 从而 $a \neq 0$, 且
$$g(x) = ax + b, \quad \forall\, x \in \mathbb{F}_{q^n} \cup \{\infty\}.$$
由定义 $g(\infty) = \infty$, 又因为 $0, 1 \in g(B_0)$, 所以存在 $x_1, x_2 \in \mathbb{F}_q$, $x_1 \neq x_2$, 满足
$$ax_1 + b = 0, \quad ax_2 + b = 1,$$
从而 $a = (x_2 - x_1)^{-1}$, $b = -x_1(x_2 - x_1)^{-1} \in \mathbb{F}_q$. 所以 $g \in PGL_2(\mathbb{F}_q)$.

(2) $c \neq 0$. 类似地，可设 $c = 1$, 则
$$g(x) = \frac{ax+b}{x+d}, \quad \forall\, x \in \mathbb{F}_{q^n} \cup \{\infty\}.$$
因为 $\infty \in g(B_0)$, 又由定义知 $g(-d) = \infty$, 所以 $d \in \mathbb{F}_q$. 类似地，由 $0 \in g(B_0)$ 和 $g(-a^{-1}b) = 0$ 知 $a^{-1}b \in \mathbb{F}_q$. 记 $b' = a^{-1}b$, 则
$$g(x) = a\frac{x+b'}{x+d}.$$

由于 $1 \in g(B_0)$, 所以存在 $x_1 \in \mathbb{F}_q$, 使得 $1 = a(x_1 + b')(x_1 + d)^{-1}$. 由此得到 $a \in \mathbb{F}_q$ 以及 $b = ab' \in \mathbb{F}_q$. 故 $\boldsymbol{g} \in PGL_2(\mathbb{F}_q)$. □

显然, 若 $\boldsymbol{g} \in PGL_2(\mathbb{F}_q)$, 则 $\boldsymbol{g}(B_0) = B_0$, 从而对任意的 $\boldsymbol{g}' \in gPGL_2(\mathbb{F}_q)$, 有 $\boldsymbol{g}'(B_0) = \boldsymbol{g}(B_0)$. 由上面引理 9.2.14 知反之亦成立, 即对 $\boldsymbol{g}, \boldsymbol{g}' \in PGL_2(\mathbb{F}_{q^n})$, $\boldsymbol{g}'(B_0) = \boldsymbol{g}(B_0)$ 当且仅当 $\boldsymbol{g}'$ 和 $\boldsymbol{g}$ 在子群 $PGL_2(\mathbb{F}_q)$ 的同一个左陪集中. 令 J 为子群 $PGL_2(\mathbb{F}_q)$ 在 $PGL_2(\mathbb{F}_{q^n})$ 中的左陪集代表元集合.

定理 9.2.15 设 $X = \mathbb{F}_{q^n} \cup \{\infty\}$, $B_0 = \mathbb{F}_q \cup \{\infty\}$, $\mathcal{B} = \{\boldsymbol{g}(B_0) \mid \boldsymbol{g} \in J\}$, 则 $(X, \mathcal{B})$ 为一个 $S(3, q+1, q^n+1)$, 具有 $\dfrac{q^{n-1}(q^{2n}-1)}{q^2-1}$ 个区组.

证明 显然, $|X| = q^n + 1$, 且对所有 $\boldsymbol{g} \in PGL_2(\mathbb{F}_{q^n})$, 有

$$|\boldsymbol{g}(B_0)| = |B_0| = q + 1.$$

下面证明: 对 X 的任意一个 3-子集 $\{p, q, r\}$, 存在 $\mathcal{B}$ 中唯一一个区组包含它.

由引理 9.2.13 知, 只需考虑三元组 $\{\infty, 0, 1\}$. 显然 $\{\infty, 0, 1\} \subset B_0$. 若存在 $\boldsymbol{g} \in J$, 使得 $\{\infty, 0, 1\} \subset \boldsymbol{g}(B_0)$, 由引理 9.2.14 知 $\boldsymbol{g}(B_0) = B_0$. 这便证得存在唯一区组 $B_0 \in \mathcal{B}$ 包含 $\{\infty, 0, 1\}$.

显然, 此设计的区组个数为

$$\begin{aligned} |J| &= |PGL_2(\mathbb{F}_{q^n}) : PGL_2(\mathbb{F}_q)| \\ &= \frac{q^n(q^{2n}-1)}{q(q^2-1)} = \frac{q^{n-1}(q^{2n}-1)}{q^2-1}. \end{aligned}$$ □

§9.3 平衡不完全区组设计

本节来讨论 2-设计, 即平衡不完全区组设计. 一个 2-(v, k, λ) 设计也简记为 (v, k, λ) 设计, 这时常常用 r 来记 b_1, 即包含任一点的区组个数, 称为**重复数**, 而 λ 称为**相遇数**.

定理 9.2.8 的结论可写成 $bk = vr$ 和 $\lambda(v-1) = r(k-1)$. 设 N 是一个 (v, k, λ) 设计的关联矩阵, 则显然有 $N j_b = r j_v$, $N' j_v = k j_b$, 且 $NN' = (r-\lambda)I + \lambda J$, 其中 I 和 J 分别为 v 阶单位矩阵和全 1 矩阵, j_v, j_b 分别为 v 维和 b 维全 1 列向量. 反之, 若 N 为某个关联结构 $\mathcal{D} = (X, \mathcal{B})$ 的关联矩阵, 且满足 $N' j_v = k j_b$ 和 $NN' = (r-\lambda)I + \lambda J$, 由定义易得此关联结构 $\mathcal{D}$ 为一个 2-(v, k, λ) 设计, 其中 $v = |X|, b = |\mathcal{B}|$. 这便证明了下面的定理.

定理 9.3.1 设 N 为关联结构 $\mathcal{D} = (X, \mathcal{B})$ 的关联矩阵, $v = |X|$, $b = |\mathcal{B}|$, 则 $\mathcal{D}$ 为一个 2-(v, k, λ) 设计当且仅当

$$N' j_v = k j_b \quad \text{和} \quad NN' = (r-\lambda)I + \lambda J.$$

推论 9.3.2 设 $\mathcal{D}$ 为一个 (v, k, λ) 设计, 则 $\mathcal{D}$ 的补 $\overline{\mathcal{D}}$ 为一个 $(v, v-k, b-2r+\lambda)$ 设计.

证明 设 $\mathcal{D}$ 的关联矩阵为 N, 则 $\overline{\mathcal{D}}$ 的关联矩阵为 $\overline{N} = J_{v \times b} - N$. 简单计算即得. □

注 9.3.3 上面推论中的 $\overline{\lambda} = b - 2r + \lambda$ 也可以直接利用容斥原理得到.

定理 9.3.4 (Fisher 不等式) 对一个有 b 个区组的 (v, k, λ) 设计, 若 $v > k$, 则有 $b \geqslant v$.

证明 由 $v > k$ 可得 $r > \lambda$, 故 $\det(NN') = rk(r-\lambda)^{v-1} \neq 0$, 所以 $\operatorname{rank}(N) = v$, 这便推出 $b \geqslant v$. □

定理 9.3.5 若一个 (v, k, λ) 设计有 $b = v$ 个区组, 并且 v 为偶数, 则 $n = k - \lambda$ 一定是平方数.

证明 由 $b = v$ 有 $r = k$, 这时 N 的行列式的平方为 $k^2 n^{v-1}$, 得证. □

人们特别感兴趣的一类设计是**对称设计**, 即 $b = v$ 时的 2-设计. 对一个对称 (v, k, λ) 设计, 有 $\lambda(v-1) = k(k-1)$. 这是一个对称 (v, k, λ)

设计存在的必要条件, 下面这个定理则给出了另一个必要条件.

定理 9.3.6 设 $1 \leqslant \lambda < k < v-1, n = k - \lambda$. 若一个对称 (v, k, λ) 设计存在, 则有
$$4n - 1 \leqslant v \leqslant n^2 + n + 1.$$

证明 由于 $\lambda(v-1) = (n+\lambda)(n+\lambda-1)$, 因此
$$\lambda^2 - (v - 2n)\lambda + n(n-1) = 0,$$
即
$$\lambda = \frac{1}{2}\left(v - 2n \pm \sqrt{(v-2n)^2 - 4n(n-1)}\right).$$
由于对称 (v, k, λ) 设计的补是一个对称 $(v, v-k, v-2k+\lambda)$ 设计, 而 $(v-k) - (v-2k+\lambda) = k - \lambda = n$, 即对称设计与它的补有相同的点数 v 和相同的阶 n, 所以上面的两个 λ 值分别为对称 (v, k, λ) 设计和它的补设计的相遇数 (注意一个对称设计和它的补设计不可能有相同的相遇数), 它们均至少为 1, 故有
$$v - 2n - 2 \geqslant \sqrt{(v-2n)^2 - 4n(n-1)}.$$
上式两边平方, 即得 $v \leqslant n^2 + n + 1$. 由 $(v-2n)^2 \geqslant 4n(n-1)$ 和 $v > 2n$ 可得 $v - 2n \geqslant \sqrt{4n(n-1)}$, 又 $v - 2n$ 为整数, 所以
$$v - 2n \geqslant 2n - 1, \quad 即 \quad v \geqslant 4n - 1. \qquad \square$$

$\lambda = 1$ 时的对称设计称为**射影平面**, $n = k - 1$ 也称为此射影平面的**阶**. 一个 n 阶射影平面的参数用 n 表示为 $v = n^2 + n + 1, k = n + 1$ 和 $\lambda = 1$, 这时的 v 达到定理 9.3.6 中的上界. 可以证明 v 达到此上界当且仅当设计是一个射影平面或一个射影平面的补.

例 9.3.7 设 $X = \mathbb{Z}_7, \mathcal{B} = \{B_x = \{x, x+1, x+3\} \mid x \in \mathbb{Z}_7\}$, 容易验证 $(X, \mathcal{B})$ 是一个 $(7, 3, 1)$ 设计, 它是 (唯一的) 一个 2 阶射影平面, 通常称其为 **Fano 平面**. 在例 9.2.5 中, 令 $n = 3, d = 2$, 便得到一个 q 阶射影平面. 换句话说, 当 n 为素数幂时, n 阶射影平面是存在的.

例 9.3.8 一个 $(n^2, n, 1)$ 设计也称为一个 n 阶**仿射平面**. 以有限域 $\mathbb{F}_q$ 上 2 维向量空间 $\mathbb{F}_q^2$ 的向量为点, 以 $\mathbb{F}_q^2$ 的所有 1 维子空间的陪集为区组, 便得到一个 q 阶仿射平面. 在一个 n 阶射影平面中去掉一条线 (区组) 和这条线上的所有点就得到一个 n 阶仿射平面.

定理 9.3.9 设 $v > k$, 则对称 (v, k, λ) 设计的任两不同区组均有 λ 个公共点.

证明 设 N 为对称 (v, k, λ) 设计的关联矩阵, 则有

$$NN' = (k - \lambda)I + \lambda J \quad \text{和} \quad NJ = JN = kJ.$$

由定理 9.3.4 的证明知, 矩阵 N 可逆, 从而

$$N'N = N^{-1}NN'N = N^{-1}[(k - \lambda)I + \lambda J]N = (k - \lambda)I + \lambda J,$$

所以 N 中任两不同列有 λ 个公共 1. 这便是结论. □

注 9.3.10 由上面的定理知, 若 N 是一个对称设计 $\mathcal{D}$ 的关联矩阵, 则 N' 是对称设计 $\mathcal{D}'$ 的关联矩阵 ($\mathcal{D}'$ 以 $\mathcal{D}$ 的区组为点, 点为区组, 关联关系不变). 称 $\mathcal{D}'$ 是 $\mathcal{D}$ 的**对偶设计**. 注意, 虽然 $\mathcal{D}$ 和 $\mathcal{D}'$ 有相同的参数, 但是多数情况下 $\mathcal{D}$ 与 $\mathcal{D}'$ 是不同构的.

若关联结构 $\mathcal{D} = (X, \mathcal{B})$ 的点和区组个数相同, 则定理 9.3.1 可简化如下:

定理 9.3.11 设 N 为关联结构 $\mathcal{D} = (X, \mathcal{B})$ 的关联矩阵, $|X| = |\mathcal{B}| = v$, $k > \lambda$, 则 $\mathcal{D}$ 为一个对称 (v, k, λ) 设计当且仅当 $NN' = (k - \lambda)I + \lambda J$, 也当且仅当 $N'N = (k - \lambda)I + \lambda J$.

证明 只证充分性即可. 条件 $NN' = (k - \lambda)I + \lambda J$ 表明, 包含任两互异点的区组个数为 λ, $NJ = kJ$ (即包含任一点的区组个数都是 k), 且 N 可逆. 由此可得

$$N'N = (k - \lambda)I + \frac{\lambda}{k}JN,$$

再右乘 J 得到
$$N'J = \frac{k+(v-1)\lambda}{k}J.$$
这表明每个区组所含点数都是 $k' = \dfrac{k+(v-1)\lambda}{k}$，所以 $\mathcal{D}$ 是一个 2-设计. 再由 $bk' = vk$ 和 $b = v$ 得到 $k' = k$.

类似地，可证明 $N'N = (k-\lambda)I + \lambda J$ 的情形. $\square$

由定理 9.3.11 知，当 $k > \lambda$ 时，关联结构 $\mathcal{D} = (X, \mathcal{B})$ 是对称 (v, k, λ) 设计，如果 $|X| = |\mathcal{B}| = v$，包含任一点的区组有 k 个，且包含任两互异点的区组个数都为 λ，或者 $|X| = |\mathcal{B}| = v$，每个区组中都有 k 个点，且任两互异区组均有 λ 个公共点.

定理 9.3.12 (Hall-Connor, 1954) 设 v, k, λ 满足
$$\lambda(v-1) = k(k-1), \quad 且 \quad \lambda \leqslant 2,$$
则存在对称 (v, k, λ) 设计当且仅当存在 $(v-k, k-\lambda, \lambda)$ 设计.

证明 设 $\mathcal{D} = (X, \mathcal{B})$ 是一个对称 (v, k, λ) 设计，B_0 为任一取定区组，令 $X_1 = X - B_0$，$\mathcal{B}_1 = \{B' - B' \cap B_0 \mid B' \in \mathcal{B}, B' \neq B_0\}$，则容易验证 $\mathcal{D}_1 = (X_1, \mathcal{B}_1)$ 是一个 $(v-k, k-\lambda, \lambda)$ 设计 (见本章习题第 15 题，$\mathcal{D}_1$ 称为 $\mathcal{D}$ 的**剩余设计**).

反之，设 $\mathcal{D}^* = (X^*, \mathcal{B}^*)$ 是一个 $(v-k, k-\lambda, \lambda)$ 设计，且 $\lambda = 1$，又令 $n = k-1$，则 $k = n+1$，且由 $\lambda(v-1) = k(k-1)$ 得 $v = n^2 + n + 1$. 所以 $\mathcal{D}^*$ 是一个 $(n^2, n, 1)$ 设计，即 n 阶仿射平面. 容易验证 $\mathcal{D}^*$ 的区组集合 $\mathcal{B}^*$ 可以划分成 $n+1$ 个平行类 $\mathcal{B}_1^*, \mathcal{B}_2^*, \cdots, \mathcal{B}_{n+1}^*$，每个平行类中含 n 个区组 (见本章习题第 11 题). 设 $\infty_1, \infty_2, \cdots, \infty_{n+1}$ 是不在 X^* 中的 $n+1$ 个互异元素. 令 $X = X^* \cup \{\infty_1, \infty_2, \cdots, \infty_{n+1}\}$. 对任意 $B^* \in \mathcal{B}^*$，若 $B^* \in \mathcal{B}_i^*$，定义 $B = B^* \cup \{\infty_i\}$，即给平行类 $\mathcal{B}_i^*$ 中 n 个区组的每一个都增加无穷远点 ∞_i $(1 \leqslant i \leqslant n+1)$ 做成新的区组. 令
$$\mathcal{B} = \{B \mid B^* \in \mathcal{B}^*\} \cup \{\infty_1, \infty_2, \cdots, \infty_{n+1}\},$$
则易证 $\mathcal{D} = (X, \mathcal{B})$ 是一个对称 $(n^2+n+1, n+1, 1)$ 设计，即一个 n 阶射影平面.

当 $\lambda = 2$ 时, 证明比较困难, 可参见 Hall, Jr. 和 Connor 的文章 [42]. □

注 9.3.13 当 $\lambda \geqslant 3$ 时, 定理 9.3.12 不再成立.

下面来证明关于对称设计存在性的一个重要定理, 即著名的 Bruck-Ryser-Chowla 定理 (简称为 BRC 定理). 为此要用到数论中的下述结果, 其证明可在数论著作中找到.

引理 9.3.14 (Lagrange 四平方和定理) 任一正整数都能表示成 4 个整数的平方和.

定理 9.3.15 (BRC 定理) 如果对称 (v, k, λ) 设计存在, 且 $n = k - \lambda > 0$, 则

(1) 当 v 为偶数时, n 为平方数;

(2) 当 v 为奇数时, 不定方程 $z^2 = nx^2 + (-1)^{\frac{v-1}{2}} \lambda y^2$ 有不全为零的整数解.

证明 只需证 v 是奇数的情形. 设 $\mathcal{D}$ 是一个对称 (v, k, λ) 设计, $\boldsymbol{N} = (n_{ij})$ 为其关联矩阵, 作 v 个变量 $x_1, x_2, \cdots, x_v$ 的线性型 L_i 如下:

$$L_i = \sum_{j=1}^{v} n_{ij} x_j, \quad 1 \leqslant i \leqslant v,$$

即 $(L_1, L_2, \cdots, L_v) = (x_1, x_2, \cdots, x_v) \boldsymbol{N}'$. 由等式 $\boldsymbol{N}' \boldsymbol{N} = n \boldsymbol{I} + \lambda \boldsymbol{J}$ 可推出

$$L_1^2 + L_2^2 + \cdots + L_v^2 = n(x_1^2 + x_2^2 + \cdots + x_v^2) + \lambda(x_1 + x_2 + \cdots + x_v)^2. \quad (9.1)$$

由 Lagrange 四平方和定理知, n 可表示为

$$n = a_1^2 + a_2^2 + a_3^2 + a_4^2.$$

设

$$H = \begin{pmatrix} a_1 & a_2 & a_3 & a_4 \\ -a_2 & a_1 & -a_4 & a_3 \\ -a_3 & a_4 & a_1 & -a_2 \\ -a_4 & -a_3 & a_2 & a_1 \end{pmatrix}.$$

对于 $x = (x_1, x_2, x_3, x_4)$，令 $y = (y_1, y_2, y_3, y_4) = xH$，则有

$$y_1^2 + y_2^2 + y_3^2 + y_4^2 = (a_1^2 + a_2^2 + a_3^2 + a_4^2)(x_1^2 + x_2^2 + x_3^2 + x_4^2).$$

取变量 x_j $(1 \leqslant j \leqslant v)$ 中的任 4 个便有

$$n(x_i^2 + x_{i+1}^2 + x_{i+2}^2 + x_{i+3}^2) = (y_i^2 + y_{i+1}^2 + y_{i+2}^2 + y_{i+3}^2),$$

其中每个 y_j $(i \leqslant j \leqslant i+3)$ 都是 $x_i, \cdots, x_{i+3}$ 的线性型. 由 H 的可逆性知, 每个 x_j $(i \leqslant j \leqslant i+3)$ 也都是 $y_i, \cdots, y_{i+3}$ 的线性型.

若 $v \equiv 1 \pmod{4}$, 在 (9.1) 式中每次取 4 个变量为一组, 又记 $w = x_1 + x_2 + \cdots + x_v$, 则 (9.1) 式变为

$$L_1^2 + L_2^2 + \cdots + L_v^2 = y_1^2 + y_2^2 + \cdots + y_{v-1}^2 + nx_v^2 + \lambda w^2, \qquad (9.2)$$

这里 $L_1, L_2, \cdots, L_v$ 和 w 都是 $y_1, y_2, \cdots, y_{v-1}, x_v$ 的线性型. 此外, 可用下面的方法减少变量的个数: 如果

$$L_1 = c_{11} y_1 + c_{12} y_2 + \cdots + c_{1,v-1} y_{v-1} + c_{1v} x_v, \qquad (9.3)$$

则令

$$L_1 = \begin{cases} y_1, & c_{11} \neq 1, \\ -y_1, & c_{11} = 1. \end{cases}$$

代入 (9.3) 式可将 y_1 表示成 $y_2, \cdots, y_{v-1}, x_v$ 的线性型, 再代入 (9.2) 式得到

$$L_2^2 + \cdots + L_v^2 = y_2^2 + \cdots + y_{v-1}^2 + nx_v^2 + \lambda w^2.$$

对 $y_2, \cdots, y_{v-1}$ 用同样的方法, 在每一步, w 被剩下的变量的一个线性型来代替, 最后可以得到

$$L_v^2 = nx_v^2 + \lambda w^2,$$

其中 L_v 和 w 都是变量 x_v 的有理数倍，再两端乘以这两个分数的公分母便得到一个整数方程

$$z^2 = nx^2 + \lambda y^2.$$

若 $v \equiv 3 \pmod 4$，在 (9.2) 式的两端都加上新的一项 nx_{v+1}^2，这里 x_{v+1} 为一个新变量. 利用同样的方法, 这个式子最后可降为

$$nx_{v+1}^2 = y_{v+1}^2 + \lambda w^2,$$

其中 x_{v+1} 和 w 都是变量 y_{v+1} 的有理数倍，再两端乘以这两个分数的公分母得到整数方程

$$z^2 = nx^2 - \lambda y^2. \qquad \square$$

例 9.3.16 对称 $(22, 7, 2)$ 设计不存在，因为这时 $v = 22$ 为偶数，但是 $n = 5$ 不是平方数. 再利用定理 9.3.12 便得到 $(15, 5, 2)$ 设计不存在.

例 9.3.17 由例 9.3.7 知，对 $2 \leqslant n \leqslant 9$，除了 $n = 6$ 之外，n 阶射影平面是存在的. 由 BRC 定理知，6 阶射影平面存在的一个必要条件是方程 $z^2 = 6x^2 - y^2$ 有非平凡解. 如果这样的一个解存在，则它也存在 x, y, z 无公共因子的非平凡解，从而 z 与 y 都是奇数. 所以，z^2 与 y^2 都等于 $1 \pmod 8$，而 $6x^2 \pmod 8$ 为 0 或 6. 这表明上面方程只有平凡解 $(0, 0, 0)$，所以 6 阶射影平面不存在.

那么 10 阶射影平面是否存在？这时方程 $z^2 = 10x^2 - y^2$ 有一组非平凡解 $(1, 1, 3)$，BRC 定理没有告诉我们任何东西. 1988 年年底, 林永康等人利用计算机搜索证明了 10 阶射影平面不存在 (文献 [56]).

推论 9.3.18 (Bruck-Ryser 定理) 设 $n \equiv 1$ 或 $2 \pmod 4$，且存在 n 阶射影平面，则 n 是两个整数的平方和.

证明 条件 $n \equiv 1$ 或 $2 \pmod 4$ 可推出

$$v = n^2 + n + 1 \equiv 3 \pmod 4.$$

由 BRC 定理知, 方程 $z^2 = nx^2 - y^2$ 有非零整数解, 即存在不全为零的非负整数 a, b, c, 使得 $a^2 + b^2 = nc^2$. 设 n_1 为 n 的无平方因子部分, $d = \gcd(a, b)$, $a = da_1$, $b = db_1$, 则 a_1, b_1 互素, 且有 $a_1^2 + b_1^2 = n_1 c_1^2$, 其中 c_1 是某个整数. 对 n_1 的任意素因子 p, 一定有 $p \nmid a_1$ (否则, 可推出 $p \mid b_1$ 与 a_1, b_1 互素, 矛盾), 故存在整数 a_2, 使得 $a_1 a_2 \equiv 1 \pmod{p}$. 所以 $(b_1 a_2)^2 \equiv -1 \pmod{p}$, 从而 $p = 2$ 或 $p \equiv 1 \pmod{4}$. 这便证得 n 为两个整数的平方和. □

注 9.3.19 (1) 上面的证明中用到数论中高斯 (Gauss) 的二平方和定理: 正整数 n 为两个整数的平方和当且仅当 n 的无平方因子部分不存在素因子 $3 \pmod{4}$.

(2) 由上述 Bruck-Ryser 定理知, 不存在下面阶数的射影平面: 6, 14, 21, 22, 30, 33, 38, $\cdots$. 现在还未知射影平面是否存在的最小阶数是 $n = 12$.

已有很多方法来构造 2-设计. (k, λ) 的需要考虑的最小的非平凡对为 $(3, 1)$. 2-$(v, 3, 1)$ 设计也称为 **Steiner 三元系**, 用 $STS(v)$ 来简记这样的设计. 由推论 9.2.10 知, $STS(v)$ 存在的必要条件是

$$v \equiv 1 \text{ 或 } 3 \pmod{6}.$$

事实上, 这个条件也是充分的. 例如, $STS(3)$ 是只有一个区组的平凡设计, $STS(7)$ 是 2 阶射影平面, $STS(9)$ 是 3 阶仿射平面, 等等.
由推论 9.2.10 知, (v, k, λ) 设计存在的必要条件为

$$\lambda(v - 1) \equiv 0 \pmod{(k - 1)} \quad \text{和} \quad \lambda v(v - 1) \equiv 0 \pmod{k(k - 1)}.$$

Hanani 证明了当 $k \leqslant 5$ 时, 除去 $(15, 5, 2)$ 设计不存在外, 这个必要条件也是 (v, k, λ) 设计存在的充分条件 (文献 [44, 45]). Wilson 证明了给定正整数 k 和 λ, 存在仅与 k 和 λ 有关的常数 v_0, 使得当 $v \geqslant v_0$ 时, 上述必要条件也是充分条件 (文献 [79]).

§9.4 Hadamard 矩阵和 Hadamard 设计

设 $\mathcal{D}$ 是一个对称 (v, k, λ) 设计, $n = k - \lambda$, $v = 4n - 1$, 即 v 达到定理 9.3.6 中的下界. 由 $\lambda(v-1) = k(k-1)$ 可得 $\lambda = n-1$ 或 $\lambda = n$, 故 $\mathcal{D}$ 是一个 $(4n-1, 2n-1, n-1)$ 设计或 $(4n-1, 2n, n)$ 设计. 而一个 $(4n-1, 2n, n)$ 设计的补又是一个 $(4n-1, 2n-1, n-1)$ 设计. 下面把任一 $(4n-1, 2n-1, n-1)$ 设计都称为 Hadamard 设计, 这是由于这一类对称设计与 Hadamard 矩阵之间有着十分密切的联系.

Hadamard 曾考虑过这样的问题: 设 $\boldsymbol{A} = (a_{ij})$ 为一个 n 阶实矩阵, 且 $|a_{ij}| \leqslant 1$, 则 $\boldsymbol{A}$ 的行列式的绝对值最大是多少? 显然, 若 $\boldsymbol{A}$ 不可逆, 则 $\det(\boldsymbol{A}) = 0$; 若 $\boldsymbol{A}$ 可逆, 则 $\boldsymbol{AA}'$ 为正定矩阵, 从而

$$\det(\boldsymbol{A})^2 = \det(\boldsymbol{AA}') \leqslant \prod_{i=1}^{n} \left(\sum_{j=1}^{n} a_{ij}^2 \right) \leqslant n^n,$$

即 $|\det(\boldsymbol{A})| \leqslant n^{\frac{n}{2}}$, 等式成立当且仅当 $a_{ij} = \pm 1$ 且 $\boldsymbol{AA}' = n\boldsymbol{I}$. 这便得到下面这个定义.

定义 9.4.1 一个 n 阶 **Hadamard 矩阵**是一个以 ± 1 为元素的 n 阶矩阵 $\boldsymbol{H}$, 满足 $\boldsymbol{HH}' = n\boldsymbol{I}$.

由定义知 $\boldsymbol{H}$ 的任意两行正交. 又 $\boldsymbol{HH}' = n\boldsymbol{I}$ 等价于 $\boldsymbol{H}'\boldsymbol{H} = n\boldsymbol{I}$, 故 $\boldsymbol{H}$ 的任意不同列也是正交的. 如果交换 $\boldsymbol{H}$ 的行 (列) 或某行 (列) 乘以 -1, 则此性质也不会改变, 即一个 Hadamard 矩阵施行上面的变换后仍为 Hadamard 矩阵. 两个这样的 Hadamard 矩阵称为**等价**的. 对任一 Hadamard 矩阵, 可以找到一个与其等价且第一行第一列都是 1 的 Hadamard 矩阵, 这样的 Hadamard 矩阵称为是**规范**的. 设 $\boldsymbol{H}$ 是一个规范的 Hadamard 矩阵, 则除了第一行之外, $\boldsymbol{H}$ 的其余行中元素为 $+1$ 的个数与元素为 -1 的个数相等, 即若 $n \neq 1$, 则 n 一定为偶数. 例如, $(+)$ 为 1 阶 Hadamard 矩阵, 而

$$\begin{pmatrix} + & + \\ + & - \end{pmatrix} \quad \text{和} \quad \begin{pmatrix} + & + & + & + \\ + & + & - & - \\ + & - & + & - \\ + & - & - & + \end{pmatrix}$$

分别为 2 阶和 4 阶 Hadamard 矩阵，这里用 + 表示 +1，用 − 表示 −1.

定理 9.4.2 设 H 为一个 n 阶 Hadamard 矩阵，则

$$n = 1, 2 \quad \text{或} \quad n \equiv 0 \pmod{4}.$$

证明 设 $n \geqslant 3$，$\boldsymbol{H} = (h_{ij})$，则有

$$n = \sum_{j=1}^{n} h_{1j}^2 = \sum_{j=1}^{n} (h_{1j} + h_{2j})(h_{1j} + h_{3j}).$$

又 $h_{ij} = \pm 1$，故 $h_{ij} + h_{tj} = 0$ 或 ± 2 $(1 \leqslant i, t \leqslant 3, 1 \leqslant j \leqslant n)$，从而

$$(h_{1j} + h_{2j})(h_{1j} + h_{3j}) \equiv 0 \pmod{4}. \qquad \square$$

定理 9.4.3 存在 $4t$ $(t \geqslant 2)$ 阶 Hadamard 矩阵的充分必要条件是存在 Hadamard 设计.

证明 设 $\boldsymbol{H}$ 是一个规范的 $4t$ 阶 Hadamard 矩阵，去掉 $\boldsymbol{H}$ 的第一行和第一列，取剩下的矩阵的行为点，每一列定义了行的一个子集，由此列上元素为 +1 的那些行所组成，以这些子集为区组，便得到一个 $(4t - 1, 2t - 1, t - 1)$ 设计.

反之，设 $\boldsymbol{N}$ 是一个 Hadamard 设计的关联矩阵. 令

$$\boldsymbol{H} = \begin{pmatrix} 1 & 1 & \cdots & 1 \\ 1 & & & \\ \vdots & & 2\boldsymbol{N} - \boldsymbol{J} & \\ 1 & & & \end{pmatrix},$$

易证 $\boldsymbol{H}$ 为一个 $4t$ 阶 Hadamard 矩阵. $\qquad \square$

例 9.4.4 设 H 是一个规范的 $4t$ 阶 Hadamard 矩阵，去掉 H 的第一行，剩下的矩阵的每一行依元素为 $+1$ 或 -1 确定了列的两个 $2t$-子集，以列为点，这些 $2t$-子集为区组便得到一个 $3\text{-}(4t, 2t, t-1)$ 设计，这样的设计称为 **Hadamard 3-设计**（注意此 3-设计关于一个点的导出设计为 Hadamard 设计）。

定义 9.4.5 一个 Hadamard 矩阵 H 称为**正则**的，如果 H 的每行元素之和都相等，即存在整数 s，使得 $HJ = sJ$。

定理 9.4.6 若 $4t$ 阶正则 Hadamard 矩阵存在，则 $t = u^2$，并且存在 $4u^2$ 阶正则 Hadamard 矩阵当且仅当存在对称 $(4u^2, 2u^2 - u, u^2 - u)$ 设计。

证明 设 H 为 $4t$ 阶正则 Hadamard 矩阵，则 $HJ = sJ$。令 $N = \dfrac{1}{2}(H + J)$，则 N 为 $4t$ 阶 $(0,1)$-矩阵，且有

$$NN' = \frac{1}{4}(HH' + HJ + (HJ)' + J^2) = tI + \left(t + \frac{s}{2}\right)J.$$

由定理 9.3.6 知，矩阵 N 为某个对称 $\left(4t, 2t + \dfrac{s}{2}, t + \dfrac{s}{2}\right)$ 设计的关联矩阵，从而

$$\left(t + \frac{s}{2}\right)(4t - 1) = \left(2t + \frac{s}{2}\right)\left(2t + \frac{s}{2} - 1\right),$$

即 $4t = s^2$。令 $u = -\dfrac{s}{2}$，则 $t = u^2$，同时也存在对称 $(4u^2, 2u^2 - u, u^2 - u)$ 设计。

反之，设 N 为某个对称 $(4u^2, 2u^2 - u, u^2 - u)$ 设计的关联矩阵。令 $H = 2N - J$，则 H 为一个 $4u^2$ 阶 $(1, -1)$-矩阵，且有

$$\begin{aligned}
HH' &= 4NN' - 2NJ - 2(NJ)' + J^2 \\
&= 4(u^2 I + (u^2 - u)J) - 2(2u^2 - u)J - 2(2u^2 - u)J + 4u^2 J \\
&= 4u^2 I
\end{aligned}$$

和

$$HJ = 2NJ - J^2 = 2(2u^2 - u)J - 4u^2 J = -2uJ. \qquad \square$$

组合设计领域一个著名的猜想是: 对任意满足 $n \equiv 0 \pmod 4$ 的正整数 n, 存在 n 阶 Hadamard 矩阵. 虽然已有很多构造 Hadamard 矩阵的方法, 但是离解决这个猜想还相差甚远, 目前还未确定 n 阶 Hadamard 矩阵存在性的最小阶数为 $n = 668$.

注 9.4.7 $4t$ 阶 Hadamard 矩阵存在的必要条件是方程

$$z^2 = tx^2 - (t-1)y^2$$

有不全为零的整数解, 而显然 $(1,1,1)$ 即为这样的一组解, 这一结论支持了上述猜想. 而目前还未确定 Hadamard 矩阵存在的阶数在 1000 以内的还有 5 个, 即 668, 716, 764, 892 和 956.

下面给出两种构造 Hadamard 矩阵的方法. 首先定义会议矩阵 (此名字来源于它对电话会议网络的应用). 一个 n 阶**会议矩阵**为一个主对角线元素为 0, 其他元素为 $+1$ 或 -1 的 n 阶矩阵 C, 且满足 $CC' = (n-1)I$. 通过直接验证易得下面两个结论.

定理 9.4.8 设 C 是一个 n 阶反对称会议矩阵, 则 $I + C$ 为 n 阶 Hadamard 矩阵.

定理 9.4.9 设 C 是一个 n 阶对称会议矩阵, 则

$$H = \begin{pmatrix} I+C & -I+C \\ -I+C & -I-C \end{pmatrix}$$

为 $2n$ 阶 Hadamard 矩阵.

下面给出一个构造会议矩阵的方法, 再利用定理 9.4.8 和定理 9.4.9 便可构造出 Hadamard 矩阵. 设 q 为一个奇素数幂, 在有限域 $\mathbb{F}_q$ 中定义特征函数 χ 为

$$\chi(x) = \begin{cases} 0, & x = 0, \\ 1, & x \text{ 为非 0 平方元}, \\ -1, & x \text{ 为非平方元}, \end{cases}$$

则对任意 $x, y \in \mathbb{F}_q$, 有 $\chi(x)\chi(y) = \chi(xy)$, 且 $\sum_{x \in \mathbb{F}_q} \chi(x) = 0$. 所以, 对任意 $c \in \mathbb{F}_q^* = \mathbb{F}_q \setminus \{0\}$, 有

$$\sum_{b \in \mathbb{F}_q} \chi(b)\chi(b+c) = \sum_{b \in \mathbb{F}_q^*} \chi(1 + cb^{-1}) = \sum_{x \in \mathbb{F}_q \setminus \{1\}} \chi(x)$$
$$= -\chi(1) = -1.$$

记 $\mathbb{F}_q = \{a_0 = 0, a_1, \cdots, a_{q-1}\}$, 定义一个 q 阶矩阵 $\boldsymbol{Q} = (q_{ij})$, 其中 $q_{ij} = \chi(a_i - a_j)$ $(0 \leqslant i, j \leqslant q-1)$. 注意, 当 $q \equiv 1 \pmod 4$ 时, $\boldsymbol{Q}$ 是对称的; 而当 $q \equiv 3 \pmod 4$ 时, $\boldsymbol{Q}$ 是反对称的. 记 $\boldsymbol{QQ}' = (b_{ij})$, 则有

$$b_{ij} = \sum_{0 \leqslant t \leqslant q-1} \chi(a_i - a_t)\chi(a_j - a_t)$$
$$= \sum_{b = a_i - a_t \in \mathbb{F}_q} \chi(b)\chi(b + (a_j - a_i))$$
$$= \begin{cases} q-1, & i = j, \\ -1, & i \neq j, \end{cases}$$

即 $\boldsymbol{QQ}' = q\boldsymbol{I} - \boldsymbol{J}$. 又显然有 $\boldsymbol{QJ} = \boldsymbol{JQ} = \boldsymbol{0}$. 定义 $q+1$ 阶矩阵 $\boldsymbol{C}$ 为

$$\boldsymbol{C} = \begin{pmatrix} 0 & 1 & \cdots & 1 \\ \pm 1 & & & \\ \vdots & & \boldsymbol{Q} & \\ \pm 1 & & & \end{pmatrix},$$

其中的元素 ± 1 的符号由 $\boldsymbol{Q}$ 为对称或反对称矩阵来选取 (同时取 "+" 或 "–"), 容易验证 $\boldsymbol{C}$ 为 $q+1$ 阶会议矩阵.

注 9.4.10 这个构造是由 Paley (1933) 给出的, 所以这种类型的会议矩阵通常称为 **Paley 矩阵**.

由此便得到下面的定理.

定理 9.4.11 设 q 为一个奇素数幂, 则当 $q \equiv 3 \pmod 4$ 时, 存在 $q+1$ 阶 Hadamard 矩阵; 而当 $q \equiv 1 \pmod 4$ 时, 存在 $2(q+1)$ 阶 Hadamard 矩阵.

§9.4 Hadamard 矩阵和 Hadamard 设计

很多组合结构的一个很普遍的构造方法是所谓的递归构造方法,即利用同样形式的两个或多个小结构通过某个步骤来做出所要求的大结构. 下面这个定理就给出一个构造 Hadamard 矩阵的递归构造方法.

设 $A = (a_{ij})$ 是一个 $m \times n$ 矩阵, B 为一个 $s \times t$ 矩阵, 则矩阵

$$\begin{pmatrix} a_{11}B & a_{12}B & \cdots & a_{1n}B \\ a_{21}B & a_{22}B & \cdots & a_{2n}B \\ \vdots & \vdots & & \vdots \\ a_{m1}B & a_{m2}B & \cdots & a_{mn}B \end{pmatrix}$$

包含了 mn 个大小为 $s \times t$ 的块, 此矩阵称为矩阵 A 和 B 的 **Kronecker 乘积**, 记做 $A \otimes B$. 由直接计算可知, 对于任意 (可以进行运算) 的矩阵 A, B, C, D, 有

$$(A \otimes B)(C \otimes D) = (AC) \otimes (BD)$$

和

$$(A \otimes B)' = A' \otimes B'.$$

定理 9.4.12 设 H_m 和 H_n 分别为 m 阶和 n 阶 Hadamard 矩阵, 则 $H_m \otimes H_n$ 是一个 mn 阶 Hadamard 矩阵.

证明 直接验证即可. □

对 2 阶 Hadamard 矩阵

$$H_2 = \begin{pmatrix} + & + \\ + & - \end{pmatrix}$$

反复应用此定理, 可得到一个 Hadamard 矩阵序列, 记为

$$H_n, \quad n = 2^m, \ m = 1, 2, \cdots.$$

§9.5 差　　集

定义 9.5.1 设 G 为一个 v 阶 Abel 群，G 上的一个 (v,k,λ)-**差集**是 G 的一个 k-子集 D，使得 G 中每个非零元素都在由 D 中元素的差组成的多重集 M 中出现 λ 次。

显然，若存在群 G 上的 (v,k,λ)-差集，则必有 $\lambda(v-1) = k(k-1)$。对 $S \subseteq G$ 和 $g \in G$，定义 $S + g = \{x + g \mid x \in S\}$，称之为 S 被 g 的**平移**或**移位**。容易验证，D 是 G 上的一个 (v,k,λ)-差集当且仅当对任意 $g \in G$，$g \neq 0$，有 $|D \cap (D+g)| = \lambda$。

在进一步讨论差集之前，先来看差集在通信领域的一个简单应用。通信中序列的自相关性是判断序列好坏的一个重要指标。设 $\boldsymbol{s} = (s_0, s_1, \cdots, s_{v-1})$ 是 $\mathbb{F}_2$ 上的一个周期为 v 的序列，它的自相关函数定义为
$$A_{\boldsymbol{s}}(i) = \sum_{j=0}^{v-1} (-1)^{s_j + s_{j+i \pmod{v}}}, \quad \forall\, 0 \leqslant i \leqslant v-1.$$

取 G 为 v 阶循环群 $\mathbb{Z}_v$，$D \subseteq G$，记 $\boldsymbol{s}_D$ 为 D 的特征向量 (序列)。若 D 为 G 上的一个 (v,k,λ)-差集，则有
$$A_{\boldsymbol{s}_D}(i) = \begin{cases} v, & i = 0, \\ v - 4(k - \lambda), & i \neq 0. \end{cases}$$
这表明差集的特征序列具有好的自相关性。

例 9.5.2 经过验算可知，$D = \{1,2,4\}$ 是 $\mathbb{Z}_7$ 上的一个 $(7,3,1)$-差集，$D = \{0,1,3,9\}$ 是 $\mathbb{Z}_{13}$ 上的一个 $(13,4,1)$-差集，$D = \{1,3,4,5,9\}$ 是 $\mathbb{Z}_{11}$ 上的一个 $(11,5,2)$-差集，
$$D = \{(1,0),(2,0),(3,0),(0,1),(0,2),(0,3)\}$$
是 $\mathbb{Z}_4 \times \mathbb{Z}_4$ 上的一个 $(16,6,2)$-差集，而
$$D = \{(0,0,0,0),(0,0,0,1),(0,0,1,0),(0,1,0,0),(1,0,0,0),(1,1,1,1)\}$$
是 $\mathbb{Z}_2 \times \mathbb{Z}_2 \times \mathbb{Z}_2 \times \mathbb{Z}_2$ 上的一个 $(16,6,2)$-差集。

设 G 为一个 v 阶 Abel 群. 对于 $D \subseteq G$, 定义

$$\mathrm{Dev}(D) = \{D + g \mid g \in G\},$$

称其为 D 的**展开**.

定理 9.5.3 设 G 为一个 Abel 群, $D \subseteq G$, 则 D 是 G 上的一个 (v, k, λ)-差集当且仅当 $(G, \mathrm{Dev}(D))$ 是一个对称 (v, k, λ) 设计.

证明 D 是 G 上的一个 (v, k, λ)-差集当且仅当对任意 $g \in G$, $g \neq 0$, 有 $|D \cap (D + g)| = \lambda$, 也当且仅当对任意 $g_1, g_2 \in G$, $g_1 \neq g_2$, 有 $|(D + g_1) \cap (D + g_2)| = \lambda$, 由定理 9.3.11 后面的说明知这等价于 $(G, \mathrm{Dev}(D))$ 是一个对称 (v, k, λ) 设计. □

当 $1 < k < v - 1$ 时, 差集称为**非平凡**的. $\lambda = 1$ 时的差集有时也称为**平面差集** (因为由此差集得到的对称设计为射影平面).

定理 9.5.4 设 G 为一个 v 阶 Abel 群, 则 G 中存在一个 (v, k, λ)-差集等价于存在一个对称 (v, k, λ) 设计 $\mathcal{D}$, 它有一个与 G 同构的自同构群 $\tilde{G}$, 且 $\tilde{G}$ 在 $\mathcal{D}$ 的点集上的作用正则.

证明 设 D 是 G 中的一个 (v, k, λ)-差集, 则

$$\mathcal{D} = (G, \{D + g \mid g \in G\})$$

为一个对称 (v, k, λ) 设计. 对任一 $g \in G$, 定义 G 上的一个置换 $\tilde{g}$ 为

$$\tilde{g}(x) = x + g, \quad \forall\, x \in G,$$

则 $\tilde{g} \in \mathrm{Aut}(\mathcal{D})$, $\tilde{G} = \{\tilde{g} \mid g \in G\}$ 是 $\mathcal{D}$ 的一个与 G 同构的自同构群且在 $\mathcal{D}$ 的点集 G 上的作用正则.

反之, 给定 G, 设 $\mathcal{D} = (X, \mathcal{B})$ 为一个对称 (v, k, λ) 设计, $\tilde{G} \leqslant \mathrm{Aut}(\mathcal{D})$, $\tilde{G}$ 与 G 同构, 且 $\tilde{G}$ 在 X 上的作用正则, 我们只需构造 $\tilde{G}$ 上的一个 (v, k, λ)-差集即可. 取定一点 $x_0 \in X$ 和一个区组 $B_0 \in \mathcal{B}$, 令 $D = \{\sigma \in \tilde{G} \mid \sigma(x_0) \in B_0\}$, 则 D 为 $\tilde{G}$ 上的一个 (v, k, λ)-差集. 事实

上，因为 $\tilde{G}$ 正则，且 $|B_0| = k$，故 $|D| = k$. 设 $\alpha \in \tilde{G}$，且 α 非单位，则

$$\alpha + D = \{\alpha + \sigma \mid \sigma(x_0) \in B_0\} = \{\tau \mid \tau(x_0) \in \alpha(B_0)\}.$$

所以

$$D \cap (D + \alpha) = \{\tau \mid \tau(x_0) \in B_0 \cap \alpha(B_0)\},$$

因为 $\tilde{G}$ 正则，α 无不动点，从而 α 也无固定区组（见本章习题第 20 题），所以 $\alpha(B_0) \neq B_0$. 故 $|B_0 \cap \alpha(B_0)| = \lambda$，再由正则性有

$$|D \cap (D + \alpha)| = \lambda. \qquad \square$$

注 9.5.5 在上面定理的证明中，$\tilde{G}$ 与 G 同构，也是 Abel 群，所以 $\tilde{G}$ 中的运算也写为 "+"，即对于 $\sigma, \tau \in \tilde{G}$，$\sigma + \tau$ 定义为

$$(\sigma + \tau)(x) = \sigma(\tau(x)), \quad \forall x \in X.$$

循环群 $\mathbb{Z}_v$ 上的差集称为**循环差集**，所以存在一个循环 (v, k, λ)-差集等价于存在一个对称 (v, k, λ) 设计，它有一个循环自同构，即一个包含全部 v 个点的轮换。

注意到 $D \subseteq G$ 为一个 (v, k, λ)-差集当且仅当 $G \setminus D$ 是一个 $(v, v-k, v-2k+\lambda)$-差集，所以只看 $k \leqslant v/2$ 的情形就足够了。注意 D 是一个差集当且仅当 D 的每个移位也是一个差集，并且若 $\alpha \in \text{Aut}(G)$，则 $D \subseteq G$ 是一个差集当且仅当 $\alpha(D)$ 是一个差集. 称 G 上的两个差集 D_1 与 D_2 **等价**，如果存在 $\alpha \in \text{Aut}(G)$ 和 $g \in G$，使得 $D_2 = \alpha(D_1) + g$（易验证这是一种等价关系）. 例如，$\mathbb{Z}_7$ 上的两个差集 $\{1, 2, 4\}$ 和 $\{3, 5, 6\}$ 是等价的.

下面来看几个已知的差集族. 一个 $(4n-1, 2n-1, n-1)$-差集常常称为一个 **Hadamard 差集**.

定理 9.5.6 (Paley, Todd) 设 $q = 4n - 1$ 为一个素数幂，则 $\mathbb{F}_q$ 中的非零平方元组成的集合 D 是 $\mathbb{F}_q$ 的加法群上的一个 Hadamard 差集.

证明 显然 $|D| = 2n - 1$. 由于 D 在非零平方元的乘积作用下不变,因此由 D 中元素的差组成的多重集 M 在非零平方元的乘积作用下不变. 而 M 在 -1 的乘积作用下也不变. 因为 $q \equiv 3 \pmod 4$, -1 是非平方元,又 $\mathbb{F}_q$ 中每个非零元或为非零平方元或为非零平方元的 -1 倍,从而 M 在 $\mathbb{F}_q$ 的非零元的乘积作用下不变,故 D 为一个 $(4n-1, 2n-1, \lambda)$-差集. 再由 $\lambda(4n-1-1) = (2n-1)(2n-1-1)$ 可得 $\lambda = n - 1$. □

例如,在 $\mathbb{Z}_{11}$ 中, $1, 4, 9, 5, 3$ 为非零平方元,从而 $D = \{1, 3, 4, 5, 9\}$ 是 $\mathbb{Z}_{11}$ 上的一个 $(11, 5, 2)$-差集.

定理 9.5.7 (Stanton, Sprott) 设 q 和 $q+2$ 都是素数幂,则对于 $4n - 1 = q(q+2)$, 在环 $R = \mathbb{F}_q \times \mathbb{F}_{q+2}$ 的加法群上存在一个 $(4n-1, 2n-1, n-1)$-差集.

证明 设 $U = \{(a, b) \in R \mid a \neq 0, b \neq 0\}$ 为 R 的全体可逆元所组成的群. 令

$$V = \{(a, b) \mid a, b \text{ 分别是 } \mathbb{F}_q \text{ 和 } \mathbb{F}_{q+2} \text{ 中的非零平方元},$$
$$\text{或者 } a, b \text{ 分别是 } \mathbb{F}_q \text{ 和 } \mathbb{F}_{q+2} \text{ 中的非平方元}\},$$

则 V 是 U 的一个子群. 又 q 和 $q+2$ 中恰有一个为 $1 \pmod 4$, 而另一个为 $3 \pmod 4$, 因此 $(-1, -1) \notin V$. 所以 $|U:V| = 2$. 再令 $T = \mathbb{F}_q \times \{0\}$, 则 $D = T \cup V$ 就是所要求的差集. 证明细节略. □

在 q 和 $q+2$ 都是素数 (即它们为孪生素数) 时, 定理 9.5.7 得到的是循环差集, 因为当 $\gcd(s, t) = 1$ 时, $\mathbb{Z}_s \times \mathbb{Z}_t$ 和 $\mathbb{Z}_{st}$ 的加法群同构, $x \pmod{st} \mapsto (x \pmod s, x \pmod t)$ 就是 $\mathbb{Z}_{st}$ 与 $\mathbb{Z}_s \times \mathbb{Z}_t$ 之间的一个同构. 例如, 当 $q = 3$ 时,

$$D = \{(1,1), (1,4), (2,2), (2,3), (0,0), (1,0), (2,0)\}$$

是 $\mathbb{F}_3 \times \mathbb{F}_5$ 的加法群上的一个 $(15, 7, 3)$-差集; 利用上面的同构, $(1,1) \mapsto 1, (1,4) \mapsto 4, (2,2) \mapsto 2, (2,3) \mapsto 8, (0,0) \mapsto 0, (1,0) \mapsto 10, (2,0) \mapsto 5$, 则 $D = \{1, 4, 2, 8, 0, 10, 5\}$ 就是一个循环 $(15, 7, 3)$-差集.

设 V 是 $\mathbb{F}_q$ 上的一个 $n+1$ 维线性空间,取 V 的 1 维子空间为点,n 维子空间为区组 (即射影空间 $PG(n,q)$ 的点和超平面),则得到一个对称设计,其参数为

$$v = \frac{q^{n+1}-1}{q-1}, \quad k = \frac{q^n-1}{q-1}, \quad \lambda = \frac{q^{n-1}-1}{q-1}.$$

定理 9.5.8 对任意素数幂 q 和正整数 n,在 v 阶循环群中存在一个具有上述参数的差集 D,使得所得到的设计与上面那个对称设计同构.

证明 对应定理 9.5.4,只需证明存在上述对称设计的一个自同构,它是一个长度为 v 的轮换即可. 由于 V 的每一个可逆线性变换 T 都把一个子空间变成同维数的子空间,所以 T 是上述对称设计的自同构. 取 $V = \mathbb{F}_{q^{n+1}}$,设 ω 为 $\mathbb{F}_{q^{n+1}}$ 的一个本原元,则 V 上的线性变换 $T: x \mapsto \omega x$ 可逆且为一个长度为 v 的轮换. $\square$

定理 9.5.8 中构造的差集称为 **Singer 差集** (Singer, 1938). 下面给出更具体的讨论和一个例子. 设 ω 为 $\mathbb{F}_{q^{n+1}}$ 的一个本原元,$v = \frac{q^{n+1}-1}{q-1}$,则

$$\mathbb{F}_q = \{0, \omega^0 = 1, \omega^v, \omega^{2v}, \cdots, \omega^{(q-2)v}\},$$

即 $\mathbb{F}_q$ 中每个非零元 α 必可表示成 ω^{sv} 的形式,$\mathbb{F}_{q^{n+1}}$ 中的两个元素 ω^i 和 ω^j 生成 $\mathbb{F}_q$ 上的同一个 1 维子空间当且仅当存在 $\mathbb{F}_q$ 的某个非零元 α,使得 $\omega^i = \alpha \omega^j$,也即当且仅当 $i \equiv j \pmod{v}$,于是 $\mathbb{F}_{q^{n+1}}$ 的所有 1 维子空间为

$$x_i = \{0, \omega^i, \omega^{v+i}, \omega^{2v+i}, \cdots, \omega^{(q-2)v+i}\}, \quad 0 \leqslant i \leqslant v-1.$$

定理 9.5.8 中的线性变换 T 导出的它们之间的置换为 $T: x_i \mapsto x_{i+1}$ (这里仍用符号 T 记导出的置换,下角标模 v),$\tilde{G}$ 为 T 生成的循环群,取任一区组,即任取 $\mathbb{F}_{q^{n+1}}$ 的一个 n 维子空间 U,再取点 x_0,则

$$D = \{T^i \in \tilde{G} \mid T^i(x_0) \in U\} = \{i \in \mathbb{Z}_v \mid x_i \in U\}$$

便是 $\mathbb{Z}_v$ 上的一个 $\left(\dfrac{q^{n+1}-1}{q-1}, \dfrac{q^n-1}{q-1}, \dfrac{q^{n-1}-1}{q-1}\right)$-差集.

例 9.5.9 设 $n=2, q=5$, 取 $\mathbb{F}_{5^3}$ 的一个本原元 ω (它可取为 $\mathbb{F}_5$ 上本原多项式 y^3+y^2+2 的一个根), 则 $1, \omega, \omega^2$ 就是 $\mathbb{F}_5$ 上的 3 维线性空间 $\mathbb{F}_{5^3}$ 的一组基. 取 $U=\langle 1,\omega\rangle$ 为一个 2 维子空间, U 含有的 1 维子空间 (点) 是 $\langle 1\rangle, \langle\omega\rangle, \langle\omega+1\rangle, \langle\omega+2\rangle, \langle\omega+3\rangle, \langle\omega+4\rangle$. 由于 $1=\omega^0, \omega=\omega^1, \omega+1=\omega^{29}, \omega+2=\omega^6, \omega+3=\omega^{18}, \omega+4=\omega^{22}$, 这便得到一个 $\mathbb{Z}_{31}$ 上的 Singer 差集 $\{0,1,29,6,18,22\}$.

注 9.5.10 在 Singer 差集中, 如果我们令 $q=2$, 则可得到循环 $(2^{n+1}-1, 2^n-1, 2^{n-1}-1)$-差集 D, 而它也是 Hadamard 差集. 此差集 D 的补 $\overline{D}$ 的特征序列称为 m-**序列**. 所以, 在 m-序列 $s_{\overline{D}}$ 中, 有 2^n 个分量为 $1, 2^n-1$ 个分量为 0, 且对任意 $1\leqslant i\leqslant 2^{n+1}-2$, 其自相关值为 $A_{s_{\overline{D}}}(i)=-1$.

例 9.5.11 由定理 9.5.6 可求得一个 Hadamaed $(31,15,7)$-差集

$$D=\{1,4,9,16,25,5,18,2,19,7,28,20,14,10,8\}.$$

从 $D\cap(D+1)\cap(D+3)=\{5,8,10,19\}$ 知, 设计 $(\mathbb{Z}_{31},\{D+g\mid g\in\mathbb{Z}_{31}\})$ 不能与 $PG(4,2)$ 的点和超平面组成的设计同构, 因为 $PG(4,2)$ 的区组的交仍然为 $\mathbb{F}_{2^5}$ 的子空间, 而 $\mathbb{F}_{2^5}$ 的子空间中所含 1 维子空间的个数不能为 4, 从而这样的两个差集不等价 (等价的差集做成的对称设计一定同构).

§9.6 正交拉丁方

定义 9.6.1 设 X 是一个 n-集合. X 上的 n 阶拉丁方是一个 $n\times n$ 阵列 (或矩阵) L, 使得 L 的每行每列都是 X 中元素的一个全排列. X 常常称为 L 的**符号集**, X 中的元素称为**符号**.

显然, n 阶群的乘法表就是一个 n 阶拉丁方. 设 L 是一个 n 阶拉丁方, 记 L 的 (i,j) 位置元素为 $L(i,j)$.

定义 9.6.2 设 L_1 和 L_2 分别是 n-集合 X 和 Y 上的 n 阶拉丁方, L_1 和 L_2 称为**正交**的, 如果对任意 $x \in X$ 和 $y \in Y$, 存在唯一对 (i,j), $1 \leqslant i,j \leqslant n$, 使得 $L_1(i,j) = x$, 且 $L_2(i,j) = y$.

等价地说, 若令 (L_1, L_2) 表示 L_1 和 L_2 的重叠, 即一个 $n \times n$ 阵列, 其 (i,j) 位置的元素为 $(L_1(i,j), L_2(i,j))$, $1 \leqslant i,j \leqslant n$, 则 L_1 和 L_2 正交当且仅当 (L_1, L_2) 包含 $X \times Y$ 中的每一个元素.

例 9.6.3 下面两个 3 阶拉丁方正交:

$$L_1 = \begin{array}{|c|c|c|} \hline 1 & 2 & 3 \\ \hline 2 & 3 & 1 \\ \hline 3 & 1 & 2 \\ \hline \end{array}, \quad L_2 = \begin{array}{|c|c|c|} \hline 1 & 2 & 3 \\ \hline 3 & 1 & 2 \\ \hline 2 & 3 & 1 \\ \hline \end{array}.$$

例 9.6.4 下面两个 4 阶拉丁方正交:

$$L_1 = \begin{array}{|c|c|c|c|} \hline 1 & 3 & 4 & 2 \\ \hline 4 & 2 & 1 & 3 \\ \hline 2 & 4 & 3 & 1 \\ \hline 3 & 1 & 2 & 4 \\ \hline \end{array}, \quad L_2 = \begin{array}{|c|c|c|c|} \hline 1 & 4 & 2 & 3 \\ \hline 3 & 2 & 4 & 1 \\ \hline 4 & 1 & 3 & 2 \\ \hline 2 & 3 & 1 & 4 \\ \hline \end{array}.$$

例 9.6.5 下面两个 8 阶拉丁方正交:

$$L_1 = \begin{array}{|c|c|c|c|c|c|c|c|} \hline 1 & 2 & 3 & 4 & 5 & 6 & 7 & 8 \\ \hline 2 & 1 & 4 & 3 & 6 & 5 & 8 & 7 \\ \hline 3 & 4 & 1 & 2 & 7 & 8 & 5 & 6 \\ \hline 4 & 3 & 2 & 1 & 8 & 7 & 6 & 5 \\ \hline 5 & 6 & 7 & 8 & 1 & 2 & 3 & 4 \\ \hline 6 & 5 & 8 & 7 & 2 & 1 & 4 & 3 \\ \hline 7 & 8 & 5 & 6 & 3 & 4 & 1 & 2 \\ \hline 8 & 7 & 6 & 5 & 4 & 3 & 2 & 1 \\ \hline \end{array},$$

$$L_2 = \begin{array}{|c|c|c|c|c|c|c|c|} \hline 1 & 2 & 3 & 4 & 5 & 6 & 7 & 8 \\ \hline 3 & 4 & 1 & 2 & 7 & 8 & 5 & 6 \\ \hline 5 & 6 & 7 & 8 & 1 & 2 & 3 & 4 \\ \hline 7 & 8 & 5 & 6 & 3 & 4 & 1 & 2 \\ \hline 6 & 5 & 8 & 7 & 2 & 1 & 4 & 3 \\ \hline 8 & 7 & 6 & 5 & 4 & 3 & 2 & 1 \\ \hline 2 & 1 & 4 & 3 & 6 & 5 & 8 & 7 \\ \hline 4 & 3 & 2 & 1 & 8 & 7 & 6 & 5 \\ \hline \end{array}.$$

定理 9.6.6 若 $n \geqslant 1$ 为奇数, 则存在正交的 n 阶拉丁方.

证明 当 $n = 1$ 时, 结论显然成立. 下面假设 $n > 1$ 且 n 为奇数. 定义整数环 $\mathbb{Z}_n$ 上的两个 $n \times n$ 阵列 L_1 和 L_2, 其中

$$L_1(i,j) \equiv i + j \pmod{n},$$
$$L_2(i,j) \equiv i - j \pmod{n},$$

这里 $0 \leqslant i, j \leqslant n - 1$. 容易验证 L_1 和 L_2 都是 n 阶拉丁方. 下面验证它们是正交的. 设 $(x, y) \in \mathbb{Z}_n \times \mathbb{Z}_n$, 令

$$i \equiv (x + y)\frac{n+1}{2} \pmod{n},$$
$$j \equiv (x - y)\frac{n+1}{2} \pmod{n},$$

则有 $L_1(i, j) = x$, 且 $L_2(i, j) = y$. 故 L_1 和 L_2 是正交的. □

例 9.6.7 由定理 9.6.6 可得下面两个 5 阶拉丁方正交:

$$L_1 = \begin{array}{|c|c|c|c|c|} \hline 0 & 1 & 2 & 3 & 4 \\ \hline 1 & 2 & 3 & 4 & 0 \\ \hline 2 & 3 & 4 & 0 & 1 \\ \hline 3 & 4 & 0 & 1 & 2 \\ \hline 4 & 0 & 1 & 2 & 3 \\ \hline \end{array}, \quad L_2 = \begin{array}{|c|c|c|c|c|} \hline 0 & 4 & 3 & 2 & 1 \\ \hline 1 & 0 & 4 & 3 & 2 \\ \hline 2 & 1 & 0 & 4 & 3 \\ \hline 3 & 2 & 1 & 0 & 4 \\ \hline 4 & 3 & 2 & 1 & 0 \\ \hline \end{array}.$$

定义 9.6.8 设 L 和 M 分别为集合 X 和 Y 上的 n_1 阶和 n_2 阶拉丁方, 其中 $|X| = n_1, |Y| = n_2$. 定义 L 和 M 的**直积**为 $n_1 n_2 \times n_1 n_2$ 阵列, 记为 $L \times M$, 其中

$$(L \times M)((i_1, i_2), (j_1, j_2)) = (L(i_1, j_1), M(i_2, j_2)),$$

这里 $1 \leqslant i_1, j_1 \leqslant n_1, 1 \leqslant i_2, j_2 \leqslant n_2$.

注 9.6.9 容易验证两个拉丁方的直积仍为拉丁方. 例如,

$$L = \begin{array}{|c|c|c|} \hline 3 & 1 & 2 \\ \hline 2 & 3 & 1 \\ \hline 1 & 2 & 3 \\ \hline \end{array}, \quad M = \begin{array}{|c|c|c|c|} \hline 1 & 3 & 4 & 2 \\ \hline 4 & 2 & 1 & 3 \\ \hline 2 & 4 & 3 & 1 \\ \hline 3 & 1 & 2 & 4 \\ \hline \end{array}$$

分别为 3 阶和 4 阶拉丁方, 则 $L \times M$ 如下, 它是 $3 \cdot 4 = 12$ 阶拉丁方:

(3,1)	(1,1)	(2,1)	(3,3)	(1,3)	(2,3)	(3,4)	(1,4)	(2,4)	(3,2)	(1,2)	(2,2)
(2,1)	(3,1)	(1,1)	(2,3)	(3,3)	(1,3)	(2,4)	(3,4)	(1,4)	(2,2)	(3,2)	(1,2)
(1,1)	(2,1)	(3,1)	(1,3)	(2,3)	(3,3)	(1,4)	(2,4)	(3,4)	(1,2)	(2,2)	(3,2)
(3,4)	(1,4)	(2,4)	(3,2)	(1,2)	(2,2)	(3,1)	(1,1)	(2,1)	(3,3)	(1,3)	(2,3)
(2,4)	(3,4)	(1,4)	(2,2)	(3,2)	(1,2)	(2,1)	(3,1)	(1,1)	(2,3)	(3,3)	(1,3)
(1,4)	(2,4)	(3,4)	(1,2)	(2,2)	(3,2)	(1,1)	(2,1)	(3,1)	(1,3)	(2,3)	(3,3)
(3,2)	(1,2)	(2,2)	(3,4)	(1,4)	(2,4)	(3,3)	(1,3)	(2,3)	(3,1)	(1,1)	(2,1)
(2,2)	(3,2)	(1,2)	(2,4)	(3,4)	(1,4)	(2,3)	(3,3)	(1,3)	(2,1)	(3,1)	(1,1)
(1,2)	(2,2)	(3,2)	(1,4)	(2,4)	(3,4)	(1,3)	(2,3)	(3,3)	(1,1)	(2,1)	(3,1)
(3,3)	(1,3)	(2,3)	(3,1)	(1,1)	(2,1)	(3,2)	(1,2)	(2,2)	(3,4)	(1,4)	(2,4)
(2,3)	(3,3)	(1,3)	(2,1)	(3,1)	(1,1)	(2,2)	(3,2)	(1,2)	(2,4)	(3,4)	(1,4)
(1,3)	(2,3)	(3,3)	(1,1)	(2,1)	(3,1)	(1,2)	(2,2)	(3,2)	(1,4)	(2,4)	(3,4)

定理 9.6.10 若存在正交的 n_1 阶和 n_2 阶拉丁方, 则存在正交的 $n_1 n_2$ 阶拉丁方.

证明 设 L_1 和 L_2 是集合 X 上正交的 n_1 阶拉丁方, M_1 和 M_2

是集合 Y 上正交的 n_2 阶拉丁方, 下面证明 $L_1 \times M_1$ 和 $L_2 \times M_2$ 是集合 $X \times Y$ 上正交的 $n_1 n_2$ 阶拉丁方.

考虑 $X \times Y$ 中的任意元素 $((x_1, y_1), (x_2, y_2))$, 因为 L_1 和 L_2 正交, 存在唯一的角标对 (i_1, j_1), $1 \leqslant i_1, j_1 \leqslant n_1$, 使得

$$L_1(i_1, j_1) = x_1, \quad L_2(i_1, j_1) = x_2.$$

同理, 由 M_1 和 M_2 正交知, 存在唯一的角标对 (i_2, j_2), $1 \leqslant i_2, j_2 \leqslant n_2$, 使得

$$M_1(i_2, j_2) = y_1, \quad M_2(i_2, j_2) = y_2.$$

从而存在唯一一对 $((i_1, i_2), (j_1, j_2))$, 满足

$$(L_1 \times M_1)((i_1, i_2), (j_1, j_2)) = (x_1, y_1),$$
$$(L_2 \times M_2)((i_1, i_2), (j_1, j_2)) = (x_2, y_2).$$

故 $L_1 \times M_1$ 和 $L_2 \times M_2$ 正交. □

利用例 9.6.4, 例 9.6.5 和定理 9.6.6, 定理 9.6.10 就可以得到对正整数 $n \not\equiv 2 \pmod{4}$, 存在正交的 n 阶拉丁方, 细节不赘述.

若 $n \equiv 2 \pmod{4}$, 情形又如何? 容易看出不存在正交的 2 阶拉丁方. 是否存在正交的 6 阶拉丁方? 这是组合学中一个古老的问题, 即所谓的 Euler 36 军官问题. 据说 Catherine 大帝曾问 Euler 下面这个问题: 有 36 名军官, 来自 6 个不同的团队, 每个团队 6 名; 具有 6 种不同的军衔, 每种军衔 6 名 (每个团队的 6 名军官都具有不同的军衔). 问: 能否把这 36 名军官排成一个 6×6 阵列, 使得每行每列的 6 名军官既来自不同的团队又具有不同的军衔? 不管 Catherine 是否问过, Euler 确实在 1779 年考虑过这个问题并确信这是不可能的, 接着 Euler 在 1782 年猜测 $n \equiv 2 \pmod{4}$ 时不存在正交的 n 阶拉丁方. 一直到 1900 年, Tarry 才证明了 Euler 这个猜测在 $n = 6$ 时是对的. 然而在 1960 年, Bose, Shrikhand 和 Parker 证明了对任意 $n > 2$ 且 $n \neq 6$, 存在正交的 n 阶拉丁方.

定义 9.6.11 n 阶拉丁方 $L_1, L_2, \cdots, L_t$ 称为**相互正交**的, 若对任意 i, j ($1 \leqslant i < j \leqslant t$), L_i 与 L_j 是正交的. 相互正交的拉丁方组简记为 MOLS.

组合设计领域的一个重要问题是: 对正整数 n, 确定相互正交的 n 阶拉丁方的最大个数. 通常用 $N(n)$ 来表示这个数.

定理 9.6.12 对任意 $n > 1$, $N(n) \leqslant n - 1$.

证明 设 $L_1, L_2, \cdots, L_t$ 是相互正交的 n 阶拉丁方. 不失一般性, 假设它们都定义在集合 $[n] = \{1, 2, \cdots, n\}$ 上, 并且它们的第一行都是 $1, 2, \cdots, n$.

考察这 t 个拉丁方在 $(2,1)$ 位置的 t 个值 $L_1(2,1), L_2(2,1), \cdots, L_t(2,1)$. 这 t 个值是互不相同的. 事实上, 若 $L_i(2,1) = L_j(2,1) = x$, 其中 $1 \leqslant i < j \leqslant t$, 则对于 L_i 和 L_j 的重叠 (L_1, L_2) 来说, 有序对 (x, x) 出现在位置 $(1, x)$ 和位置 $(2,1)$ 处. 这与 L_i 和 L_j 的正交性矛盾.

因为 $L_i(1,1) = 1$, 所以对任意 i ($1 \leqslant i \leqslant t$), 都有 $L_i(2,1) \neq 1$, 即 $L_1(2,1), L_2(2,1), \cdots, L_t(2,1)$ 是 $\{2, 3, \cdots, n\}$ 中 t 个互不相同的元素, 所以 $t \leqslant n - 1$. □

是否有 $N(n) = n - 1$ 是一个至今未获解决的著名难题, 它与 n 阶仿射平面的存在性有关.

定理 9.6.13 设 $n > 1$, 则 $N(n) = n - 1$ 当且仅当存在 n 阶仿射平面.

证明 设 $(X, \mathcal{B})$ 是一个 n 阶仿射平面, 即 $(n^2, n, 1)$ 设计. 它的线 (区组) 可以分成 $r = n + 1$ 个平行类, 每个类中包含 n 条线, 不同平行类中的任意两条线有唯一一个交点. 记这 $n + 1$ 个平行类为 $\Pi_1, \Pi_2, \cdots, \Pi_{n+1}$, 并且类 Π_i 中的线为 $l_{i,j}$ ($1 \leqslant j \leqslant n$). 对于 x ($1 \leqslant x \leqslant n-1$) 和 i, j ($1 \leqslant i, j \leqslant n$), 定义 $L_x(i, j) = k$ 当且仅当 $l_{n,i} \cap l_{n+1,j} \in l_{x,k}$, 则容易验证这样得到的 $L_1, L_2, \cdots, L_{n-1}$ 是相互正交的 n 阶拉丁方.

反之, 设 $L_1, L_2, \cdots, L_{n-1}$ 是集合 $[n]$ 上的 $n - 1$ 个相互正交的 n

阶拉丁方. 定义 $X = [n] \times [n]$. 对于 $1 \leqslant k \leqslant n$, 若 $1 \leqslant x \leqslant n-1$, 则定义
$$l_{x,k} = \{(i,j) \mid \boldsymbol{L}_x(i,j) = k\},$$
并且定义 $l_{n,k} = \{(k,j) \mid 1 \leqslant j \leqslant n\}$ 和 $l_{n+1,k} = \{(i,k) \mid 1 \leqslant i \leqslant n\}$. 取 $\mathcal{B} = \{l_{x,k} \mid 1 \leqslant x \leqslant n+1, 1 \leqslant k \leqslant n\}$, 则 $(X, \mathcal{B})$ 是一个 n 阶仿射平面. □

例 9.6.14 设 $X = \{1,2,3,4,5,6,7,8,9\}$, 而

$$\mathcal{B} = \{123, 456, 789, 147, 258, 369, 159, 267, 348, 168, 249, 357\},$$

则 $(X, \mathcal{B})$ 是一个 3 阶仿射平面. 把它的区组标记如下:

$l_{1,1} = \{1,2,3\}, \quad l_{2,1} = \{1,4,7\}, \quad l_{3,1} = \{1,5,9\}, \quad l_{4,1} = \{1,6,8\},$
$l_{1,2} = \{4,5,6\}, \quad l_{2,2} = \{2,5,8\}, \quad l_{3,2} = \{2,6,7\}, \quad l_{4,2} = \{2,4,9\},$
$l_{1,3} = \{7,8,9\}, \quad l_{2,3} = \{3,6,9\}, \quad l_{3,3} = \{3,4,8\}, \quad l_{4,3} = \{3,5,7\},$

则定理 9.6.13 可以给出下面一对正交的 3 阶拉丁方:

$$\boldsymbol{L}_1 = \begin{array}{|c|c|c|} \hline 1 & 3 & 2 \\ \hline 2 & 1 & 3 \\ \hline 3 & 2 & 1 \\ \hline \end{array}, \quad \boldsymbol{L}_2 = \begin{array}{|c|c|c|} \hline 1 & 3 & 2 \\ \hline 3 & 2 & 1 \\ \hline 2 & 1 & 3 \\ \hline \end{array}.$$

反之, 若从正交的 3 阶拉丁方 $\boldsymbol{L}_1, \boldsymbol{L}_2$ 开始, 则得到的 3 阶仿射平面的区组为

$l_{1,1} = \{(1,1),(2,2),(3,3)\}, \quad l_{2,1} = \{(1,1),(2,3),(3,2)\},$
$l_{1,2} = \{(1,3),(2,1),(3,2)\}, \quad l_{2,2} = \{(1,3),(2,2),(3,1)\},$
$l_{1,3} = \{(1,2),(2,3),(3,1)\}, \quad l_{2,3} = \{(1,2),(2,1),(3,3)\},$
$l_{3,1} = \{(1,1),(1,2),(1,3)\}, \quad l_{4,1} = \{(1,1),(2,1),(3,1)\},$
$l_{3,2} = \{(2,1),(2,2),(2,3)\}, \quad l_{4,2} = \{(1,2),(2,2),(3,2)\},$
$l_{3,3} = \{(3,1),(3,2),(3,3)\}, \quad l_{4,3} = \{(1,3),(2,3),(3,3)\}.$

若 $n = q$ 为素数幂, 则存在 n 阶仿射平面, 所以可得到下面的推论.

推论 9.6.15 对任意素数幂 q, $N(q) = q - 1$.

事实上, 这个推论也可以通过直接构造而得到. 记有限域 $\mathbb{F}_q$ 中的元素为 $a_0 = 0, a_1, \cdots, a_{q-1}$. 定义 $\boldsymbol{L}_k(i,j) = a_i + a_j a_k$, 其中 $0 \leqslant i, j \leqslant q-1, 1 \leqslant k \leqslant q-1$, 则容易验证 $\boldsymbol{L}_1, \boldsymbol{L}_2, \cdots, \boldsymbol{L}_{q-1}$ 是相互正交的 q 阶拉丁方.

下面用矩阵的符号来记拉丁方, 即 n 阶拉丁方 $\boldsymbol{L}$ 记做矩阵 $(\boldsymbol{L}(i,j))_{1 \leqslant i,j \leqslant n}$.

例 9.6.16 设 $q = 5$, 取 $a_k = k \in \mathbb{F}_5\ (1 \leqslant k \leqslant 4)$, 利用上面的构造可得到如下 4 个相互正交的 5 阶拉丁方:

$$\begin{pmatrix} 0 & 1 & 2 & 3 & 4 \\ 1 & 2 & 3 & 4 & 0 \\ 2 & 3 & 4 & 0 & 1 \\ 3 & 4 & 0 & 1 & 2 \\ 4 & 0 & 1 & 2 & 3 \end{pmatrix}, \begin{pmatrix} 0 & 2 & 4 & 1 & 3 \\ 1 & 3 & 0 & 2 & 4 \\ 2 & 4 & 1 & 3 & 0 \\ 3 & 0 & 2 & 4 & 1 \\ 4 & 1 & 3 & 0 & 2 \end{pmatrix},$$

$$\begin{pmatrix} 0 & 3 & 1 & 4 & 2 \\ 1 & 4 & 2 & 0 & 3 \\ 2 & 0 & 3 & 1 & 4 \\ 3 & 1 & 4 & 2 & 0 \\ 4 & 2 & 0 & 3 & 1 \end{pmatrix}, \begin{pmatrix} 0 & 4 & 3 & 2 & 1 \\ 1 & 0 & 4 & 3 & 2 \\ 2 & 1 & 0 & 4 & 3 \\ 3 & 2 & 1 & 0 & 4 \\ 4 & 3 & 2 & 1 & 0 \end{pmatrix}.$$

由定理 9.6.10 也可以得到下面的结论.

定理 9.6.17 若存在 s 个相互正交的 n_1 阶拉丁方和 s 个相互正交的 n_2 阶拉丁方, 则存在 s 个相互正交的 $n_1 n_2$ 阶拉丁方.

推论 9.6.18 设 $n = p_1^{e_1} p_2^{e_2} \cdots p_r^{e_r}$, 其中 $p_1, p_2, \cdots, p_r$ 为互异素数, $e_1, e_2, \cdots, e_r$ 为正整数, 则

$$N(n) \geqslant \min\{p_1^{e_1}, p_2^{e_2}, \cdots, p_r^{e_r}\} - 1.$$

定义 9.6.19 设 X 为 n-集合, $k \geqslant 2$. 一个 X 上的**正交阵列** $OA(n,k)$ 是一个元素取自 X 中的 $n^2 \times k$ 阵列 A, 满足对 A 的任意两列, X 中元素组成的每个有序对恰好在 A 的一行中出现.

显然, 若存在正交阵列 $OA(n,k)$, 则对任意 $2 \leqslant k' \leqslant k$, 取其中 k' 列便得到 $OA(n,k')$.

定理 9.6.20 设 $n \geqslant 1, t \geqslant 0$ 为整数, 则存在 $OA(n,t+2)$ 当且仅当存在 t 个相互正交的 n 阶拉丁方.

证明 若 $t=0$, 则显然

$$\begin{pmatrix} 1 & 1 \\ 1 & 2 \\ \vdots & \vdots \\ 1 & n \\ 2 & 1 \\ 2 & 2 \\ \vdots & \vdots \\ 2 & n \\ \vdots & \vdots \\ n & 1 \\ n & 2 \\ \vdots & \vdots \\ n & n \end{pmatrix}$$

是一个 $OA(n,2)$, 即 $OA(n,2)$ 总是存在的, 定理成立.

设存在集合 $[n]$ 上的 t 个相互正交的 n 阶拉丁方 $L_1, L_2, \cdots, L_t$. 定义阵列 A 为由所有 n^2 个 $t+2$ 元组 $(i, j, L_1(i,j), \cdots, L_t(i,j))$ $(i,j \in [n])$ 为行所构成的 $n^2 \times (t+2)$ 阵列, 则易验证 A 为 $OA(n,t+2)$.

反之, 设 A 为集合 $[n]$ 上的一个正交阵列 $OA(n,k)$. 对于 $1 \leqslant h \leqslant$

$k-2$ 和 $1 \leqslant r \leqslant n^2$, 定义

$$L_h(A(r,1), A(r,2)) = A(r, h+2),$$

则 $L_1, L_2, \cdots, L_{k-2}$ 是相互正交的 n 阶拉丁方. □

例 9.6.21 由例 9.6.3 中的两个相互正交的 3 阶拉丁方, 按定理 9.6.20 中给出的构造方法得到如下 $OA(3,4)$:

$$\begin{pmatrix} 1 & 1 & 1 & 1 \\ 1 & 2 & 2 & 2 \\ 1 & 3 & 3 & 3 \\ 2 & 1 & 2 & 3 \\ 2 & 2 & 3 & 1 \\ 2 & 3 & 1 & 2 \\ 3 & 1 & 3 & 2 \\ 3 & 2 & 1 & 3 \\ 3 & 3 & 2 & 1 \end{pmatrix}$$

设 n 为素数幂, 则存在 $n-1$ 个相互正交的 n 阶拉丁方, 从而存在正交阵列 $OA(n, n+1)$.

定义 9.6.22 设 $k \geqslant 2, n \geqslant 1$. 一个**横截设计** $TD(n,k)$ 是一个三元组 $(X, \mathcal{G}, \mathcal{B})$, 满足下列条件:

(1) X 是一个 kn-集合, 其中的元素称为点;

(2) $\mathcal{G}$ 是 X 的一个划分, 每个元素含有 n 个点 (从而 $\mathcal{G}$ 中有 k 个元素, 称为组);

(3) $\mathcal{B}$ 是 X 的子集组成的集合, 其元素称为区组, 每个区组中有 k 个点;

(4) 每个组和每个区组恰有一个公共点;

(5) 不同组中的两个点恰含于一个区组中.

容易求出横截设计 $TD(n,k)$ 中的区组个数为 n^2.

定理 9.6.23 设 $k \geqslant 2, n \geqslant 1$ 为整数,则存在横截设计 $TD(n,k)$ 当且仅当存在正交阵列 $\boldsymbol{OA}(n,k)$.

证明 设 $\boldsymbol{A}$ 为集合 $[n]$ 上的一个正交阵列 $\boldsymbol{OA}(n,k)$,定义 $X = \{1,2,\cdots,n\} \times \{1,2,\cdots,k\}$. 对于 $1 \leqslant i \leqslant k$ 和 $1 \leqslant r \leqslant n^2$,定义 $G_i = \{1,2,\cdots,n\} \times \{i\}$ 和 $B_r = \{(A(r,i),i) \mid 1 \leqslant i \leqslant k\}$. 令 $\mathcal{G} = \{G_i \mid 1 \leqslant i \leqslant k\}$ 和 $\mathcal{B} = \{B_r \mid 1 \leqslant r \leqslant n^2\}$,则容易验证 $(X,\mathcal{G},\mathcal{B})$ 是一个 $TD(n,k)$.

反之,设 $(X,\mathcal{G},\mathcal{B})$ 为一个 $TD(n,k)$. 必要时重新标记点,可设 $X = \{1,2,\cdots,n\} \times \{1,2,\cdots,k\}$, $\mathcal{G} = \{G_i \mid 1 \leqslant i \leqslant k\}$,其中 $G_i = \{1,2,\cdots,n\} \times \{i\}$ $(1 \leqslant i \leqslant k)$. 对 $B \in \mathcal{B}$ 和 $1 \leqslant i \leqslant k$,记 (b_i,i) 为 B 和 G_i 的唯一交点,则每个区组 $B \in \mathcal{B}$ 构成一个 k 元组 $(b_1,b_2,\cdots,b_k)$. 以所有这些 k 元组为行构造的 $n^2 \times k$ 阵列 $\boldsymbol{A}$ 就是一个 $\boldsymbol{OA}(n,k)$. □

例 9.6.24 由例 9.6.21 中的正交阵列 $\boldsymbol{OA}(3,4)$ 可得到一个横截设计 $TD(3,4)$,其区组为

$$B_1 = \{(1,1),(1,2),(1,3),(1,4)\},$$
$$B_2 = \{(1,1),(2,2),(2,3),(2,4)\},$$
$$B_3 = \{(1,1),(3,2),(3,3),(3,4)\},$$
$$B_4 = \{(2,1),(1,2),(2,3),(3,4)\},$$
$$B_5 = \{(2,1),(2,2),(3,3),(1,4)\},$$
$$B_6 = \{(2,1),(3,2),(1,3),(2,4)\},$$
$$B_7 = \{(3,1),(1,2),(3,3),(2,4)\},$$
$$B_8 = \{(3,1),(2,2),(1,3),(3,4)\},$$
$$B_9 = \{(3,1),(3,2),(2,3),(1,4)\}.$$

综合起来,可得到下面的定理.

定理 9.6.25 设 $k \geqslant 2, n \geqslant 1$ 为整数,则下列说法等价:
(1) 存在 $k-2$ 个相互正交的 n 阶拉丁方;
(2) 存在正交阵列 $\boldsymbol{OA}(n,k)$;
(3) 存在横截设计 $TD(n,k)$.

推论 9.6.26 设 $n > 1$, 则下列说法等价:
(1) 存在 n 阶仿射平面;
(2) 存在 $n-1$ 个相互正交的 n 阶拉丁方;
(3) 存在正交阵列 $\boldsymbol{OA}(n, n+1)$;
(4) 存在横截设计 $TD(n, n+1)$.

习 题 九

1. 设 $\boldsymbol{N}$ 是线性空间的一个关联矩阵, 求 $\boldsymbol{NN'}$.

2. 在一个线性空间中, 若 $b = v$, 证明: 这个线性空间或者为一个拟束, 或者存在 $k \geqslant 2$, 使得每条线上恰有 $k+1$ 个点, 同时过每个点恰有 $k+1$ 条线, 且在后一种情形有 $b = v = k^2 + k + 1$.

3. 取完全图 K_5 的 10 条边为点, 区组为下面三种四元组:
(a) 过一顶点的四条边;
(b) 一个三角形的三条边和与此三角形不相邻的一条边;
(c) 一个四边形的四条边.
证明这是一个 $S(3, 4, 10)$.

4. 取完全图 K_6 的边为点, 区组为边的三元组, 它们或者组成完美匹配, 或者为一个三角形. 证明这是一个 $S(2, 3, 15)$ 并与例 9.2.4 中得到的那个同参数的设计同构.

5. 取完全图 K_7 的边为点, 区组为边的五元组, 它们或者过同一顶点, 或者为一个五边形, 或者为一个三角形及与其不相邻的两条不相邻的边. 证明这是一个 $S(3, 5, 21)$.

6. 证明: $S(3, 6, 11)$ 不存在.

7. 设 $\mathcal{D} = (X, \mathcal{B})$ 是一个 t-设计, $J \subset X$, 且 $|J| = j \leqslant t$, 证明: $\mathcal{D}^J = (X - J, \{B \mid B \in \mathcal{B} \text{ 且 } B \cap J = \varnothing\})$ 是一个 $(t-j)$-设计. $\mathcal{D}^J$ 称为 $\mathcal{D}$ 的**剩余设计**.

8. 证明 $S_\lambda(t, k, v)$ 的补还是一个 t-设计, 并确定它的参数.

9. 证明: 在一个非平凡的 Steiner 系 $S(t, k, v)$ 中, 有
$$v \geqslant (t+1)(k-t+1).$$

10. 设 B 为一个 (v,k,λ) 设计的一个区组, 证明: 不同于 B 且与 B 相交的区组至少有 $\dfrac{k(r-1)^2}{(k-1)(\lambda-1)+(r-1)}$ 个, 取到最小个数当且仅当这样的区组与 B 有 $1+\dfrac{(k-1)(\lambda-1)}{r-1}$ 个公共点 (由此结论也可证明 Fisher 不等式).

11. 设 $\mathcal{D}=(X,\mathcal{B})$ 是一个 (v,k,λ) 设计, $\mathcal{D}$ 的一个平行类即一些区组组成的集合, 这些区组又恰是点集 X 的一个划分. 若 $\mathcal{D}$ 是一个 n 阶仿射平面, B_1 和 B_2 是两个区组, $B_1\sim B_2$ 当且仅当 $B_1=B_2$ 或者 B_1 与 B_2 无公共点, 证明: $\sim$ 是一个等价关系, 此等价关系的一个等价类就是一个平行类, 且 n 阶仿射平面有 $n+1$ 个平行类, 每个平行类中有 n 个区组. 进一步, 证明: 存在一个 n 阶射影平面, 使得 n 阶仿射平面可由此射影平面按例 9.3.8 中给出的方法得到.

12. 设 $\mathcal{D}$ 是一个 $3\text{-}(v,k,\lambda)$ 设计, $\mathcal{D}$ 的关于一点 p 的导出设计是对称的, 证明: $\lambda(v-2)=(k-1)(k-2)$, 并且 $\mathcal{D}$ 的任意两个区组或者无公共点, 或者有 $\lambda+1$ 个公共点.

13. 设 A 为任一 v 阶 $(0,1)$-矩阵, 且 $AA'=(k-\lambda)I+\lambda J$ $(k>\lambda)$, 证明:
$$A'A=(k-\lambda)I+\lambda J \quad \text{和} \quad AJ=JA=kJ.$$

14. 设 $\mathcal{D}=(X,\mathcal{B})$ 是一个关联结构, 点和区组的个数都是 v, 区组大小为 k, 并且任意两个区组都有 λ 个公共点, 证明: $\mathcal{D}$ 是一个对称设计.

15. 设 $\mathcal{D}=(X,\mathcal{B})$ 是一个对称 (v,k,λ) 设计, B 为任一区组. 令 $X_1=X-B$, $\mathcal{B}_1=\{B'-B'\cap B \mid B'\in\mathcal{B}, B'\neq B\}$; $X_2=B$, $\mathcal{B}_2=\{B'\cap B \mid B'\in\mathcal{B}, B'\neq B\}$. 证明: $\mathcal{D}_1=(X_1,\mathcal{B}_1)$ 是一个 $(v-k,k-\lambda,\lambda)$ 设计, 而 $\mathcal{D}_2=(X_2,\mathcal{B}_2)$ 是一个 $(k,\lambda,\lambda-1)$ 设计.

16. 证明: 对称 $(29,8,2)$ 设计不存在.

17. 设 M 为一个 v 阶有理方阵, 且 $MM'=mI$, 证明: 若 v 为奇数, 则 m 为一个平方数; 若 v 为偶数, 则 m 为两个有理数的平方和.

18. 设 $n=2t+1$, $X=\mathbb{Z}_n\times\mathbb{Z}_3$, $\mathcal{B}=\{\{(x,0),(x,1),(x,2)\} \mid x\in\mathbb{Z}_n\}$

$\cup \left\{ \left\{ (x,i),(y,i),\left(\dfrac{x+y}{2},i+1\right) \right\} \Big| x \neq y \in \mathbb{Z}_n, i \in \mathbb{Z}_3 \right\}$，证明：$(X, \mathcal{B})$ 是一个 $STS(6t+3)$.

19. 设 $(X_i, \mathcal{B}_i)$ 为 $STS(v_i)$ $(i=1,2)$，取 $X = X_1 \times X_2$，$\mathcal{B}$ 为三元集 $\{(x_1,y_1),(x_2,y_2),(x_3,y_3)\}$ 组成的集合，其中 $x_1 = x_2 = x_3$ 且 $\{y_1,y_2,y_3\} \in \mathcal{B}_2$，或者 $\{x_1,x_2,x_3\} \in \mathcal{B}_1$ 且 $y_1 = y_2 = y_3$，或者 $\{x_1,x_2,x_3\} \in \mathcal{B}_1$ 且 $\{y_1,y_2,y_3\} \in \mathcal{B}_2$，证明：$(X, \mathcal{B})$ 为 $STS(v_1 v_2)$.

20. 设 $\mathcal{S} = (X, \mathcal{B})$ 是一个对称 (v,k,λ) 设计，$v > k$，α 是 $\mathcal{S}$ 的一个自同构，证明：被 α 所固定的点数等于被它固定的区组个数，从而 $\mathcal{S} = (X, \mathcal{B})$ 的自同构群在点集 X 上的轨道条数等于它在区组集 $\mathcal{B}$ 上的轨道条数.

21. 设 C 为一个 n 阶会议矩阵，$n \neq 1$，证明：n 为偶数.

22. 与 Hadamard 矩阵一样，交换会议矩阵的两行以及相应的两列，或者某行（或列）乘以 -1，仍得到一个会议矩阵，并称它们是等价的. 证明：若 C 为会议矩阵，当 $n \equiv 2 \pmod 4$ 时，总能找到一个对称矩阵与 C 等价；而当 $n \equiv 0 \pmod 4$ 时，总能找到一个反对称矩阵与 C 等价.

23. 分别利用 12 阶和 6 阶 Paley 矩阵来构造 12 阶 Hadamard 矩阵，并证明任意两个 12 阶 Hadamard 矩阵都等价.

24. 证明：对于 $n \leq 100$，除了可能 $n = 92$ 之外，当 $n \equiv 0 \pmod 4$ 时，n 阶 Hadamard 矩阵是存在的.

25. 设

$$A = \begin{pmatrix} A_{11} & A_{12} \\ A_{21} & A_{22} \end{pmatrix}, \quad B = \begin{pmatrix} B_{11} & B_{12} \\ B_{21} & B_{22} \end{pmatrix}$$

分别为 $2m$ 阶和 $2n$ 阶 Hadamard 矩阵，其中 A_{ij} 为 m 阶矩阵，而 B_{ij} 为 n 阶矩阵. 令

$$H = \dfrac{1}{2} \begin{pmatrix} H_{11} & H_{12} \\ H_{21} & H_{22} \end{pmatrix},$$

其中

$$H_{11} = (A_{11} + A_{12}) \otimes B_{11} + (A_{11} - A_{12}) \otimes B_{21},$$
$$H_{12} = (A_{11} + A_{12}) \otimes B_{12} + (A_{11} - A_{12}) \otimes B_{22},$$
$$H_{21} = (A_{21} + A_{22}) \otimes B_{11} + (A_{21} - A_{22}) \otimes B_{21},$$
$$H_{22} = (A_{21} + A_{22}) \otimes B_{12} + (A_{21} - A_{22}) \otimes B_{22}.$$

证明: H 是一个 $2mn$ 阶 Hadamard 矩阵.

26. 设 q 为素数幂, 且 $q \equiv 1 \pmod{4}$, $m \geqslant 2$, A 为一个 m 阶 Hadamard 矩阵, C 为对应的 $q+1$ 阶 Paley 矩阵. 令

$$B = \left(I_{\frac{m}{2}} \otimes \begin{pmatrix} 0 & 1 \\ -1 & 0 \end{pmatrix}\right) A, \quad H = A \otimes I_{q+1} + B \otimes C,$$

证明: H 是一个 $m(q+1)$ 阶 Hadamard 矩阵.

27. 设 $U = (u_{ij})$ 为一个 23 阶置换矩阵, 其中 $u_{ij} = 1$ 当且仅当 $j - i \equiv 1 \pmod{23}$, $1 \leqslant i, j \leqslant 23$; 又设

$$Z_i = U^i + U^{23-i}, \quad 1 \leqslant i \leqslant 11,$$
$$W_1 = I + 2Z_2 + 2Z_6, \quad W_2 = I + 2Z_1 - 2Z_3 - 2Z_{10},$$
$$W_3 = I + 2Z_5 - 2Z_7, \quad W_4 = I - 2Z_4 - 2Z_8 + 2Z_9 + 2Z_{11},$$

而矩阵 A_1, A_2, A_3, A_4 满足

$$\begin{pmatrix} A_1 \\ A_2 \\ A_3 \\ A_4 \end{pmatrix} = \frac{1}{2} \begin{pmatrix} 1 & 1 & 1 & -1 \\ 1 & 1 & -1 & 1 \\ 1 & -1 & 1 & 1 \\ -1 & 1 & 1 & 1 \end{pmatrix} \begin{pmatrix} W_1 \\ W_2 \\ W_3 \\ W_4 \end{pmatrix}.$$

令

$$H = \begin{pmatrix} A_1 & A_2 & A_3 & A_4 \\ -A_2 & A_1 & -A_4 & A_3 \\ -A_3 & A_4 & A_1 & -A_2 \\ -A_4 & -A_3 & A_2 & A_1 \end{pmatrix},$$

证明: H 是一个 92 阶 Hadamard 矩阵.

28. 设 G 为一个 v 阶群 (运算写成乘法), D 为 G 的一个 k-子集, 证明下面这 6 个条件等价:

(a) 对任意 $g \in G, g \neq 1$, 存在 λ 个 D 中元素的有序对 (x, y), 使得 $g = xy^{-1}$;

(b) 对任意 $g \in G, g \neq 1$, 存在 λ 个 D 中元素的有序对 (x, y), 使得 $g = x^{-1}y$;

(c) 对任意 $g \in G, g \neq 1$, 有 $|D \cap Dg| = \lambda$;

(d) 对任意 $g \in G, g \neq 1$, 有 $|D \cap gD| = \lambda$;

(e) $(G, \{Dg \mid g \in G\})$ 为一个对称 (v, k, λ) 设计;

(f) $(G, \{gD \mid g \in G\})$ 为一个对称 (v, k, λ) 设计.

若上面 6 个条件之一成立, 则称 D 为 G 上的一个 (v, k, λ)-商集 (差集).

29. 对称 $(4t^2, 2t^2 - t, t^2 - t)$ 设计与正则 Hadamard 矩阵是相联系的. 设 A, B 分别是群 G 和 H 上的 $(4x^2, 2x^2 - x, x^2 - x)$-差集和 $(4y^2, 2y^2 - y, y^2 - y)$-差集 (可能有 $x = 1$ 或 $y = 1$), 证明:

$$D = (A \times (H \setminus B)) \cup ((G \setminus A) \times B)$$

为 $G \times H$ 上的一个 $(4z^2, 2z^2 - z, z^2 - z)$-差集, 其中 $z = 2xy$ (所以, 若 G 为 m 个 4 阶群的直积, 则 G 中存在 $(4^m, 2 \cdot 4^{m-1} - 2^{m-1}, 4^{m-1} - 2^{m-1})$-差集).

30. 一个 Abel 群的子集称为**规范**的, 如果它包含的元素之和为 0. 证明: 当 $q > 3$ 时, 定理 9.5.6 给出的差集是规范的.

31. 给出一个循环 $(35, 17, 8)$-差集.

32. 设 D 是 v 阶 Abel 群 G 上的一个 (v, k, λ)-差集, v 为偶数 (由 BRC 定理知 n 为平方数), A 为 G 的一个指数为 2 的子群, $B = G \setminus A$, D 含有 a 个 A 中的元素, b 个 B 中的元素, 证明: $n = (a - b)^2$.

33. 证明: 对正整数 $n \not\equiv 2 \pmod 4$, 有 $N(n) \geq 2$.

34. 详细证明定理 9.6.13, 定理 9.6.20 和定理 9.6.23.

35. 设 q 为素数幂, 定义 $q^2 \times q$ 阵列 $\boldsymbol{A}$ 的行指标集为 $\mathbb{F}_q \times \mathbb{F}_q$, 列指标集为 $\mathbb{F}_q$, 且 $\boldsymbol{A}((i,j),c) = i + jc$ $(i,j,c \in \mathbb{F}_q)$. 证明: $\boldsymbol{A}$ 是一个 $\boldsymbol{OA}(q,q)$.

第十章 概率的方法

§10.1 几个例子

在组合数学中,概率方法是一个很强大的工具,在过去几十年中,它经历了迅猛的发展,至今方兴未艾. 其基本思想可粗略概括如下:为了证明满足某些性质的组合结构的存在性,构建一个合适的概率空间,说明其所对应的事件发生的概率大于零.

在介绍 Ramsey 理论时, 我们曾给出一个使用概率方法解决组合问题的例子, 即 1947 年 Erdős 利用概率模型给出的对角线 Ramsey 数下界, 亦即下面的定理. 这项工作被认为是在组合数学中应用概率方法的开端.

定理 10.1.1 若 $\binom{n}{k}2^{1-\binom{k}{2}}<1$, 则 $R(k,k)>n$, 从而当 $k\geqslant 3$ 时,

$$R(k,k)>2^{\lfloor k/2\rfloor}.$$

下面的例子与竞赛图有关. 竞赛图这一数学概念源于完全循环赛的现实模型.

定义 10.1.2 竞赛图 $T=(V,E)$ 是对一个完全图 $K_{|V|}$ 的每条边赋予方向后所得到的, 即对任意 $x,y\in V$, $(x,y)\in E$ (称 "选手 x 击败了选手 y") 或 $(y,x)\in E$.

若对任意 k 位选手, 存在某位选手击败了他们所有人, 则称 T 有**性质** S_k.

是否对每个固定的 k, 都存在竞赛图 T 满足性质 S_k?

定理 10.1.3 (Erdős, 1963) 若 $\binom{n}{k}(1-2^{-k})^{n-k}<1$, 则存在 n 个顶点的竞赛图满足性质 S_k.

证明 考虑 $V = [n]$ 上的一个随机竞赛图. 对 V 的任意 k-子集 K, 令 A_K 表示事件 "没有选手击败 K 中的全体成员". 显然 $\Pr(A_K) = (1 - 2^{-k})^{n-k}$, 故

$$\Pr\left(\bigcup_{K \subseteq V, |K|=k} A_K\right) \leqslant \sum_{K \subseteq V, |K|=k} \Pr(A_K) = \binom{n}{k}(1 - 2^{-k})^{n-k} < 1.$$

从而所有 A_K 都不发生的概率大于 0, 即存在 n 个顶点的竞赛图满足性质 S_k. □

推论 10.1.4 用 $f(k)$ 表示满足性质 S_k 的竞赛图顶点数的最小值, 则 $f(k) \leqslant 2^k(2k+1)k$.

证明 只需验证 $n = 2^k(2k+1)k$ 满足性质 S_k. 对 $k \geqslant 1$ 进行归纳可以证明 $\binom{n}{k} \leqslant \left(\frac{en}{k}\right)^k$. 利用 $1 - y \leqslant e^{-y}$ (这个替换对 y 值较小时相当有效), 可得

$$(1 - 2^{-k})^{n-k} \leqslant e^{-2^{-k}(n-k)}.$$

将上述两式代入计算即得结论. □

定义 10.1.5 对于给定的图 $G = (V, E)$ 及 $U \subseteq V$, 若任意的顶点 $v \in V \setminus U$ 至少在 U 中有一个相邻的顶点 (邻居), 也即 $V = U \cup N(U)$, 则称 U 是 $G = (V, E)$ 的一个**控制集**.

定义 $\gamma(G) := \min\{|U| \mid U \text{是 } G \text{ 的控制集}\}$ 为 G 的**控制数**.

定理 10.1.6 设 $G = (V, E)$, $|V| = n$, 且最小度 $\delta = \delta(G) \geqslant 1$, 则 G 存在一个至多有 $n\dfrac{1 + \ln(\delta + 1)}{\delta + 1}$ 个顶点的控制集, 从而

$$\gamma(G) \leqslant n\frac{1 + \ln(\delta + 1)}{\delta + 1}.$$

证明 令 $p \in [0, 1]$ 为待定参数. 以概率 p 独立地随机选取 V 内的每一个顶点 v, 令 X 表示随机选取后得到的顶点集, $Y = Y_X$ 表示 $V \setminus X$ 中在 X 中没有邻居的顶点的集合. 易知 $E(|X|) = np$, $\forall v \in V$,

$\Pr(v \in Y) = \Pr(v \text{ 与其所有邻居都不在 } X \text{ 中}) \leqslant (1-p)^{\delta+1}$. 对每个 $v \in V$, 定义

$$\chi_v = \begin{cases} 1, & v \in Y, \\ 0, & \text{否则,} \end{cases}$$

则

$$|Y| = \sum_{v \in V} \chi_v.$$

由数学期望的线性性可得

$$\mathrm{E}(|Y|) = \sum_{v \in V} \mathrm{E}(\chi_v) = \sum_{v \in V} \Pr(v \in Y) \leqslant n(1-p)^{\delta+1}.$$

考虑随机集 $U = X \cup Y_X$. 显然, U 是 G 的一个控制集, 并且

$$\mathrm{E}(|U|) = \mathrm{E}(|X|) + \mathrm{E}(|Y|) \leqslant np + n(1-p)^{\delta+1}.$$

所以, 一定存在某个 $U \subseteq V$, 它至多含有 $np + n(1-p)^{\delta+1}$ 个顶点.

下面选取 p 来最优化上述结果. 利用 $1 - p \leqslant \mathrm{e}^{-p}$, 我们有

$$|U| \leqslant np + n\mathrm{e}^{-p(\delta+1)}.$$

令上式右端对 p 的导数为零: $n[1 - (\delta+1)\mathrm{e}^{-p(\delta+1)}] = 0$, 解得最小值点

$$p = \frac{\ln(\delta+1)}{\delta+1}.$$

当 $\delta \geqslant 1$ 时, 易知 $0 < p < 1$, 故 p 是合理的概率参数. 代入上式, 即得

$$|U| \leqslant n\frac{1 + \ln(\delta+1)}{\delta+1}. \qquad \square$$

注 10.1.7 显然, $\gamma(G) \leqslant n\dfrac{1+\ln(\delta+1)}{\delta+1}$ 在 $\delta = 0$ 时也成立.

在上述证明中有几点值得特别注意: 第一是利用期望的线性性质. 第二是对最初得到的随机集 X 进行的修改法则. 这些都是看似简单, 实则非常有效的手段. 第三是待定概率参数 p. 根据后面的证明, 需要找到最理想的数值 p. 第四是灵巧的替换. 上述证明中多次用到不等式估计 $1 - p \leqslant \mathrm{e}^{-p}$, 这个小技巧往往相当有效.

定义 10.1.8 给定顶点集 V 及边集 E, 其中每条边 $e \in E$ 是 V 的子集. 这样的二元对 $H = (V, E)$ 称为**超图**.

若超图 H 的每条边都恰包括 k 个顶点, 则 H 称为 k-**一致**的.

注 10.1.9 2-一致超图就是普通的图.

定义 10.1.10 若超图 $H = (V, E)$ 上存在一种 V 的二着色, 使得 E 中每条边包含的顶点都被染上两种颜色, 也即不存在所有顶点都被染成同一种颜色的边 (单色边), 则称超图 $H = (V, E)$ 具有**性质 B** 或**可二着色**.

令 $m(k)$ 表示没有性质 B 的 k-一致超图边数的最小值.

例 10.1.11 显然 $m(1) = 1, m(2) = 3$.

注 10.1.12 一般地, 若超图 $H = (V, E)$ 的所有边包含的顶点都被染上不止一种颜色, 也即不存在单色边, 则称 H 的顶点染色方式为**真着色**.

定理 10.1.13 (Erdős, 1963) 对任意 $k \in \mathbb{Z}^+$, 若 k-一致超图的边数小于 2^{k-1}, 则其必满足性质 B, 从而 $m(k) \geqslant 2^{k-1}$.

证明 设 $H = (V, E)$ 是 k-一致超图, $|E| < 2^{k-1}$. 对 V 随机二着色. 对任意 $e \in E$, 令 A_e 表示 e 是单色的事件, 则 $\Pr(A_e) = 2^{1-k}$. 故

$$\Pr\left(\bigcup_{e \in E} A_e\right) \leqslant \sum_{e \in E} \Pr(A_e) = |E| 2^{1-k} < 1,$$

从而存在 V 的某个二着色, 其不产生任何单色边. 因此

$$m(k) \geqslant 2^{k-1}. \qquad \square$$

定理 10.1.14 (Erdős, 1964) 对 k-一致超图, 有

$$m(k) \leqslant (1 + o(1)) \frac{e \ln 2}{4} k^2 2^k.$$

证明 往证存在 k-一致超图 $H = (V, E)$, 它有

$$m := (1 + o(1))\frac{e\ln 2}{4}k^2 2^k$$

条边, 并且不满足性质 B, 即对任意 V 的二着色, 都能找到单色边. 令 $|V| = n$ 待定 (根据下面证明过程取最优的 n 值), 再令 χ 为 V 任意取定的一个二着色, 并设在 χ 下有 a 个点被染红, $b = n - a$ 个点被染蓝. 设 $S \subseteq V$ 为某随机选取的 k-集合, 则

$$\Pr(S \text{ 在染色 } \chi \text{ 之下是单色的}) = \frac{\binom{a}{k} + \binom{b}{k}}{\binom{n}{k}}.$$

为了避免烦琐, 不妨设 n 为偶数. 注意到 $f(y) = \binom{y}{k}$ 在 $y \geqslant k$ 时是下凸函数, 故

$$\frac{\binom{a}{k} + \binom{b}{k}}{\binom{n}{k}} = \frac{\binom{a}{k} + \binom{n-a}{k}}{\binom{n}{k}} \geqslant \frac{2\binom{n/2}{k}}{\binom{n}{k}}.$$

令 $p = 2\binom{n/2}{k}/\binom{n}{k}$, $S_1, S_2, \cdots, S_m$ 为独立随机选取的 k-顶点集, 此处 m 为待定的参数. 我们希望找到 m 的一个上界, 使得只要有 m 条边便必存在单色边. 对 V 的任意二着色 χ, 令 A_χ 表示事件 "每个 S_i 的顶点集都染上了两种颜色". 由于各个 S_i 的选取彼此独立, 易见

$$\Pr(A_\chi) \leqslant (\Pr(S_1 \text{ 不是单色的}))^m \leqslant (1-p)^m.$$

V 的二着色一共有 2^n 个, 故

$$\Pr(\text{至少一个 } A_\chi \text{ 为真}) \leqslant 2^n (1-p)^m.$$

只要上式右端小于 1, 便存在 $S_1, S_2, \cdots, S_m$, 使得没有任何 A_χ 为真, 也即 $S_1, S_2, \cdots, S_m$ 不是可二着色的, 因而 $m(k) \leqslant m$.

利用估计 $1 - p < \mathrm{e}^{-p}$ $(p > 0)$，令 $2^n \mathrm{e}^{-pm} \leqslant 1$，得到
$$m \geqslant \left\lceil \frac{n \ln 2}{p} \right\rceil.$$

下面找到合适的 n 来最小化 m. 注意此处 p 的定义依赖于 n. 当 $n^{2/3} \gg k > i$ 时，利用 $\dfrac{n-2i}{n-i} = 1 - \dfrac{i}{n} + O\left(\dfrac{i^2}{n^2}\right) = \mathrm{e}^{-\frac{i}{n}} + O\left(\dfrac{i^2}{n^2}\right)$，可做近似处理：
$$p = \frac{2\binom{n/2}{k}}{\binom{n}{k}} = 2^{1-k} \prod_{i=0}^{k-1} \frac{n-2i}{n-i} \sim 2^{1-k} \mathrm{e}^{\frac{-k^2}{2n}}.$$

令 $\dfrac{n \ln 2}{2^{1-k} \mathrm{e}^{\frac{-k^2}{2n}}}$ 关于 n 的导数为 0，解得 $n = \dfrac{k^2}{2}$. 再令 $m = \left\lceil \dfrac{n \ln 2}{p} \right\rceil$，并将 p 的近似值及 $n = \dfrac{k^2}{2}$ 代入，即得结论. □

§10.2 线性与修补

本节探讨数学期望线性性质的应用以及对所得随机结构进行修补的方法.

定理 10.2.1 (Szele) 存在 n 个顶点的竞赛图 T，它至少有 $n! 2^{-(n-1)}$ 条有向 Hamiltonian 路.

证明 在一个随机的 n 阶竞赛图 $T = (V, E)$ 中，令 X 表示 Hamiltonian 路的条数. 对 n 阶置换 σ，令 X_σ 表示 σ 是否给出了 Hamiltonian 路的示性变量，即是否对每个 $1 \leqslant i \leqslant n$，或者都有 $(v_{\sigma(i)}, v_{\sigma(i+1)}) \in E$，或者都有 $(v_{\sigma(i+1)}, v_{\sigma(i)}) \in E$，则
$$X = \sum_{\sigma \in S_n} X_\sigma,$$
从而
$$\mathrm{E}(X) = \sum_{\sigma \in S_n} \mathrm{E}(X_\sigma) = n! 2^{-(n-1)}.$$

所以, 必定有某个竞赛图 T, 它至少含有 $E(X) = n!2^{-(n-1)}$ 条 Hamiltonian 路. □

下面的例子比较复杂, 需要一些准备工作.

令 $V = V_1 \cup V_2 \cup \cdots \cup V_k$, 这里 $|V_i| = n$ $(1 \leqslant i \leqslant k)$, 且 $V_i \cap V_j = \varnothing$, $(1 \leqslant i < j \leqslant k)$. 令 $h: V$ 的所有 k-子集构成的集族 $[V]^k \to \{-1, 1\}$ 为一个二着色. 若 k-子集 E 在每个 V_i 中恰有一个顶点, 则称 E 为**交叉**的. 对 $S \subseteq V$, 定义

$$h(S) = \sum_{E \subseteq S, |E|=k} h(E).$$

引理 10.2.2 令 P_k 表示所有次数为 k, 所有系数的绝对值不超过 1 且项 $p_1 p_2 \cdots p_k$ 的系数为 1 的齐次多项式 $f(p_1, p_2, \cdots, p_k)$ 组成的集合, 则对任意 $f \in P_k$, 存在 $p_1, p_2, \cdots, p_k \in [0, 1]$ 以及与 f 无关的正常数 c_k, 使得

$$|f(p_1, p_2, \cdots, p_k)| \geqslant c_k.$$

证明 令

$$M(f) = \max_{p_1, p_2, \cdots, p_k \in [0,1]} |f(p_1, p_2, \cdots, p_k)|.$$

对任意 $f \in P_k$, 因为 f 为非零多项式, 所以 $M(f) > 0$. 易见 P_k 是紧集, $M: P_k \to R$ 连续, 所以 M 一定会取到最小值 $c_k > 0$. □

定理 10.2.3 设对所有的交叉子集 E, 有 $h(E) = 1$, 则存在 $S \subseteq V$, 使得

$$|h(S)| \geqslant c_k n^k,$$

这里 c_k 是与 n 无关的正常数.

证明 定义随机集 $S \subseteq V$, 使得

$$\Pr(x \in S) = p_i, \quad \forall \, x \in V_i,$$

这里 p_i 为待定的常数, 顶点的选取彼此独立. 令 $X = h(S)$. 对每个 k-子集 E, 定义

$$X_E = \begin{cases} h(E), & E \subseteq S, \\ 0, & \text{否则}. \end{cases}$$

称 E 的类型为 $(a_1, a_2, \cdots, a_k)$, 如果 $|E \cap V_i| = a_i$ $(1 \leqslant i \leqslant k)$. 若 E 的类型为 $(a_1, a_2, \cdots, a_k)$, 则有

$$\mathrm{E}(X_E) = h(E)\mathrm{Pr}(E \subseteq S) = h(E)p_1^{a_1}p_2^{a_2}\cdots p_k^{a_k}.$$

合并同类项, 得

$$\mathrm{E}(X) = \sum_{a_1+a_2+\cdots+a_k=k} p_1^{a_1}p_2^{a_2}\cdots p_k^{a_k} \sum_{E \text{ 的类型为 } (a_1,a_2,\cdots,a_k)} h(E).$$

当 $a_1 = a_2 = \cdots = a_k = 1$ 时, E 是交叉集, 故 $h(E) = 1$, 从而

$$\sum_{E \text{ 的类型为 } (1,1,\cdots,1)} h(E) = n^k.$$

注意任何其他类型的项数都少于 n^k, 每项取 1 或 -1. 故

$$\left| \sum_{E \text{ 的类型为 } (a_1,a_2,\cdots,a_k)} h(E) \right| \leqslant n^k.$$

因此, $\mathrm{E}(X)$ 可表示为

$$\mathrm{E}(X) = n^k f(p_1, p_2, \cdots, p_k),$$

这里 $f \in P_k$ (如引理 10.2.2 所定义).

由引理 10.2.2 知, 可选取 $p_1, p_2, \cdots, p_k \in [0, 1]$, 使得

$$|f(p_1, p_2, \cdots, p_k)| \geqslant c_k.$$

于是

$$\mathrm{E}(|X|) \geqslant |\mathrm{E}(X)| \geqslant c_k n^k,$$

从而必有某个 $|X|$ 可以达到这个期望, 也即存在 $S \subseteq V$, 满足

$$|h(S)| = |X| \geqslant c_k n^k. \qquad \square$$

当最初获得的随机结构因为某些缺陷而未能完全符合所有性质时，常常需要采取"修补"的方法，有时略做微调便能满足需求.

以下三个例子是关于 Ramsey 理论的.

定理 10.2.4 对任意 $n, k \in \mathbb{Z}^+$，有
$$R(k,k) > n - \binom{n}{k} 2^{1-\binom{k}{2}}.$$

证明 设 $K_n = (V, E)$. 研究 E 的一个随机二着色. 对任意 k-子集 $R \subseteq V$，令 X_R 表示 R 是单色的示性变量. 令 $X = \sum_{R \subseteq V,\ |R|=k} X_R$，则由数学期望的线性性有
$$\mathrm{E}(X) = \sum_{R \subseteq V, |R|=k} \mathrm{E}(X_R) = \binom{n}{k} 2^{1-\binom{k}{2}}.$$

令 $m = \binom{n}{k} 2^{1-\binom{k}{2}}$，则存在二着色，使得 $X \leqslant m$. 固定一个这样的二着色，从其产生的每个单色 k-子集中去掉一点，这将从 K_n 中至多去掉 $\lfloor m \rfloor$ 点，最后至少还有 $\lceil n - m \rceil$ 个点. 这个特定的二着色限制到 $K_{\lceil n-m \rceil}$ 时没有产生任何单色的 K_k，从而
$$R(k, k) > \lceil n - m \rceil \geqslant n - \binom{n}{k} 2^{1-\binom{k}{2}}. \qquad \square$$

定理 10.2.5 若存在 $p \in [0, 1]$，满足
$$\binom{n}{k} p^{\binom{k}{2}} + \binom{n}{l} (1-p)^{\binom{l}{2}} < 1,$$
则 $R(k, l) > n$.

我们将这个定理与下述定理放在一起证明.

定理 10.2.6 对任意 $n \in \mathbb{Z}^+$, $p \in [0, 1]$，有
$$R(k, l) > n - \binom{n}{k} p^{\binom{k}{2}} - \binom{n}{l} (1-p)^{\binom{l}{2}}.$$

证明 考虑 $E(K_n)$ 的随机二着色: 对每条边独立地进行红、蓝染色, 染红的概率是 p. 令 X 为红色 K_k 个数与蓝色 K_l 个数之和, 则由数学期望的线性性有

$$E(X) = \binom{n}{k}p^{\binom{k}{2}} + \binom{n}{l}(1-p)^{\binom{l}{2}} =: m.$$

对定理 10.2.5, $E(X) < 1$, 所以存在某个 $E(K_n)$ 的二着色, 其 X 取值为 0, 从而证毕.

对定理 10.2.6, 存在某个 $E(K_n)$ 的二着色, 其至多有 $\lfloor m \rfloor$ 个 "坏" 情形 (红色 K_k 或蓝色 K_l). 从每个 "坏" 的子集里面去除一点, 则至少还剩下 $\lceil n - m \rceil$ 个点, 其上的二着色没有红色 K_k 或蓝色 K_l, 从而

$$R(k,l) > \lceil n-m \rceil \geqslant n - \binom{n}{k}p^{\binom{k}{2}} - \binom{n}{l}(1-p)^{\binom{l}{2}}. \qquad \square$$

下面是比著名的 Turán 定理弱的一个结果, 是关于图的独立数的.

定理 10.2.7 设图 $G = (V, E)$ 有 n 个顶点和 $\dfrac{nd}{2}$ 条边, 平均度数 $d = \dfrac{2|E|}{|V|} \geqslant 1$, 则 $\alpha(G) \geqslant \dfrac{n}{2d}$.

证明 令 $S \subseteq V$ 为随机选定的 V 的子集:

$$\Pr(v \in S) = p, \quad \forall v \in V,$$

这里 p 是待定参数, 事件 $v \in S$ 彼此独立. 令 $X = X_S = |S|$. 显然 $E(X) = np$. 令 $Y = Y_S$ 为 $G[S]$ 中的边数. 对 $e = ij \in E$, 令 Y_e 为事件 "$i \in S$ 且 $j \in S$" 发生的示性变量, 则 $Y = \sum\limits_{e \in E} Y_e$. 对任意 $e \in E$, 有

$$E(Y_e) = \Pr(i, j \in S) = p^2.$$

由数学期望的线性性有

$$E(Y) = \sum_{e \in E} E(Y_e) = \frac{nd}{2}p^2,$$

从而

$$\mathrm{E}(X-Y) = np - \frac{nd}{2}p^2.$$

上式右端在 $p=1/d$ 时取得最大值,注意 $d \geqslant 1$,这样的 p 值是合理的,此时

$$\mathrm{E}(X-Y) = \frac{n}{2d}.$$

这说明,存在某个 S,使得

$$|V(G[S])| - |\mathrm{E}(G[S])| \geqslant \frac{n}{2d}.$$

从 $G[S]$ 的每条边里去掉一个顶点,可得 G 的一个独立子集 S^*,其至少有 $\frac{n}{2d}$ 个顶点. □

再看一些更复杂的应用.

下面这个结果相当优美,它指出了在一个图中,很大的围长 (girth, 即最小的圈的长度) 和很大的色数可以同时存在. 其证明只用到了概率方法,并没有具体构造围长很大的图或论证小色数的染色方法不存在.

定义 10.2.8 参数为 (n,p) 的**随机图** G 定义为: 有 n 个顶点, 任意两顶点之间存在边的概率为 p, 并且不同边存在的事件彼此独立. 这时随机图 G 记为 $G(n,p)$.

定理 10.2.9 (Erdös, 1959) 对任意 $k, l \in \mathbb{Z}^+$, 存在图 G, 满足

$$\mathrm{girth}(G) > l \quad \text{及} \quad \chi(G) > k.$$

证明 设有随机图 $G(n,p)$, 其中 $p = n^{\theta-1}$, $\theta < 1/l$ 是固定的正常数. 令 X 表示长度不超过 l 的圈的个数 (不一定是导出的). 对

$3 \leqslant i \leqslant l$, 令 X_i 表示长度恰为 i 的圈的个数, 则

$$\begin{aligned} \mathrm{E}(X) &= \sum_{i=3}^{l} \mathrm{E}(X_i) \\ &= \sum_{i=3}^{l} \sum_{\{v_1, v_2, \cdots, v_i\} \subseteq V(G)} \Pr(\{v_1, v_2, \cdots, v_i\} \text{ 形成了圈}) \\ &= \sum_{i=3}^{l} \binom{n}{i} \frac{i!}{2i} p^i \leqslant \sum_{i=3}^{l} \frac{n^i p^i}{2i} = \sum_{i=3}^{l} \frac{n^{\theta i}}{2i} \\ &\leqslant n^{\theta l} \sum_{i=3}^{l} \frac{1}{2i} = n^{\theta l} O(\ln n) = o(n), \quad (\text{注意 } \theta l < 1) \end{aligned}$$

从而

$$\Pr\left(X \geqslant \frac{n}{2}\right) = o(1).$$

令 $x = \left\lfloor \dfrac{3}{p} \ln n \right\rfloor = \lfloor 3n^{1-\theta} \ln n \rfloor$, 则有

$$\begin{aligned} \Pr(\alpha(G) \geqslant x) &\leqslant \binom{n}{x}(1-p)^{\binom{x}{2}} < n^x (\mathrm{e}^{-p(x-1)/2})^x \\ &= (n\mathrm{e}^{-p(x-1)/2})^x \approx (n\mathrm{e}^{-p\frac{3}{p}\ln\frac{n}{2}})^x = o(1). \end{aligned}$$

当 n 充分大时, 上面两个事件的概率都小于 0.5. 于是, 存在某个特定的 G 有不超过 $n/2$ 个长度至多为 l 的圈, 同时

$$\alpha(G) < x \leqslant 3n^{1-\theta} \ln n.$$

从 G 的每个长度至多为 l 的圈中去除一点, 剩下的图 G^* 至少还有 $n/2$ 个顶点. G^* 的围长大于 l, 且 $\alpha(G^*) \leqslant \alpha(G) \leqslant x \leqslant 3n^{1-\theta} \ln n$, 故

$$\chi(G^*) \geqslant \frac{|V(G^*)|}{\alpha(G^*)} \geqslant \frac{n/2}{3n^{1-\theta} \ln n} = \frac{n^\theta}{6 \ln n}.$$

当 n 充分大时, 上式右端大于 k. □

令 C 为 $\mathbb{R}^d$ 的有界可测子集. 用 $B(x)$ 表示边长为 x 的超立方体 $[0,x]^d$.

定义 10.2.10 一族包含在 $B(x)$ 中且互不相交的 C 的复制 (即 C 进行某种平移后得到的集合) 称为 C 在 $B(x)$ 中的一个**填装**. 用 $f(x)$ 表示 C 在 $B(x)$ 中最大的填装的基数.

填装常数 $\delta = \delta(C)$ 定义为
$$\delta(C) = \mu(C) \lim_{x \to \infty} \frac{f(x)}{x^d},$$
这里 $\mu(C)$ 是 C 的测度.

填装常数衡量了 C 填充空间时所占的最大比例. 可证明其总是存在的.

定理 10.2.11 对任意有界且关于原点中心对称的凸体 C, 有
$$\delta(C) \geqslant 2^{-d-1}.$$

证明 随机地在 $B(x)$ 中选取两点 P 和 Q. 考察事件
$$(C+P) \cap (C+Q) \neq \varnothing.$$
由中心对称性和凸性知, 若此事件为真, 则必存在 $c_1, c_2 \in C$, 满足
$$P - Q = c_1 - c_2 = 2 \cdot \frac{c_1 + (-c_2)}{2} \in 2C.$$
对每个给定的 Q, 事件 $P \in Q + 2C$ 发生的概率最多是 $\dfrac{\mu(2C)}{x^d}$, 所以
$$\Pr((C+P) \cap (C+Q) \neq \varnothing) \leqslant \frac{\mu(2C)}{x^d} = 2^d \frac{\mu(C)}{x^d}.$$
现在令 $P_1, P_2, \cdots, P_n$ 为随机独立地从 $B(x)$ 中选定的点, X 为满足 $1 \leqslant i < j \leqslant n$ 且 $(C+P_i) \cap (C+P_j) \neq \varnothing$ 的 (i,j) 对数, 则由数学期望的线性性有
$$\mathrm{E}(X) \leqslant \binom{n}{2} \frac{2^d \mu(C)}{x^d} < \frac{n^2}{2} \cdot \frac{2^d \mu(C)}{x^d}.$$

所以, 存在某 n 个点, 其对应相交非空的 C 的复制的对数少于 $\frac{n^2}{2} \cdot \frac{2^d \mu C}{x^d}$. 现在, 若点对 (P_i, P_j) 使得 $(C+P_i) \cap (C+P_j) \neq \varnothing$, 则在所取点中去掉 P_i 或 P_j 中任意一点. 这使得还剩下至少 $n - \frac{n^2}{2} \cdot \frac{2^d \mu(C)}{x^d}$ 个互不相交的 C 的复制. 令 $n = \frac{x^d}{2^d \mu(C)}$ 以最大化这个数, 这样便至少有 $\frac{x^d}{2^{d+1} \mu(C)}$ 个互不相交的 C 的复制. 但是, 它们可能不完全在 $B(x)$ 内部. 对此, 我们令 w 表示 C 的各个坐标的一个上界, 则这些互不相交的 C 的复制都在一个长为 $x + 2w$ 的超立方体内部. 由于 C 是给定的, 因此可以选取并固定 w. 这样, 有

$$f(x+2w) \geqslant \frac{x^d}{2^{d+1} \mu(C)},$$

从而

$$\begin{aligned} \delta(C) &= \mu(C) \lim_{x \to \infty} \frac{f(x+2w)}{(x+2w)^d} \\ &\geqslant \mu(C) \lim_{x \to \infty} \frac{x^d/(2^{d+1} \mu(C))}{(x+2w)^d} \\ &= 2^{-d-1}. \end{aligned} \qquad \square$$

以上关于修补的例子都是对所得到的结构进行调整, 去除问题的部分. 但在有的情况下, 我们需要做一些补充的工作, 即再加上一些元素以获得所希望的全部性质.

定义 10.2.12 设 $l \leqslant k \leqslant n$. 若 $[n]$ 的 k-一致子集族 $\mathcal{F}$ 满足每个 $[n]$ 的 l-子集都是某个 $F \in \mathcal{F}$ 的子集, 则称 $\mathcal{F}$ 为一个(n,k,l)-**覆盖设计**.

对于给定的 n, k, l, 令 $M(n, k, l)$ 表示 (n, k, l)-覆盖设计的基数的最小值.

性质 10.2.13 对任意 $l,k,n \in \mathbb{Z}^+, 1 \leqslant k \leqslant n$, 有
$$\binom{n}{l}\bigg/\binom{k}{l} \leqslant M(n,k,l) \leqslant \min\left\{\binom{n}{l},\binom{n}{k}\right\}.$$

该性质显然成立.

定理 10.2.14 当 $n > k+l$ 时, 有
$$M(n,k,l) \leqslant \left\lfloor \binom{n}{l}\left(\ln\binom{k}{l}+1\right)\bigg/\binom{k}{l} \right\rfloor.$$

证明 令 $\mathcal{F}$ 为一个由 $[n]$ 的 k-子集组成的随机集族: 每个 k-子集以独立的概率 p 被选进 $\mathcal{F}$. 令
$$p = \ln\binom{k}{l}\bigg/\binom{n-l}{k-l}$$

(先将 p 选定是为了使证明显得更有条理, 事实上是待定后, 使下述证明最优而反推出的). 条件 $n > k+l$ 可保证 $p < 1$.

令 $X = |\mathcal{F}|$, 显然
$$\mathrm{E}(X) = p\binom{n}{k} = \binom{n}{l}\ln\binom{k}{l}\bigg/\binom{k}{l}$$

$\left(\text{注意到 } \binom{n}{k}\binom{k}{l} = \binom{n}{l}\binom{n-l}{k-l}\right).$

令 Y 表示没有被 $\mathcal{F}$ 覆盖的 $[n]$ 的 l-子集的个数. 与 X 一样, Y 是一个与 $\mathcal{F}$ 相关的随机变量. 对每个 $[n]$ 的 l-子集 S, 令 A_S 表示事件 "$\mathcal{F}$ 不覆盖 S, 即 S 不是任何 $A \in \mathcal{F}$ 的子集". 注意到 S 是包含在 $\binom{n-l}{k-l}$ 个 k-子集里的, 因此
$$\Pr(A_S) = (1-p)^{\binom{n-l}{k-l}} < \mathrm{e}^{-p\binom{n-l}{k-l}} = 1\bigg/\binom{k}{l}.$$

由数学期望的线性性知
$$\mathrm{E}(Y) < \binom{n}{l}\bigg/\binom{k}{l}.$$

对每个没有被 $\mathcal{F}$ 覆盖的 l-子集, 向 $\mathcal{F}$ 中添加任意一个包含 S 的 k-子集, 则经过 "修补" 后的新集族 $\mathcal{F}^*$ 包含 $[n]$ 的所有 l-子集, 也即 $\mathcal{F}^*$ 是一个基数为 $X+Y$ 的 (n,k,l)-覆盖设计. 注意到

$$\mathrm{E}(X+Y) < \binom{n}{l}\left(\ln\binom{k}{l}+1\right)\Big/\binom{k}{l},$$

则存在一个 (n,k,l)-覆盖设计, 其基数不超过

$$\left\lfloor \binom{n}{l}\left(\ln\binom{k}{l}+1\right)\Big/\binom{k}{l} \right\rfloor. \qquad \Box$$

§10.3 二 阶 矩

先回忆 Markov 不等式.

定理 10.3.1 (Markov 不等式) 令 X 为非负的随机变量, λ 为正实数, 则

$$\Pr(X \geqslant \lambda) \leqslant \frac{\mathrm{E}(X)}{\lambda}.$$

证明 仅证当 X 为离散型随机变量的情形, 连续的情形完全类似:

$$\mathrm{E}(X) = \sum_x x\Pr(X=x) \geqslant \sum_{x \geqslant \lambda} x\Pr(X=x) \geqslant \lambda\Pr(X \geqslant \lambda). \qquad \Box$$

注 10.3.2 对非负的随机变量 X 和正实数 λ, Markov 不等式里的小于或等于号往往可换为小于号. 事实上, 设 $\mathrm{E}(X) = \mu$, 由定理 10.3.1 的证明可见, 等式成立当且仅当证明中的两个大于或等于号都取等号. 而这要求 X 必须仅在 $X=0$ 和 $X=\lambda$ 两处取非零的概率, 且此时有

$$\Pr(X=0) = 1 - \frac{\mu}{\lambda},$$
$$\Pr(X=\lambda) = \frac{\mu}{\lambda},$$
$$\Pr(X=x) = 0, \quad x \neq 0, \lambda.$$

因此, 在其他情况下, Markov 不等式可以取严格小于号.

用 Markov 不等式不一定能得到最优结果, 但可以相对清楚地解

释组合现象的存在性. 有兴趣的读者可以尝试运用 Markov 不等式来考察前一节的定理 10.2.14, 看看所得上界的优劣.

回忆随机变量 X 方差的定义:

$$\operatorname{Var}(X) = \sigma^2 = \operatorname{E}((X - \operatorname{E}(X))^2) = \operatorname{E}(X^2) - (\operatorname{E}(X))^2.$$

定理 10.3.3 (Chebyshev 不等式) 设 $\operatorname{E}(X) = \mu$, 则对任意正实数 λ, 有

$$\Pr(|X - \mu| \geqslant \lambda) \leqslant \frac{\operatorname{Var}(X)}{\lambda^2}.$$

证明 仅证 X 为离散型随机变量的情形:

$$\operatorname{Var}(X) = \operatorname{E}((X - \mu)^2) \geqslant \sum_{|x - \mu| \geqslant \lambda} \Pr(X = x)(x - \mu)^2$$
$$\geqslant \lambda^2 \Pr(|X - \mu| \geqslant \lambda). \qquad \square$$

方差 $\operatorname{Var}(X)$ 是二阶矩的一种. 在组合数学问题中应用二阶矩各种性质 (例如 Chebyshev 不等式) 的方法统称为**二阶矩方法**.

推论 10.3.4 当 $\operatorname{E}(X) = \mu \neq 0$ 时, 有

$$\Pr(X = 0) \leqslant \frac{\operatorname{Var}(X)}{\mu^2}.$$

证明 在 Chebyshev 不等式中令 $\lambda = \mu$ 即得结论. $\qquad \square$

注 10.3.5 和 Markov 不等式一样, 在大多数情况下, Chebyshev 不等式及其推论可以取严格小于号. 以下例子中的这类情况不再详细说明.

现在估计 $\operatorname{Var}(X)$ 的大小. 设有分解

$$X = X_1 + X_2 + \cdots + X_m,$$

则 $\operatorname{Var}(X)$ 可以通过

$$\operatorname{Var}(X) = \sum_{i=1}^{m} \operatorname{Var}(X_i) + \sum_{i \neq j} \operatorname{Cov}(X_i, X_j)$$

来计算. 上式右端的第二个和式是关于有序对 (i,j) 的, 协方差 $\mathrm{Cov}(Y,Z)$ 的定义是

$$\mathrm{Cov}(Y,Z) = \mathrm{E}(YZ) - \mathrm{E}(Y)\mathrm{E}(Z).$$

若 Y 与 Z 相互独立, 则协方差 $\mathrm{Cov}(Y,Z)=0$. 这将使计算大大简化.

假如所考虑的单个随机变量都是示性变量, 即 $X_i=1$, 若事件 A_i 发生; 否则, $X_i=0$. 若 $\mathrm{Pr}(X_i=1) = \mathrm{Pr}(A_i) := p_i$, 则

$$\mathrm{Var}(X_i) = \mathrm{E}(X_i{}^2) - (\mathrm{E}(X_i))^2 = p_i - p_i^2 \leqslant p_i = \mathrm{E}(X_i).$$

于是, 我们得到

$$\mathrm{Var}(X) \leqslant \mathrm{E}(X) + \sum_{i \neq j} \mathrm{Cov}(X_i, X_j).$$

下面看一个数论中的应用.

定理 10.3.6 令 $\nu(k)$ 表示整除 k 的素数 p 的个数, $w = w(n)$ 是任意趋近无穷的函数, 则在 $[n]$ 中满足

$$|\nu(x) - \ln\ln n| > w(n)\sqrt{\ln\ln n}$$

的 x 的个数是 $o(n)$.

证明 令 x 从 $[n]$ 中随机选取, 每个正整数被选取的概率为 $1/n$. 对素数 p, 令 X_p 为事件 $p|x$ 的示性变量:

$$X_p = \begin{cases} 1, & p|x, \\ 0, & 否则. \end{cases}$$

令 $M = n^{1/10}$ (实际是待定的, 由后面证明过程确定), 并且令 $X = X_M(x)$ 为不超过 M 的整除 x 的素数个数. 这样 $X = \sum_{p \leqslant M} X_p$. 注意到任何 $x \leqslant n$ 的比 M 大的素因子不会超过 9 个, 因而有 $\nu(x) - 10 < X_M(x) \leqslant \nu(x)$. 所以, ν 上的变化可以通过 X 来考察. 我们有

$$\mathrm{E}(X_p) = \frac{\lfloor n/p \rfloor}{n}.$$

因为 $y-1 < \lfloor y \rfloor \leqslant y$, 所以
$$\mathrm{E}(X_p) = \frac{1}{p} + O\left(\frac{1}{n}\right).$$

由数学期望的线性性有
$$\mathrm{E}(X) = \sum_{p \leqslant M} \left(\frac{1}{p} + O\left(\frac{1}{n}\right)\right) = \ln\ln n + O(1).$$

上式利用了数论中熟知的事实
$$\sum_{\substack{\text{素数}\ p \leqslant n}} \frac{1}{p} = \ln\ln n + O(1).$$

于是
$$\begin{aligned}
\mathrm{Var}(X) &= \sum_{p \leqslant M} \mathrm{Var}(X_p) + \sum_{p \neq q} \mathrm{Cov}(X_p, X_q) \\
&\leqslant \mathrm{E}(X) + \sum_{p \neq q} \mathrm{Cov}(X_p, X_q) \\
&= \ln\ln n + O(1) + \sum_{p \neq q} \mathrm{Cov}(X_p, X_q).
\end{aligned}$$

对相异的素数 p, q, $X_p X_q = 1$ 当且仅当 $p|x$ 与 $q|x$ 同时发生, 即 $pq|x$. 因此
$$\begin{aligned}
\mathrm{Cov}(X_p, X_q) &= \mathrm{E}(X_p X_q) - \mathrm{E}(X_p)\mathrm{E}(X_q) \\
&= \frac{\lfloor n/(pq) \rfloor}{n} - \frac{\lfloor n/p \rfloor}{n} \cdot \frac{\lfloor n/q \rfloor}{n} \\
&\leqslant \frac{1}{pq} - \left(\frac{1}{p} - \frac{1}{n}\right)\left(\frac{1}{q} - \frac{1}{n}\right) \\
&\leqslant \frac{1}{n}\left(\frac{1}{p} + \frac{1}{q}\right),
\end{aligned}$$

从而
$$\begin{aligned}
\sum_{p \neq q} \mathrm{Cov}(X_p, X_q) &\leqslant \frac{1}{n} \sum_{p \neq q} \left(\frac{1}{p} + \frac{1}{q}\right) \leqslant \frac{2M}{n} \sum_{p \leqslant M} \frac{1}{p} \\
&\leqslant \frac{2M}{n}(\ln\ln n + O(1)).
\end{aligned}$$

故
$$\sum_{p \neq q} \mathrm{Cov}(X_p, X_q) \leqslant O(n^{-9/10}(\ln \ln n + O(1))) = o(1).$$

类似地, 有
$$\sum_{p \neq q} \mathrm{Cov}(X_p, X_q) \geqslant -o(1).$$

这说明协方差对方差影响可以忽略, $\mathrm{Var}(X) = \ln \ln n + O(1)$. 由 Chebyshev 不等式知, 对任意趋于无穷的 $w(n)$, 无论其趋向无穷的速度有多慢, 都有

$$\Pr(|X - E(X)| > w(n)\sqrt{\ln \ln n}) \leqslant \frac{\mathrm{Var}(X)}{w^2(n) \ln \ln n} = o(1).$$

由于 $E(X) = \ln \ln n + O(1)$ 及 $|X - \nu| \leqslant 10$, 在上式中分别将 $E(X)$ 替换为 $\ln \ln n$, 将 X 替换为 ν, 易知原命题成立. □

下面的结果在博弈论中有十分有趣的应用. 考虑集族

$$\mathcal{F} = \{F_1, F_2, \cdots, F_m\} \subseteq 2^X.$$

$\mathcal{F}$ 的一个**分隔** (separator) 是 X 的一对不交的子集 (S, T), 使得 $\mathcal{F}$ 中任何元素都至少与 S 或 T 不交 (S 与 T 不必在 $\mathcal{F}$ 中); 一个分隔的大小就是 $\min\{|S|, |T|\}$. 显然, 对任意 $\mathcal{F}$,

$$(S := \varnothing, T := 任一 \ X \ 的子集)$$

都是大小为 0 的一个分隔. 那么是否存在比较大的分隔呢?

X 中元素 x 关于 $\mathcal{F}$ 的**度** d_x 定义为 $\mathcal{F}$ 中包含 x 的集合个数. 显然 $0 \leqslant d_x \leqslant m$, $\forall x \in X$. $\mathcal{F}$ 的**平均度**即

$$d = \frac{1}{|X|} \sum_{x \in X} d_x.$$

定理 10.3.7 (Beame-Saks-Thathachar, 1998, 文献 [13]) 设 $\mathcal{F}$ 是 $[n]$ 上的一族非空集合, 且对任意 $F \in \mathcal{F}$, 有 $|F| \leqslant r$, 则 $\mathcal{F}$ 必有

大小至少为 $(1-\delta)2^{-d}n$ 的分隔, 这里

$$\delta = \sqrt{\frac{dr2^{d+1}}{n}}.$$

特别地, 若 $\delta \leqslant \dfrac{1}{2}$, 也即当 $4dr2^{d+1} \leqslant n$ 时, $\mathcal{F}$ 包含大小至少为 $\dfrac{n}{2^{d+1}}$ 的分隔.

证明 不妨设 $\mathcal{F}$ 中的集合包含了 $[n]$ 中的所有元素 $\Big($否则, 只需考虑 $X = \bigcup\limits_{F \in \mathcal{F}} F$, 则 $d_x \geqslant 1, \forall x \in X$. 再将 $[n] \setminus \bigcup\limits_{F \in \mathcal{F}} F$ 中的元素合适地加入通过 X 得到的分隔内, 不难验证新增大的分隔也满足条件$\Big)$.

对每个 $F \in \mathcal{F}$ 随机独立二着色. 令

$$S = \{x \mid \text{若 } x \in F, \text{ 则 } F \text{ 为红色}\};$$

对称地, 令

$$T = \{y \mid \text{若 } y \in F, \text{ 则 } F \text{ 为蓝色}\}.$$

根据定义, S 与 T 不交. 此外, 对每一个 $F \in \mathcal{F}$, $F \cap S$ 和 $F \cap T$ 至少有一个是空集. 所以 (S, T) 形成了 $\mathcal{F}$ 的一个分隔. 下面证明事件 "S 和 T 都有至少 $(1-\delta)2^{-d}n$ 个元素" 具有正的概率.

考察随机变量 $Z = |S|$. 令 Z_x 表示事件 $x \in S$ 的示性变量, 则 $Z = \sum\limits_{x \in [n]} Z_x$, 从而

$$\mathrm{E}(Z) = \sum_{x \in [n]} \mathrm{E}(Z_x) = \sum_{x \in [n]} \Pr(Z_x = 1) = \sum_{x \in [n]} 2^{-d_x}.$$

由于 $f(y) = 2^y$ 下凸, 所以有

$$\frac{\sum\limits_{x \in [n]} 2^{-d_x}}{n} \geqslant 2^{\frac{-\sum\limits_{x \in [n]} d_x}{n}} = 2^{-d}.$$

故
$$\mathrm{E}(Z) \geqslant n2^{-d}.$$

为了能使用 Chebyshev 不等式，先估计 Z 的方差：
$$\mathrm{Var}(Z) = \sum_{x \in [n]} \mathrm{Var}(Z_x) + \sum_{x,y \in [n],\ x \neq y} \mathrm{Cov}(Z_x, Z_y)$$
$$\leqslant \mathrm{E}(Z) + \sum_{x,y \in [n],\ x \neq y} \mathrm{Cov}(Z_x, Z_y).$$

注意，若不存在 F 同时包含 x 和 y，则 Z_x 和 Z_y 互相独立，从而 $\mathrm{Cov}(Z_x, Z_y) = 0$. 所以，我们只考察某个 $\mathcal{F}$ 中同时含有 x 和 y 的元素. 对这样的 (x, y)，有
$$\mathrm{Cov}(Z_x, Z_y) = \mathrm{E}(Z_x Z_y) - \mathrm{E}(Z_x)\mathrm{E}(Z_y) \leqslant \mathrm{E}(Z_x Z_y)$$
$$\leqslant \mathrm{E}(Z_x) = 2^{-d_x}.$$

对固定的 x，这样的 (x, y) 最多有 $(r-1)d_x$ 个，所以
$$\sum_{x,y \in [n],\ x \neq y} \mathrm{Cov}(Z_x, Z_y) \leqslant (r-1) \sum_{x \in [n]} d_x 2^{-d_x}.$$

根据排序不等式，若有数列 $0 \leqslant a_1 \leqslant \cdots \leqslant a_n$ 及 $b_1 \geqslant \cdots \geqslant b_n \geqslant 0$，则必有
$$\sum_{i=1}^n a_i b_i \leqslant \frac{1}{n} \left(\sum_{i=1}^n a_i \right) \left(\sum_{i=1}^n b_i \right).$$

把 $d_x\ (x \in [n])$ 重新排成递增序列，则 $2^{-d_x}\ (x \in [n])$ 随之成为递减序列. 所以
$$\sum_{x \in [n]} d_x 2^{-d_x} \leqslant \frac{1}{n} \left(\sum_{x \in [n]} d_x \right) \left(\sum_{x \in [n]} 2^{-d_x} \right) = d\mathrm{E}(Z),$$

从而
$$\sum_{x,y \in [n],\ x \neq y} \mathrm{Cov}(Z_x, Z_y) \leqslant (r-1) \sum_{x \in [n]} d_x 2^{-d_x} \leqslant (r-1)d\mathrm{E}(Z).$$

故
$$\mathrm{Var}(Z) \leqslant (1+(r-1)d)\mathrm{E}(Z) \leqslant dr\mathrm{E}(Z).$$

应用 Chebyshev 不等式, 得

$$\begin{aligned}\Pr(|S| < (1-\delta)2^{-d}n) &\leqslant \Pr(Z < (1-\delta)\mathrm{E}(Z)) \\ &< \Pr(|Z - \mathrm{E}(Z)| \geqslant \delta\mathrm{E}(Z)) \\ &\leqslant \frac{\mathrm{Var}(Z)}{(\delta\mathrm{E}(Z))^2} \leqslant \frac{dr}{\delta^2 \mathrm{E}(Z)} \\ &\leqslant \frac{n}{2^{d+1}n2^{-d}} = \frac{1}{2}.\end{aligned}$$

类似地, 我们可以得到

$$\Pr(|T| < (1-\delta)2^{-d}n) < \frac{1}{2}.$$

因此, S 和 T 都不小于 $(1-\delta)2^{-d}n$ 的概率为正. □

二阶矩的方法对寻找事件的分水岭函数也很有用. 所谓的分水岭就是一个界 (往往是一个阶), 使得在其一侧 (阶的意义上) 事件发生的概率趋于 0, 在另一侧事件发生的概率趋于 1. 回忆在定理 10.2.9 证明之前我们引入的随机图概念.

定理 10.3.8 随机图 $G(n,p) = (V,E)$ 包含 K_4 作为子图这一事件的分水岭函数是 $p = n^{-2/3}$.

证明 对于 V 的任意 4-子集 S, 令 A_S 表示 "S 在 $G(n,p)$ 中导出了 K_4" 这一事件, 再令 X_S 为 A_S 的示性变量. 显然, 有

$$\Pr(X_S = 1) = p^6.$$

令 X 表示 G 中的 K_4-子集的个数, 则 $X = \sum_{S \subseteq V, |S|=4} X_S$. 下证: 若 $p \ll n^{-2/3}$ (也即 $p = o(n^{-2/3})$), 则 $\Pr(X \geqslant 1)$ 趋于 0; 若 $p \gg n^{-2/3}$ (也即 $n^{-2/3} = o(p)$), 则 $\Pr(X \geqslant 1)$ 趋于 1.

对前者, 注意到 X 只取非负整数值, $p \ll n^{-2/3}$, 故

$$\Pr(X \geqslant 1) \leqslant \mathrm{E}(X) = \binom{n}{4}p^6 \sim \frac{n^4 p^6}{24} \to 0.$$

考虑后者. 设 $p \gg n^{-2/3}$, 只需证明 $\Pr(X = 0)$ 趋于 0. 利用 Chebyshev 不等式的特殊情形

$$\Pr(X = 0) \leqslant \frac{\mathrm{Var}(X)}{(\mathrm{E}(X))^2}$$

以及 $(\mathrm{E}(X))^2 = \left(\binom{n}{4}p^6\right)^2 = \Theta(n^8 p^{12})$, 只需估计方差:

$$\mathrm{Var}(X) = \sum_{S \subseteq V, |S|=4} \mathrm{Var}(X_S) + \sum_{S \neq T} \mathrm{Cov}(X_S, X_T)$$
$$\leqslant \mathrm{E}(X) + \sum_{S \neq T} \mathrm{Cov}(X_S, X_T).$$

若 S, T 相互独立, 则 $\mathrm{Cov}(X_S, X_T) = 0$. S, T 相互不独立当且仅当它们有至少 2 个共同点, 也即 $|S \cap T| = 2$ 或 3.

若 $|S \cap T| = 2$, 则 $|S \cup T| = 6$. 这样的 (S, T) 共有 $\binom{n}{4}\binom{4}{2}\binom{n-4}{2}$
$= \Theta(n^6)$ 个. 对每个这样的 (S, T), 由 $|K_4[S] \cup K_4[T]| = 11$ 有

$$\mathrm{Cov}(S, T) \leqslant \mathrm{E}(X_S X_T) = p^{11}.$$

所以这些 (S, T) 给 $\mathrm{Var}(X)$ 共计贡献了 $\Theta(n^6 p^{11})$.

类似地, 若 $|S \cap T| = 3$, 则 $|S \cup T| = 5$. 这样的 (S, T) 共有 $\binom{n}{4}\binom{4}{3}\binom{n-4}{1} = \Theta(n^5)$ 个. 对每个这样的 (S, T), 由 $|K_4[S] \cup K_4[T]|$
$= 9$ 有

$$\mathrm{Cov}(S, T) \leqslant \mathrm{E}(X_S X_T) = p^9.$$

故这些 (S, T) 给 $\mathrm{Var}(X)$ 共计贡献了 $\Theta(n^5 p^9)$.

综合起来得到, 当 $p \gg n^{-2/3}$ 时, 有

$$\mathrm{Var}(X) \leqslant \Theta(n^4 p^6 + n^6 p^{11} + n^5 p^9) = o(n^8 p^{12}) = o((\mathrm{E}(X))^2),$$

从而 $\Pr(X = 0) = o(1)$, 即在此情形下 $G(n,p)$ 含有 K_4 的概率趋于 1. □

类似于随机图, 我们可以引进随机超图的概念. 令 $H \sim H(n,p)$ 表示 n 个点上的**随机超图**, 其中每个顶点集的子集都以 p 的概率成为边. 此外, 用 $H_k(n,p)$ 表示 k-**一致随机超图**, 即只有 k-子集可以做边, 并且每个 k-子集成为边的概率为 p.

定义 10.3.9 设 $n = |V(H)|$ 是 k 的整数倍. k-一致超图 H 的一个**完美匹配** (简称为 **PM**) 就是一些互不相交的边的集合, 它们的并恰好是 $V(H)$.

注 10.3.10 当 $k = 2$ 时, k-一致超图 H 的完美匹配即普通图的完美匹配.

寻找 k-一致超图关于包含完美匹配的分水岭是个很有意义的课题. 易知一个随机 k-一致超图 $H(n,p)$ 所含边数的期望是 $\binom{n}{k}p$. 方便起见, 记 $m_p = \binom{n}{k}p$.

定理 10.3.11 若 $m_p = n^2 w(n)$, 这里 w 是任意一个随 n 增大而趋向无穷的函数 (无论多慢), 则

$$\Pr(H_k(n,p) \text{ 有 PM}) \to 1 \quad (n \to \infty).$$

证明从略.

定理 10.3.11 在 $k \geqslant 3$ 的情形十分有用. $k = 2$ 的分水岭问题则是由 Erdős 与 Renyi 解决的.

定理 10.3.12 (文献 [29]) 对随机图 $G(n,p)$, 有以下事实:

$$\Pr(G(n,p) \text{ 有 PM}) \to \begin{cases} 0, & np - \ln n \to -\infty, \\ e^{-e^{-c}}, & np - \ln n \to c, \\ 1, & np - \ln n \to \infty. \end{cases}$$

对一般的 k, PM 分水岭有相应的如下猜想:

猜想 10.3.13 (文献 [50]) 对 k-一致随机超图 $H_k(n,p)$, 有以下事实:

$$\Pr(H_k(n,p) \text{ 有 PM}) \to \begin{cases} 0, & km_p/n - \ln n \to -\infty, \\ \mathrm{e}^{-\mathrm{e}^{-c}}, & km_p/n - \ln n \to c, \\ 1, & km_p/n - \ln n \to \infty. \end{cases}$$

然而, 猜想 10.3.13 的验证十分艰巨. 即使下面这个更弱的猜想也未解决.

猜想 10.3.14 若存在 $\varepsilon > 0$, 使得 $m_p \sim n^{1+\varepsilon}$ $(n \to \infty)$, 则

$$\Pr(H_k(n,p) \text{ 有 PM}) \to 1 \quad (n \to \infty).$$

定理 10.3.11 是迈向猜想 10.3.14 的第一步. 在过去几十年中, 一些关于猜想 10.3.14 的突破包括: 1983 年, Schmidt 与 Shamir 将定理 10.3.11 中的常数幂从 2 优化到 3/2; 1995 年, Frieze 与 Janson 进一步将之提高到 4/3; 2003 年, J. H. Kim 证明了只要 $m_p/n^{1+\frac{1}{5+2/(k-1)}} \to \infty$, 就有 $\Pr(H_k(n,p) \text{ 有 PM}) \to 1$ (文献 [50]). 他们用到的主要工具仍是二阶矩方法, 只是增加了许多极富才智的技术性细节, 有时也依赖于某些复杂的引理.

§10.4 Lovász 局部定理

Lovász 局部定理最初于 1975 年由 Erdős 与 Lovász 证明, 1977 年 Spencer 给出了它的一个推广. 这是一个十分深刻的结果. 对于某些不希望发生的事件 $A_1, A_2, \cdots, A_n$, 我们想要证明它们均不发生的概率为正, 但往往这并非易事. 不过, 当这些事件彼此之间的关联性很低时, Lovász 局部定理便会发挥作用.

定义 10.4.1 给定事件 $A_1, A_2, \cdots, A_n$. 若图 $G = (V, E)$ 的顶点集 $V = [n]$, 且对 $1 \leqslant i \leqslant n$, A_i 与所有的 A_j $((i,j) \notin E)$ 相互独立, 与任何 $A_{j_1}, A_{j_2}, \cdots, A_{j_k}$ $((i, j_r) \in E, 1 \leqslant r \leqslant k)$ 的并集相互独立, 则称 G 为事件 $A_1, A_2, \cdots, A_n$ 的一个**相关图**.

注 10.4.2 根据定义, K_n 总是任何事件 $A_1, A_2, \cdots, A_n$ 的相关图. 定义中条件 "A_i 与任何 $A_{j_1}, A_{j_2}, \cdots, A_{j_k}$ $((i, j_r) \notin E, 1 \leqslant r \leqslant k)$ 的并集相互独立" 是必要的, 其必要性我们可在定理 10.4.3 的证明中看到. 欲找到合理并且有意义的相关图, 我们应在满足这一条件的同时尽量减少边数. 例如, 我们总是可以从 K_n 开始, 逐次去掉一些边. 虽然有时要特别小心, 但是绝大多数情况下, 只要 A_i 与每个单独的 A_j 彼此独立, 便已经可以保证其与这些 A_j 的并也独立. 换言之, 在大多数情况下, 我们可以认为最小的相关图的边集 E 即 $\{(i,j) \mid A_i 与 A_j 不独立\}$.

定理 10.4.3 (Lovász 局部定理, 文献 [69]) 令 $G = (V, E)$ 表示事件 $A_1, A_2, \cdots, A_n$ 的一个相关图. 假设存在实数 $x_1, x_2, \cdots, x_n \in [0, 1)$, 使得对所有 $1 \leqslant i \leqslant n$, 有

$$\Pr(A_i) \leqslant x_i \prod_{(i,j) \in E} (1 - x_j),$$

则有

$$\Pr(\overline{A_1}\,\overline{A_2}\cdots\overline{A_n}) \geqslant \prod_{i=1}^{n} (1 - x_i).$$

特别地, $A_1, A_2, \cdots, A_n$ 均不发生的概率为正.

证明 先证明如下结论: 对事件 $A_1, A_2, \cdots, A_n$ 的任意 m-子列 (为了简单起见, 不妨取子列 $A_1, A_2, \cdots, A_m$), 有下式事实成立:

$$\Pr(A_1 \mid \overline{A_2} \cdots \overline{A_m}) \leqslant x_1.$$

对 m 作归纳证明.

当 $m = 1$ 时, 结论显然成立.

设结论对 $< m$ 成立. 对 m, 不失一般性, 设 $2, 3, \cdots, k$ 就是在集合 $\{2, 3, \cdots, m\}$ 中与 1 相邻的那些顶点. 由等式

$$\Pr(E_1 \mid E_2 E_3) = \frac{\Pr(E_1 E_2 \mid E_3)}{\Pr(E_2 \mid E_3)}$$

以及

$$\Pr(E_1\cdots E_n \mid F) = \Pr(E_n \mid F)\Pr(E_{n-1} \mid E_n F)\cdots \Pr(E_1 \mid E_2\cdots E_n F)$$
$$= \prod_{i=1}^{n} \Pr(E_i \mid E_{i+1}\cdots E_n F),$$

其中 $E_1, E_2, \cdots, E_n, F$ 是同一概率空间的任意事件, 我们得到

$$\Pr(A_1 | \overline{A_2}\cdots \overline{A_m}) = \frac{\Pr(A_1\overline{A_2}\cdots\overline{A_k} \mid \overline{A_{k+1}}\cdots\overline{A_m})}{\Pr(\overline{A_2}\cdots\overline{A_k} \mid \overline{A_{k+1}}\cdots\overline{A_m})}$$
$$= \frac{\Pr(A_1\overline{A_2}\cdots\overline{A_k} \mid \overline{A_{k+1}}\cdots\overline{A_m})}{\prod_{i=2}^{k}\Pr(\overline{A_i} \mid \overline{A_{i+1}}\cdots\overline{A_k}\,\overline{A_{k+1}}\cdots\overline{A_m})}$$
$$= \frac{\Pr(A_1\overline{A_2}\cdots\overline{A_k} \mid \overline{A_{k+1}}\cdots\overline{A_m})}{\prod_{i=2}^{k}\Pr(\overline{A_i} \mid \overline{A_{i+1}}\cdots\overline{A_m})}.$$

由归纳假设知, 上式中的分母至少是

$$\prod_{i=2}^{k}(1-x_i) = \prod_{(1,i)\in E}(1-x_i).$$

而分子则有上界:

$$\Pr(A_1\overline{A_2}\cdots\overline{A_k} \mid \overline{A_{k+1}}\cdots\overline{A_m}) \leqslant \Pr(A_1 \mid \overline{A_{k+1}}\cdots\overline{A_m})$$
$$= \Pr(A_1) \leqslant x_1 \prod_{(1,j)\in E}(1-x_j).$$

故 $\Pr(A_1|\overline{A_2}\cdots\overline{A_m}) \leqslant x_1$, 归纳法完成.

由已证的结论有

$$\Pr(\overline{A_1}\,\overline{A_2}\cdots\overline{A_n}) = \Pr(\overline{A_1})\Pr(\overline{A_2} \mid \overline{A_1})\cdots\Pr(\overline{A_n} \mid \overline{A_1}\cdots\overline{A_{n-1}})$$
$$\geqslant \prod_{i=1}^{n}(1-x_i). \qquad \square$$

下面的推论比 Erdős 和 Lovász 在 1975 年的结果 [28] 还稍强一些,其直接应用非常广泛,很多时候甚至比定理 10.4.3 更方便.

推论 10.4.4 (对称情形的局部定理,文献 [10]) 设 G 为事件 A_1, $A_2, \cdots, A_n$ 的一个相关图,$\Delta(G) \leqslant d$,且 $\Pr(A_i) \leqslant p$ $(1 \leqslant i \leqslant n)$. 若 $ep(d+1) \leqslant 1$,则 $\Pr\left(\bigcap_{i=1}^{n} \overline{A_i}\right) > 0$.

证明 在定理 10.4.3 中,取 $x_i = \dfrac{1}{d+1}$ $(1 \leqslant i \leqslant n)$,并利用对 $d \geqslant 1$ 有 $\left(1 - \dfrac{1}{d+1}\right)^d > \dfrac{1}{e}$ 的事实可证明. □

下面的例子是两个局部定理的简单应用.

定理 10.4.5 设超图 $H = (V, E)$ 的每条边至少有 k 个顶点,至多与其他 d 条边相交,并且 $e(d+1) < 2^{k-1}$,则 H 有性质 B (存在 V 的二着色,使得没有单色边).

证明 对每个顶点 v,独立地以相同概率随机染为红、蓝二色之一. 对于每条边 $a \in E$,令 A_a 表示 "a 为单色" 这一事件. 显然

$$\Pr(A_a) = \frac{2}{2^{|a|}} \leqslant 2^{1-k}.$$

此外,A_a 与所有的 $A_{a'}$ 独立,只要 a' 与 a 不交. 这说明,在相关图中,a 所对应顶点的度数 $\leqslant d$,$\forall a \in V$. 应用推论 10.4.4 即可证明结论成立. □

定理 10.4.6 (文献 [34]) 设 X 为一个整数集,k 充分大,$\mathcal{F}$ 是由一些 X 的 k-子集构成的集合. 若任意 $x \in X$ 都至多被 $\mathcal{F}$ 中的 k 个元素包含,则可以用 $r = \lfloor k/\ln k \rfloor$ 种颜色将 X 染色,使得 $\mathcal{F}$ 的每个元素有至多 $\nu = \lceil 2e \ln k \rceil$ 个点是同色的.

证明 将 X 中的整数随机独立地进行 r-染色,使得每个整数被染成任意颜色的概率都是 $1/r$. 对每个 $S \in \mathcal{F}$ 与颜色 i,令 $A(S, i)$ 表示事件 "S 中 i 色点多于 ν 个". 将推论 10.4.4 应用到事件 $A(S, i)(S \in$

$\mathcal{F}, i \in [r]$) 上去. 注意只要 $S \cap S' = \varnothing$, 就有 $A(S,i)$ 与所有的 $A(S',i')$ 相互独立. 所以考虑如下相关图 G: $V = \{(S,i) \mid S \in \mathcal{F}, 1 \leqslant i \leqslant r\}$, $(S,i) \sim (S',i')$ 当且仅当 $S \cap S' \neq \varnothing$.

令 $d = \Delta(G)$. 由定理关于 $\mathcal{F}$ 的假设, 每个 $\mathcal{F}$ 中的元素至多与其他 $k(k-1)$ 个元素相交, 故 $d \leqslant (1+k(k-1))r - 1 \leqslant k^3 - 1$. 根据推论 10.4.4, 只需证明每个 $A(S,i)$ 发生的概率不超过 $\dfrac{1}{ek^3}$.

由 $|S| = k$ 知, S 中恰好一个固定的子集 $T \subseteq S$ 染成颜色 i 的概率是 $(1/r)^{|T|}(1-1/r)^{k-|T|}$. 对所有基数大于 ν 的 T 求和, 即得 $A(S,i)$ 发生的概率:

$$\begin{aligned}
\Pr(A(S,i)) &= \sum_{\nu < t \leqslant k} \binom{k}{t} \left(\frac{1}{r}\right)^t \left(1 - \frac{1}{r}\right)^{k-t} \\
&= \left(\frac{1}{r}\right)^\nu \sum_{\nu < t \leqslant k} \binom{k}{t} \left(\frac{1}{r}\right)^{t-\nu} \left(1 - \frac{1}{r}\right)^{k-t} \\
&= \left(\frac{1}{r}\right)^\nu \sum_{s=0}^{k-(\nu+1)} \binom{k}{s} \left(\frac{1}{r}\right)^{k-\nu-s} \left(1 - \frac{1}{r}\right)^s \\
&\leqslant \left(\frac{1}{r}\right)^\nu \sum_{s=0}^{k-\nu} \binom{k}{\nu}\binom{k-\nu}{s} \left(\frac{1}{r}\right)^{k-\nu-s} \left(1 - \frac{1}{r}\right)^s \\
&= \left(\frac{1}{r}\right)^\nu \binom{k}{\nu} < \left(\frac{1}{r}\right)^\nu \frac{k^\nu}{\nu!} = \left(\frac{1}{r}\right)^\nu \frac{\nu^\nu}{\nu!} \cdot \frac{k^\nu}{\nu^\nu} \\
&< \left(\frac{1}{r}\right)^\nu e^\nu \frac{k^\nu}{\nu^\nu} = \left(\frac{ek}{r\nu}\right)^\nu \leqslant \left(\frac{1}{2}\right)^\nu < \frac{1}{ek^3}.
\end{aligned}$$

由推论 10.4.4 知, "没有任何 $A(S,i)$ 为真" 这一事件以正的概率发生, 从而满足条件的染色方法必定存在. $\square$

定义 10.4.7 设 N, n, k, t 为正整数, $N > n \geqslant k \geqslant 2$, X 和 Y 分别是基数为 N 和 n 的整数集. 函数 f 称为**隔离了** X 的子集 S, 如果 $f|_S$ 是单射 (也即 $|f(S)| = |S|$); 否则, 称 f **削弱了** S.

一个大小为 t 的 (N,n,k)-**完美 hash 族**是一个从 X 到 Y 的函数序列 $f_1, f_2, \cdots, f_t$, 满足性质: 对每个 X 的 k-子集 S, 至少存在

$f_1, f_2, \cdots, f_t$ 中的一个函数隔离了 S.

对固定的 N, n 与 k, 能保证上述函数族存在的 t 最小为多少? 下面是 2000 年 S. Blackburn 的一个结果, 改进了 1984 年 K. Mehlhorn 的工作 [61].

定理 10.4.8 (文献 [47]) 只要 t 满足下述条件, 大小为 t 的 (N, n, k)-完美 hash 族就必然存在:

$$t \geqslant \frac{1 + \ln\left(\binom{N}{k} - \binom{N-k}{k}\right)}{\ln n^k - \ln\left(n^k - k!\binom{n}{k}\right)}.$$

证明 令 N, n, k 和 t 为固定的正整数. 随机从所有 X 到 Y 的函数中一致独立地选出 $f_1, f_2, \cdots, f_t$. 对每个 X 的 k-子集 S, 令 A_S 表示事件 "S 没有被任何一个 $f_1, f_2, \cdots, f_t$ 隔离", 则 $f_1, f_2, \cdots, f_t$ 形成大小为 t 的 (N, n, k)-完美 hash 族当且仅当所有的 A_S 都不发生. 对每一个 S, 有

$$p := \Pr(A_S) = \left(\frac{n^k - k!\binom{n}{k}}{n^k}\right)^t.$$

定义图 G 如下: 它的顶点集为 X 的所有 k-子集, 顶点 $v(S_1)$ 与 $v(S_2)$ 相邻当且仅当 $S_1 \cap S_2 \neq \varnothing$. 不难看出如此定义的图 G 是事件 A_S: $(|S| = k, S \subseteq X)$ 的相关图. 显然, G 中每个顶点的度都是

$$d = \binom{N}{k} - \binom{N-k}{k} - 1.$$

由推论 10.4.4 知, 只要 $ep(d+1) \leqslant 1$, 就有 (N, n, k)-完美 hash 族存在. 由定理的条件知, 这显然成立. □

注 10.4.9 在文献 [17] 中, 定理 10.4.8 条件中所给不等式右端的分子实际上是 $2 + \ln\left(\binom{N}{k} - \binom{N-k}{k}\right)$. 那是因为 Blackburn 用的

是比推论 10.4.4 更弱的局部定理的形式, 也就是 Erdős 和 Lovász 最初所阐述的结果 (文献 [28]).

关于组合中的概率方法, 本章介绍的仅仅是一些初步知识, 更详细的内容参见文献 [10] 和 [48, Part IV].

习 题 十

1. 2-范德瓦尔登 (van der Waerden) 数 $W(2,k)$ 是使得对集合 $\{1,2,\cdots,n\}$ 中的每个数任意染上红、蓝二色之一, 都会产生一个 k 项单色等差级数的最小正整数 n. 证明:
$$W(2,k) > 2^{\frac{k}{2}}.$$

2. 证明: 任意竞赛图 T 都至少有一条有向的 Hamiltonian 路.

3. 令 $m(k)$ 表示没有性质 B 的 k-一致超图最少可以有的边数, 证明:
$$m(3) \leqslant 7.$$

4. 设图 $G=(V,E)$ 有 n 个顶点和 m 条边, 证明: 若 $n=2k$, 则 G 包含一个至少有 $\dfrac{mk}{2k-1}$ 条边的二部子图; 若 $n=2k+1$, 则 G 包含一个至少有 $\dfrac{m(k+1)}{2k+1}$ 条边的二部子图.

5. 设 $G=(V,E)$ 为没有孤立点的简单图, 且 $|V|=n$. 若 $U\subseteq V$, 且 $N(U)=V$, 则称 U 为 G 的**全控制集**. 令 $\gamma_t(G)$ 表示图 G 的全控制集基数的最小值, 称为 G 的**全控制数**. 证明:
$$\gamma_t(G) \leqslant n\frac{\ln\delta + 1}{\delta}.$$

6. 对随机图 $G \sim G(n,p)$, "$K_3 \subseteq G$" 这一事件有无分水岭函数?

7. 一个电梯大厦共有 $n+1$ 层, 假设每个走进电梯的人选择去往第 $2,\cdots,n+1$ 层的概率相同, 问: 如果有 $3n$ 个人从第 1 层走入电梯, 是否应当预期电梯将停留不少于 $(1-e^{-3})n \approx 0.95n$ 次?

参 考 文 献

[1] 柯召, 魏万迪. 组合论 (上册). 北京: 科学出版社, 1981.

[2] 李乔. 组合学讲义. 北京: 高等教育出版社, 2008.

[3] 潘永亮, 徐俊明. 组合数学. 北京: 科学出版社, 2006.

[4] 邵嘉裕. 组合数学. 上海: 同济大学出版社, 1991.

[5] 沈灏. 组合设计理论. 上海: 交通大学出版社, 1996.

[6] 万哲先. Design Theory. 北京: 高等教育出版社, 2009.

[7] 魏万迪. 组合论 (下册). 北京: 科学出版社, 1987.

[8] 许胤龙, 孙淑玲. 组合数学引论. 第 2 版. 合肥: 中国科学技术大学出版社, 2010.

[9] Alon N, Babai L, Suzuki H. Multilinear polynomials and Frankl Ray Chaudhuri Wilson type intersection theorems. J Combin Theory: Ser A, 1991, 58(2): 165–180.

[10] Alon N, Spencer J H. The Probabilistic Method. 2nd Ed. New York: John Wiley & Sons, 2000.

[11] Andrews G E. The Theory of Partitions. Cambridge: Cambridge University Press, 1998.

[12] Babai L, Frankl P. Linear Algebra Methods in Combinatorics, University of Chicago. Unpublished notes, 1992.

[13] Beame P, Saks M, Thathachar J. Time-space tradeoffs for branching programs//Proc of 39th Ann IEEE Symp on Foundations of Comput Sci, 1998: 254–263.

[14] Berge C. Färbung von Graphen, deren sämtliche bzw deren ungerade Kreise starr sind. Wiss Z Martin-Luther-Univ Halle-Wittenberg Math-Natur Reihe, 1961, 10: 114–115.

[15] Berge C. Some classes of perfect graphs. In Graph Theory and Theoretical Physics. London: Academic Press, 1967: 155–165.

[16] Berge C, L Ramírez Alfonsín J. Origins and genesis//Perfect graphs, Wiley-Intersci Ser Discrete Math Optim. Chichester: Wiley, 2001: 1–12.

[17] Simon R Blackburn. Perfect hash families: probabilistic methods and explicit constructions. J Combin Theory: Ser A, 2000, 92(1): 54–60.

[18] Bonin J, Shapiro L, Simion R. Some q-analogues of the Schröder numbers arising from combinatorial statistics on lattice paths. J Statist Plann Inference, 1993, 34(1): 35–55.

[19] Brualdi R. Introductory Combinatorics. 4th Ed. Upper Saddle River, NJ: Prentice Hall, 2004.

[20] Carlitz L, Riordan J. Two element lattice permutation numbers and their q-generalization. Duke Math J, 1964, 31: 371–388.

[21] Chudnovsky M, Robertson N, Seymour P, Thomas R. Progress on perfect graphs. Math Program, 2003, 97(1-2, Ser B): 405–422.

[22] Chudnovsky M, Robertson N, Seymour P, Thomas R. The strong perfect graph theorem. Ann of Math (2), 2006, 164(1): 51–229.

[23] Chung F R K. Open problems of Paul Erdős in graph theory. J Graph Theory, 1997, 25(1): 3–36.

[24] Davis R L. The number of structures of finite relations. Proc Amer Math Soc, 1953, 4: 486–495.

[25] Diestel R. Graph theory, volume 173 of Graduate Texts in Mathematics. 2nd Ed. New York: Springer-Verlag, 2000.

[26] Dirac G A. On rigid circuit graphs. Abh Math Sem Univ Hamburg, 1961, 25: 71–76.

[27] Egerváry E. On combinatorial properties of matrices. Math Lapok, 1931, 38: 16–28.

[28] Erdős P, Lovász L. Problems and results on 3-chromatic hypergraphs and some related questions//Infinite and Finite Sets (II), Colloq Math Soc János Bolyai. Amsterdam: North-Holland, 1975, 10: 609–627.

[29] Erdős P, Rényi A. On the existence of a factor of degree one of a connected random graph. Acta Math Acad Sci Hungar, 1966, 17: 359–368.

[30] Eu S P, Fu T S. Lattice paths and generalized cluster complexes. J Combin Theory: Ser A, 2008, 115(7): 1183–1210.

[31] Feng R, Kwak J H, Kim J, Lee L. Isomorphism classes of concrete graph coverings. SIAM J Discrete Math, 1998, 11(2): 265–272.

[32] Földes S, Hammer P L. Split graphs having Dilworth number two. Canad J Math, 1977, 29(3): 666–672.

[33] Frankl P, Rödl V. Forbidden intersections. Trans Amer Math Soc, 1987, 300(1): 259–286.

[34] Füredi Z, Kahn J. On the dimensions of ordered sets of bounded degree. Order, 1986, 3(1): 15–20.

[35] Fürlinger J, Hofbauer J. q-Catalan numbers. J Combin Theory: Ser A, 1985, 40(2): 248–264.

[36] Garsia A M, Haiman M. A remarkable q, t-Catalan sequence and q-Lagrange inversion. J Algebraic Combin, 1996, 5(3): 191–244.

[37] Gasparian G S. Minimal imperfect graphs: a simple approach. Combinatorica, 1996, 16(2): 209–212.

[38] Gilmore P C, Hoffman A J. A characterization of comparability graphs and of interval graphs. Canad J Math, 1964, 16: 539–548.

[39] Haglund J, Loehr N. A conjectured combinatorial formula for the Hilbert series for diagonal harmonics. Discrete Math, 2005, 298(1–3): 189–204.

[40] Hajnal A, Surányi J. Über die Auflösung von Graphen in vollständige Teilgraphen. Ann Univ Sci Budapest Eötvös Sect Math, 1958, 1: 113–121.

[41] Hall M. Combinatorial Theory. 2nd Ed. New York: John Wiley & Sons, 1986.

[42] Hall M, Jr, Connor W S. An embedding theorem for balanced incomplete block designs. Canadian J Math, 1954, 6: 35–41.

[43] Hanani H. On quadruple systems. Canadian J Math, 1960, 12: 145–157.

[44] Hanani H. The existence and construction of balanced incomplete block designs. Ann Math Statist, 1961, 32: 361–386.

[45] Hanani H. On balanced incomplete block designs with blocks having 5 elements. J Combin Theory, 1972, 12: 184–201.

[46] Harary F. The number of linear, directed, rooted, and connected graphs. Trans Amer Math Soc, 1955, 78: 445–463.

[47] Hoàng C T. On a conjecture of Meyniel. J Combin Theory: Ser B, 1987, 42(3): 302–312.

[48] Jukna S. Extremal Combinatorics. Berlin: Springer-Verlag, 2001.

[49] Kim J H. The Ramsey number $R(3,t)$ has order of magnitude $t^2/\log t$. Random Structures Algorithms, 1995, 7(3): 173–207.

[50] Kim J H. Perfect matchings in random uniform hypergraphs. Random Structures Algorithms, 2003, 23(2): 111–132.

[51] König D. Über Graphen und ihre Anwendung auf Determinantentheorie und Mengenlehre. Math Ann, 1916, 77(4): 453–465.

[52] König D. Graphen und Matrizen. Math Lapok, 1931, 38: 116–119.

[53] Kreher D L, Radziszowski S P. The existence of simple 6-(14, 7, 4)-designs. J Combin Theory: Ser A, 1986, 43: 237–243.

[54] Kreweras G. Une famille de polynômes ayant plusieurs propriétés énumeratives. Period Math Hungar, 1980, 11(4): 309–320.

[55] Kung Joseph P S, Yan C H. Combinatorics: The Rota Way. Cambridge: Cambridge University Press, 2009.

[56] Lam C W H, Thiel L H, Swiercz S. The non-existence of finite projective plane of order 10. Canadian J Math, 1989, 41: 1117–1123.

[57] Lovász L. A characterization of perfect graphs. J Combin Theory: Ser B, 1972, 13: 95–98.

[58] Lovász L. Perfect graphs//Selected Topics in Graph Theory. London: Academic Press, 1983, 2: 55–87.

[59] MacMahon Percy A. Combinatory Analysis. New York: Chelsea Publishing Co, 1960.

[60] Magliveras S S, Levitt D W. Simple 6-(33, 8, 36) designs from $P\Gamma L_2(32)$//Atkinson M D. Computational Group Theory. New York: Academic Press, 1984: 337–352.

[61] Mehlhorn K. Data Structures and Algorithms. Berlin: Springer-Verlag, 1984.

[62] Meyniel H. On the perfect graph conjecture. Discrete Math, 1976, 16(4): 339–342.

[63] Radziszowski Stanisław P. Small Ramsey numbers. Electron J Combin: Dynamic Survey 1, 116 pp (electronic), 1994, 1.

[64] Ray-Chaudhuri D K, Wilson R M. On t-designs. Osaka J Math, 1975, 12(3): 737–744.

[65] Seymour P. How the proof of the strong perfect graph conjecture was found. Gaz Math, 2006, (109): 69–83.

[66] Shearer J B. A note on the independence number of triangle-free graphs. Discrete Math, 1983, 46(1): 83–87.

[67] Song C. The generalized Schröder theory. Electron J Combin: Research Paper 53, 10 pp (electronic), 2005, 12.

[68] Song C. On permutation paths and signed permutation paths. Far East J Math Sci, 2005, 17(3): 281–298.

[69] Spencer J. Asymptotic lower bounds for Ramsey functions. Discrete Math, 1977/1978, 20(1): 69–76.

[70] Stanley R P. Enumerative Combinatorics (Vol 1). Cambridge Studies in Advanced Mathematics. Cambridge: Cambridge University Press, 1997, 49.

[71] Stanley R P. Enumerative Combinatorics (Vol 2). Cambridge Studies in Advanced Mathematics. Cambridge: Cambridge University Press, 1999, 62.

[72] Stanley R P. Catalan Numbers. New York: Cambridge University Press, 2015.

[73] Teirlinck L. Nontrival t-designs without repeated blocks exist for all t. Discrete Math, 1987, 65: 301–311.

[74] Thomason A. An upper bound for some Ramsey numbers. J Graph Theory, 1988, 12(4): 509–517.

[75] Trotter W T. Combinatorics and Partially Ordered Sets: Dimension Theory. Baltimore, MD: Johns Hopkins University Press, 1992.

[76] Tucker A. Applied Combinatorics. 2nd Ed. New York: John Wiley & Sons, 1984.

[77] West Douglas B. Introduction to Graph Theory. Upper Saddle River, NJ: Prentice Hall Inc, 1996.

[78] Wilf Herbert S. generatingfunctionology. 2nd Ed. Boston, MA: Academic Press, 1994.

[79] Wilson R M. An existence theory for pairwise balanced designs III: Proof of the existence conjectures. J Combin Theory: Ser A, 1975, 18: 71–79.

[80] van Lint J H, Wilson R. A Course in Combinatorics. Cambridge: Cambridge University Press, 1992.

习题答案与提示

习 题 一

1. 构造方法多样. 例如, 可考虑 $(0,1)$ 的一个无穷可数子集 A, 令映射满足限制在 $(0,1)\backslash A$ 上为恒等映射.

2. 令 $X = \{a+bi \mid 1 \leqslant a \leqslant l, 1 \leqslant b \leqslant w, a, b$ 为正整数$\}$; 定义 X 上的偏序关系 $P: x \leqslant y$ 当且仅当 $y - x \geqslant 0$.

3. (a) n^r; (b) $5!21!\binom{22}{5}$; (c) 26×25^9;

   (d) $\binom{13}{1}\binom{4}{3}\binom{12}{1}\binom{4}{2}, \binom{13}{2}\binom{4}{2}^2\binom{44}{1}$; (e) $\binom{29}{25}, \binom{26}{4}$;

   (f) $5 \times 25 \times 24 = 3000$; (g) 78;

   (h) $\binom{18}{5,5,4,4}\Big/(2!)^2, (mn)!/((n!)^m m!)$; (i) 47.

4. 按照先安排女士 (两问分别坐成一排及一圈), 再将男士安排在空隙的方式计数.

5. 先考虑 4 个 I 互不相邻的排法数, 然后从总数中去除. 结果为

$$\binom{11}{1,2,4,4} - \binom{7}{1,2,4}\binom{8}{4}.$$

6. 按先排 M, I, P 再插空排 S 的方式计数, 注意 M 排在两端与否对再放 S 的方法数没有影响. 结果为 $\binom{7}{1,2,4}\binom{9}{4}$.

7. 按 x_1 的个数分类知所求为

$$\sum_{i=0}^{5}\binom{r+k-i-2}{k-2} = \binom{r+k-1}{k-1} - \binom{r+k-7}{k-1}.$$

8. $\sum_{i=0}^{m}\sum_{j=0}^{n}\binom{i+j}{i} - 1 = \binom{m+n+2}{n+1} - 2.$

9. $\binom{2011}{9}$; $\binom{2020}{9}.$

10. 考虑多重集 $\{n \cdot x_1, n \cdot x_2, \cdots, n \cdot x_k\}$ 的 kn-排列的个数.

11. (a) 由定义可证.

   (b), (c) 利用 (a).

   (d) 记 $a_n = \sum_{k=0}^{n}\binom{n+k}{n}2^{-k}$, 利用 Pascal 恒等式递归可得
   $$a_{n+1} = a_n + \frac{1}{2}a_{n+1}.$$

   (e) 用两种方式计算 $(1+x)^{n+l}(1+y)^l(1+x+y)^k$ 中 $x^{l+k}y^l$ 的系数: ① 将 x 看做常数计算 y^l 的系数, 再计算这个系数中 x^{l+k} 的系数, 得到等式左边; ② 将 y 看做常数计算 x^{l+k} 的系数, 注意此时 $(1+x)^{n+l}$ 的展开项中仅 x^i $(i \geqslant l)$ 有贡献, 再计算这个系数中 y^l 的系数, 化简后得到右边.

   (f) 应用 Vandermonde 恒等式.

   (g) 由定义可证.

习 题 二

1. 按首位分类知 $h_n = h_{n-1} + h_{n-2}$.

2. 设所求为 a_n, 考虑 $\{a_n\}_{n=0}^{\infty}$ 的指数型生成函数, 计算得其为 $\dfrac{e^{4x} + e^{2x}}{2}$, $a_n = 2^{n-1} + 2^{2n-1}$.

3. $\dfrac{x(1-x^5)(1-x^8)(1-x^{10})^2}{(1-x)(1-x^2)^3}.$

4. 按是否选取 n 分类可得递推关系.

5. 33.

6. 设所求为 a_n, 则 $\{a_n\}_{n=0}^{\infty}$ 的指数型生成函数为
$$e^{2x}\left(\frac{e^x+e^{-x}}{2}\right)^2(e^x-1).$$

7. 验证关于 Fibonacci 数列的如下递归关系:
$$f_{k+l}=f_{k-1}f_l+f_kf_{l-1}.$$

8. 可设 $b_n=a_n-rn^2-sn-t$, 其中 a,b,c 为合适的待定系数, 使得 $\{b_n\}_{n=0}^{\infty}$ 满足常系数线性齐次递推关系.

9. 固定圆周上这 $2n$ 个点中的某一个点, 按其发出的边分类计数, 可得 $a_n=\sum_{i=0}^{n-1}a_ia_{n-1-i}$ (置 $a_0=1$). 设 $\{a_n\}_{n=0}^{\infty}$ 的普通生成函数为 $f(x)$. 由递推关系式知 $f^2(x)=\dfrac{f(x)-a_0}{x}$, 结合 $f(0)=a_0=1$, 解得 $f(x)=\dfrac{1-\sqrt{1-4x}}{2x}$.

10. 证明对任意固定的正整数 i, 将 $[n]$ 划分成 i 个非空子区间时, 所对应的方法数的普通生成函数为 $f^i(x)$.

11. 证明对任意固定的正整数 i, 将 $[n]$ 划分成 i 个非空子集时, 所对应的方法数的指数型生成函数为 $f^i(x)/i!$.

12. $\{f(n,k,h)\}_{n=0}^{\infty}$ 的普通生成函数为 $\left(\dfrac{x^h}{1-x}\right)^k$.

13. 所求的生成函数为 $\left(\sum_{i=1}^{\infty}ix^i\right)^k=\dfrac{x^k}{(1-x)^{2k}}$, 从而
$$g(n,k)=\binom{n+k-1}{2k-1}.$$

14. $p(n)$ 即方程 $1x_1+2x_2+3x_3+\cdots=n$ 的非负整数解的个数, 从而 $\{p(n)\}_{n=0}^{\infty}$ 的普通生成函数为
$$(1+x+x^2+\cdots)(1+x^2+x^4+\cdots)(1+x^3+x^6+\cdots)\cdots$$
$$=\prod_{i=1}^{\infty}\frac{1}{1-x^i}.$$

15. 设 n 元错位排列数为 d_n, 则 $D_k(n) = \binom{n}{k} d_{n-k}$. 应用例 2.3.44 中 $\{d_n\}_{n=0}^{\infty}$ 的指数型生成函数, 并考察 $\{y^n\}_{n=0}^{\infty}$ 的指数型生成函数, 可证明结论.

16. 利用定理 2.3.57, 可知 $\{\lambda(n)\}_{n=1}^{\infty}$ 的 Dirichlet 生成函数为 $\Lambda(s) = \dfrac{\zeta(2s)}{\zeta(s)}$, 进而通过 $\zeta(2s) = \Lambda(s)\zeta(s)$ 得到想要的结论.

17. 利用例 2.3.58, $\sum\limits_{n \geqslant 1} \dfrac{1}{n} = \zeta(1) = \dfrac{1}{\prod\limits_{p}(1-p^{-1})} \leqslant e^{\sum\limits_p \frac{2}{p}}$.

习 题 三

1. (a) $|A_1 \cup A_2 \cdots \cup A_k|$; (b) $\sum\limits_{t=r}^{n} \sum\limits_{i_1 < \cdots < i_t} (-1)^{t-r} \binom{t}{r} |A_{i_1} \cap \cdots \cap A_{i_t}|$.

2. 令 S 表示所有从 $[m+n]$ 中选取 k 个元素的方法组成的集合; A 表示所有从 $[m]$ 中选取 k 个元素的方法组成的集合; 对 $1 \leqslant j \leqslant n$, A_j 表示所有从 $[m+n]$ 中选取 k 个元素且其中含 $m+j$ 的方法组成的集合. 由 $|A| = |\overline{A_1} \cap \overline{A_2} \cap \cdots \overline{A_n}|$ (全集为 S) 及容斥原理可证.

3. 构想右端的组合意义. 令 S 为 $[2n]$ 的所有 n-子集, 设计相应的性质的集合 $\mathcal{P}$.

4. 228.

5. 只需证
$$\sum_{k=i}^{n} (-1)^{n-k} q^{\binom{n-k}{2}} \begin{bmatrix} n \\ k \end{bmatrix}_q \begin{bmatrix} k \\ i \end{bmatrix}_q = 0, \quad \forall\, 0 \leqslant i < n.$$

利用
$$\begin{bmatrix} n \\ k \end{bmatrix}_q \begin{bmatrix} k \\ i \end{bmatrix}_q = \begin{bmatrix} n \\ i \end{bmatrix}_q \begin{bmatrix} n-i \\ k-i \end{bmatrix}_q$$

化简, 再用归纳法证明.

6. 计算 $\sum_{d\mid n} \mu\left(\dfrac{n}{d}\right) a_d(x^{\frac{n}{d}})$ 即可.

习 题 四

1. 构造从列阵到 $\mathcal{D}_n$ 的双射: 对 $i=1,2,\cdots,2n$, 若 i 在第一行, 向上一步, 否则向右一步.
2. $C_{16} \Big/ \dbinom{32}{16} = \dfrac{1}{17}$.
3. (a) 将这种序列对应到 $\mathcal{D}_n$, 以 $a_i - 1$ 记第 i 次向右所在的高度;
   (b) $b_{i+1} = a_i - i + 1$, $b_1 = 1$;
   (c) $b_i = i - a_i$;
   (d) $b_i = \sum_{k=1}^{i} a_k$.
4. 建立 n 阶 Catalan 序列与 n 阶 Dyck 路之间的一一对应 φ, 使得
$$\mathrm{area}(\varphi(w)) = \mathrm{coinv}(w) - \binom{n+1}{2}.$$
5. 按 n 阶 Schröder 路首次与直线 $x=y$ 相交的位置得
$$S_n = S_{n-1} + \sum_{k=1}^{n} S_{k-1} S_{n-k}, \quad S_0 = 1,$$
解得 Schröder 数的生成函数
$$\sum_{n\geqslant 0} S_n x^n = \dfrac{1 - x - \sqrt{1 - 6x + x^2}}{2x}.$$
6. $\begin{bmatrix} n \\ k \end{bmatrix} = q^k \begin{bmatrix} n-1 \\ k \end{bmatrix} + \begin{bmatrix} n-1 \\ k-1 \end{bmatrix} = \begin{bmatrix} n-1 \\ k \end{bmatrix} + q^{n-k} \begin{bmatrix} n-1 \\ k-1 \end{bmatrix}$.
7. 用归纳法.
8. 用归纳法.
9. 根据其组合定义验证.

10. 根据其组合定义验证.

11. 根据定义计算验证.

12. (a) $\binom{n-1}{m-1}$; (b) $(x + x^2 + \cdots + x^k)^m$.
    (c), (d) 利用上题的结论.

13. (a) 应用 L'Hôpital 法则; (b) 对 k 作归纳.

14. 将互异分拆 $n = n_1 + n_2 + \cdots$ 表示为

$$n = 2^{s_1}(2m_1 - 1) + 2^{s_2}(2m_2 - 1) + \cdots,$$

其中 $n_i = 2^{s_i}(2m_i - 1)$ ($2m_i - 1$ 不一定互异). 这正是一个以 $2m_i - 1$ 为部分的奇分拆. 注意以上表示过程可逆.

习 题 五

1. n 是奇数时为

$$\frac{1}{2n}\sum_{d|n}\phi(d)x_d^{\frac{n}{d}} + \frac{1}{2}x_1 x_2^{\frac{n-1}{2}};$$

n 是偶数时为

$$\frac{1}{2n}\sum_{d|n}\phi(d)x_d^{\frac{n}{d}} + \frac{1}{4}\left(x_2^{\frac{n}{2}} + x_1^2 x_2^{\frac{n-2}{2}}\right).$$

2. 利用定理 5.4.3 计算得 $\dfrac{1}{n}\displaystyle\sum_{d|\gcd(k_1,\cdots,k_m)}\phi(d)\binom{\frac{n}{d}}{\frac{k_1}{d},\cdots,\frac{k_m}{d}}.$

3. 利用第 1 题的结论及定理 5.4.3 计算得

$$\frac{1}{36}\binom{18}{3,\cdots,3} + \frac{1}{18}\binom{6}{1,\cdots,1} = 3\,811\,808\,040.$$

4. 11; 3.

5. 根据其组合定义验证.

习 题 六

1. 构造 18 个 "鸽笼" $\{1\}, \{4, 100\}, \{7, 97\}, \cdots, \{49, 55\}, \{52\}$.
2. 用反证法. 若有某一行不是这样, 不妨设第 i 行上存在 $j < k$, 但是 $a'_{ij} > a'_{ik}$. 由新阵列的排法知

$$a'_{1k} \leqslant a'_{2k} \leqslant \cdots \leqslant a'_{ik} < a'_{ij} \leqslant a'_{i+1,j} \leqslant \cdots \leqslant a'_{mj}.$$

返回到原阵列 $(a_{ij})_{m \times n}$ 讨论, i 个数 $a'_{1k}, a'_{2k}, \cdots, a'_{ik}$ 都在原阵列的第 k 列上, 而 $m - i + 1$ 个数 $a'_{ij}, a'_{i+1,j}, \cdots, a'_{mj}$ 都在原阵列的第 j 列上. 由于这些数共有 $m + 1$ 个, 而总共有 m 行, 所以一定有 $a'_{1k}, a'_{2k}, \cdots, a'_{ik}$ 中的某个数与 $a'_{ij}, a'_{i+1,j}, \cdots, a'_{mj}$ 中的某个数在原阵列的同一行. 故在原阵列的此行上, 第 j 列上的数大于第 k 列上的数, 与原阵列的排法矛盾.
3. 不妨设 $S = \{1, 2, \cdots, |S|\}$. 考察 $|S|$ 行 100 列的 $(0,1)$-关联矩阵 $\boldsymbol{M} = (m_{ij})_{|S| \times 100}$, 其中 $m_{ij} = 1$ 当且仅当 $i \in A_j$. 按行和列分别计算 $\boldsymbol{M}$ 中 1 的个数可证第一问. 为说明 67 是紧的, 令 $|S| = 100$, 再构造每行、每列均有 67 个 1 的关联矩阵, 如置第 i 行第 $i, i+1, \cdots, i+66 \pmod{100}$ 列的元素为 1.
4. (a) 构造 "鸽笼" $\{1, 2\}, \{3, 4\}, \cdots, \{2n-1, 2n\}$;
   (b) 参考例 6.1.5.
5. 先把这些点按横坐标大小排序, 再应用例 6.1.8 中的结论.
6. 将带有整除关系的正整数集看做偏序集, 应用 Dilworth 引理.
7. 构造 2^{t-1} 个 "鸽笼" $\{(A, \overline{A}) \mid 1 \subseteq A \subseteq \{1, 2, \cdots, t\}\}$.
8. 注意 A 的子集个数比 A 中子集的元素和的可能性多.
9. 例如 $\{\{a, b\}, \{b, c\}, \{a, b, c\}\}$.
10. 24.
11. 验证 Hall 条件.
12. 由行列式非零及行列式的计算方法知, 关联矩阵必有不同行不同列的 n 个 1.
13. 对 K_9 的边集进行红、蓝二着色. 若某点至少发出 4 条红边, 则必

存在红色 K_3 或蓝色 K_4; 若每点至多发出 3 条红边, 由 9 是奇数知必有一点至多发出 2 条红边, 从而至少发出 6 条蓝边, 也易证必存在红色 K_3 或蓝色 K_4. 最后构造一个 K_8 的边二着色, 使之既没有红色的 K_3 也没有蓝色的 K_4.

14. 参考定理 6.3.5 证明中的方法, 每次减去一个置换矩阵的 λ_i 倍, 其中 λ_i 取找到的 SDR 中的最小元素.

习 题 七

1. 用归纳法.
2. (a) 易证; (b) 易举反例.
3. 若 $K_3 \nsubseteq G$, 则对任意 $uv \in E$, 有 $d(u) + d(v) \leqslant 2n$, 从而
$$\sum_{uv \in E}(d(u)+d(v)) \leqslant 2n(n^2+1).$$
但另一方面, 有
$$\sum_{uv \in E}(d(u)+d(v)) = \sum_{u \in V} d^2(u) \geqslant \frac{\left(\sum_{u \in V} d(u)\right)^2}{2n},$$
从而 $n^2 + 1 \leqslant n^2$, 矛盾.

4. (a) 构造一个 3-正则图, 使之去掉某个顶点后将剩下 3 个奇数阶的连通分支;
   (b) 此时 $s \geqslant t$, 应用 Hall 定理.
5. 考虑图中一条最长路 $v_1 v_2 \cdots v_n$ 及 v_1 所发出的某另外两条边.
6. $m = n$; $|m - n| \leqslant 1$.
7. 利用 $2(|V|-1) = \sum_{v \in T} d(v) = \sum_{v \in T, d(v)=1} 1 + \sum_{v \in T, d(v)>1} d(v).$
8. G 的顶点数最少的色数为 k 的导出子图就是 k-临界的.
9. 注意与 G 的任意极大匹配 M 中的边关联的所有 $2|M|$ 个顶点构成 G 的一个点覆盖.

10. 利用 $\alpha(G) + \beta(G) = |V|$.
11. 若 V 非弦图, 则存在圈 $v_{i_1} v_{i_2} \cdots v_{i_m}$ ($m \geqslant 4$). 证明 $T_{i_1}, T_{i_2}, \cdots, T_{i_m}$ 这些子树之并中含有圈.
12. $|Z| = \alpha \omega (-1)^{\alpha \omega}$.
13. (a), (b), (c), (d) 根据定义易证.
    (e) 利用 $\alpha(G - v) = \theta(G - v) \geqslant \theta(G) - 1 \geqslant \alpha(G) \geqslant \alpha(G - v)$.
14. 利用完美图或强完美图定理易证这些结论, 但读者仍可 (尝试) 利用完美图的定义来证明这些结论.

习 题 八

1. 证明达到最值的 $|\mathcal{F}|$ 一定是奇数, 且不超过 n.
2. $2^{\lfloor \frac{n-1}{2} \rfloor}$. 归结到偶镇问题.
3. 2^{n-1}.
4. $\binom{n-1}{k}$. 在 $\overline{F_1}, \overline{F_2}, \cdots, \overline{F_m}$ 上应用 Erdős-Ko-Rado 定理.
5. 考虑集族 $\mathcal{F} = \{F \subseteq \{1, \cdots, k+s-2\} \mid |F| = k\}$.
6. 取 k 个两两不交的 $(s-1)$-集合 $A_1, A_2, \cdots, A_k$, 则
$$\mathcal{F} := \{F \mid |F \cap A_i| = 1, \forall 1 \leqslant i \leqslant k\}$$
为不含 s-瓣向日葵的 k-正则集族.
7. $m_s(n) \leqslant \binom{n+s+1}{s} - 1$. 参考定理 8.4.1 的证明.

习 题 九

1. $NN' = J + \mathrm{diag}\{d(x_1) - 1, \cdots, d(x_v) - 1\}$.
2. 不妨设线性空间不是拟束. 已知 $b = v$, 由定理 9.1.3 知任意两条线交点唯一, 再由 de Bruijn-Erdős 定理 (c) 即得证.
3. 由定义验证可得 (对任意一个三边组分情况讨论).

4. 由定义验证可得 (对任意一个三边组分情况讨论). 同构可以对 K_6 的 15 条边用 $\mathbb{F}_2^4 \setminus \{0\}$ 中的元素赋值, 使得每个三角形三边之和为 0, 然后定义区组是和为 0 的三条边的集合, 可验证符合本题的条件.
5. 由定义验证可得 (对任意一个五边组分情况讨论).
6. 利用推论 9.2.10.
7. 由定义验证可得.
8. $S_{\lambda'}(t, v-k, v), \lambda' = \sum_{i=0}^{t}(-1)^{i+1}\binom{t}{i}b_i$.
9. 任意两个区组至多 $t-1$ 个公共点. 存在 $t+1$ 个点的集合 S 不包含在任一个区组中. S 的每一个 t-子集对应其所在的唯一区组 B_T, 每个 B_T 恰有 $k-t$ 个点不在 S 中, 且这 $k-t$ 个点至多在一个 B_T 中 (请读者证明), 所以至少有 $t+1+(k-t)\binom{t+1}{t} = (t+1)(k-t+1)$ 个点.
10. 用 a_i 表示与 B 相交 i 个点的区组数. 计算 $\sum_{i=0}^{k}a_i, \sum_{i=0}^{k}ia_i, \sum_{i=0}^{k}\binom{i}{2}a_i$. 综合起来可计算得到 $\sum_{i=0}^{k}(i-c)^2 a_i$, 把它视为关于 c 的一元二次方程, 由非负性可知判别式小于或等于 0, 进而计算出 $\sum_{i=0}^{k}a_i \geqslant \frac{k(r-1)^2}{(k-1)(\lambda-1)+r-1}$, 其中等号成立当且仅当方程有唯一解
$$c = 1 + \frac{(k-1)(\lambda-1)}{r-1}.$$
11. 直接验证即可. 在 n 阶仿射平面的基础上增加一条无穷远直线可得 n 阶射影平面 (参见定理 9.3.12 的证明).
12. 由定理 9.2.8 即证得 $\lambda(v-2) = (k-1)(k-2)$. 后一结论可利用第 10 题的结论证明 (恰好是等号成立的情况).
13. 设 A 为结构 $\mathcal{D} = (\mathcal{X}, \mathcal{B})$ 的关联矩阵, 由定理 9.3.11 可得.

14. 设 N 为结构 $\mathcal{D} = (\mathcal{X}, \mathcal{B})$ 的关联矩阵, 由已知条件可证 $NN' = (k-\lambda)I + J$, 再由定理 9.3.11 可得.
15. 由定义验证可得.
16. 根据定理 9.3.15, 模 3 可验证不定方程 $z^2 = 6x^2 + 2y^2$ 无解.
17. 仿照定理 9.3.15 证明中的二次式推导可得.
18. 由 STS 的定义知, 验证题目所给结构为 2-$(6t+3, 3, 1)$ 设计.
19. 同上题, 验证题中所给结构为 2-$(v_1v_2, 3, 1)$ 设计.
20. 设 N 为 $\mathcal{S}$ 的关联矩阵, 定义一个置换矩阵 $P = (p_{xy})$, 它的行和列都对应着 $\mathcal{S}$ 的点, 且

$$p_{xy} = \begin{cases} 1, & \alpha(x) = y, \\ 0, & \text{其他情形}, \end{cases}$$

定义另一个置换矩阵 $Q = (q_{AB})$, 它的行和列都对应着 $\mathcal{S}$ 的区组, 且

$$q_{AB} = \begin{cases} 1, & \alpha(A) = B, \\ 0, & \text{其他情形}, \end{cases}$$

则矩阵 P 的迹即为被 α 所固定的点数, 而 Q 的迹是被 α 所固定的区组个数. 由

$$PNQ'(x, A) = \sum_{y \in X, B \in \mathcal{B}} p_{xy} N(y, B) q_{AB}$$
$$= N(\alpha(x), \alpha(A)) = N(x, A)$$

得 $PNQ' = N$ 或 $P = NQN^{-1}$, 从而 P 和 Q 作为相似的矩阵有相同的迹.
21. 由于 $CC' = (n-1)I$, C 的任意不同两行正交, 得到 $n-2$ 个 ± 1 相加为 0, 所以 n 为偶数.
22. 当 $n = 4k$ 时, 不妨设会议矩阵 C 的前三行为

$$\begin{pmatrix} 0 & 1 & 1 & 1 & \cdots & 1 & 1 & \cdots & 1 \\ -1 & 0 & 1 & 1 & \cdots & 1 & -1 & \cdots & -1 \\ -1 & c_{32} & 0 & c_{34} & \cdots & c_{3,2k+1} & c_{3,2k+2} & \cdots & c_{3n} \end{pmatrix},$$

其中 $c_{3j} = \pm 1$ ($j = 2$ 以及 $4 \leqslant j \leqslant n$). 下面证明 $c_{32} = -1$. 令
$a = \sum_{j=4}^{2k+1} c_{3j}$, $b = \sum_{j=2k+2}^{n} c_{3j}$, 则有 $c_{32} + a + b = 0$, $1 + a - b = 0$, 所以 $2b = 1 - c_{32}$. 由 b 是奇数可得 $c_{32} = -1$. 再利用 $a = 0, b = 1$ 来讨论后面各行, 逐一验证即可. 当 $n = 4k + 2$ 时, 类似可证.

23. 略.
24. 结合定理 9.4.11 和定理 9.4.12 一一验证.
25. 直接验证即可.
26. 设 $A = (a_{ij})_{m \times m}$, 写出
$$H = \begin{pmatrix} a_{11}I + a_{21}C & a_{12}I + a_{22}C & \cdots & a_{1m}I + a_{2m}C \\ a_{21}I - a_{11}C & a_{22}I - a_{12}C & \cdots & a_{2m}I - a_{1m}C \\ \vdots & \vdots & & \vdots \end{pmatrix},$$
然后验证即可.

27. 不难看出诸 Z_i, W_i, A_i 均为对称矩阵, 只需验证诸 A_i 中的元素均为 1 或 -1 以及 $A_1^2 + A_2^2 + A_3^2 + A_4^2 = 92I_{23}$ 即可. 事实上,
$$A_1^2 + A_2^2 + A_3^2 + A_4^2 = W_1^2 + W_2^2 + W_3^2 + W_4^2$$
$$= 4I^2 + 4\sum_i Z_i^2 + 4(Z_1 + Z_2 - Z_3 - Z_4 + \cdots)$$
$$+ 8(-Z_1 Z_3 + \cdots)$$
$$= 4I^2 + 4\sum_i Z_i^2 - 4\sum_i Z_i = 4I + 4\sum_i(Z_{2i} + 2I) - 4\sum_i Z_i$$
$$= 4I + 4 \times 11 \times 2I = 92I$$

(这里利用了 $Z_i Z_j = Z_{i+j} + Z_{i-j}$. 对所有 i, 补充定义 $Z_{i+23} = Z_i = Z_{-i}$).

28. 不难证明 (a) $\Leftrightarrow$ (c) $\Leftrightarrow$ (e), (b) $\Leftrightarrow$ (d) $\Leftrightarrow$ (f). 为了证 (c) $\Leftrightarrow$ (d), 可利用它们分别等价于 $NN' = (k-\lambda)I + \lambda J$, $N'N = (k-\lambda)I + \lambda J$, 其中 N 为关联矩阵.

29. 记 $S_1 = A \times (H \setminus B)$, $S_2 = (G \setminus A) \times B$. 直接计算 $G \times H$ 中每个

元素 (i,j) 表示为 S_m 与 S_n $(1 \leqslant m, n \leqslant 2)$ 元素之差的方式数, 验证其和均为 $z^2 - z$ 即可 (分 $i \neq 0$ 且 $j \neq 0$, $i \neq 0$ 且 $j = 0$, $i = 0$ 且 $j \neq 0$ 三种情况讨论).

30. 证明 $q \big| 1^2 + 2^2 + \cdots + \left(\dfrac{q-1}{2}\right)^2$.
31. 利用定理 9.5.7.
32. 可知 A 中任意两元素之差属于 A; B 中任意两元素之差属于 A; A, B (或 B, A) 中各取一元素之差属于 B. 因此, 将 D 中的元素两两作差, 有 $a(a-1) + b(b-1)$ 个属于 A, 有 $2ab$ 个属于 B. 故 $a(a-1) + b(b-1) = \left(\dfrac{v}{2} - 1\right)\lambda$, $2ab = \dfrac{v}{2}\lambda$. 两式相减即得.
33. 利用 $N(p_1^{e_1} p_2^{e_2} \cdots p_r^{e_r}) \geqslant \min\{p_1^{e_1}, p_2^{e_2}, \cdots, p_r^{e_r}\} - 1$.
34. 由书中证明自行补充完整证明.
35. 写出 $\mathbb{F}_q = \{a_1, a_2, \cdots, a_q\}$, 只需证明对任意 $1 \leqslant m, n \leqslant q$, 两 (可重) 集合 $\{(a_i + a_j a_m, a_i + a_j a_n) \mid 1 \leqslant i, j \leqslant q\}$ 和 $\{(a_i, a_j) \mid 1 \leqslant i, j \leqslant q\}$ 相等. 因此只需证明诸 $(a_i + a_j a_m, a_i + a_j a_n)$ 两两不同 (用反证法).

习 题 十

1. 将 $\{1, 2, \cdots, n\}$ 随机二着色. 每个 k 项的等差数列 S 为单色的概率是 $\Pr(A_S) = 2^{1-k}$. 若 $n \leqslant 2^{\frac{k}{2}}$, 则

$$\Pr(\cup_S A_S) \leqslant \binom{n}{2} 2^{1-k} < 1.$$

2. 在任意长度为 k 的有向路中添加一个新的顶点, 一定可以形成长度为 $k+1$ 的有向路.
3. 构造具有 7 条边的 3-一致超图使之没有性质 B.
4. 仅证 n 为偶数的情况. 设 $n = 2k$. 令 $T \subseteq V$ 为从 V 中随机选出的一个 k-子集. 称边 $xy \in E$ 为交叉的, 如果有且仅有 x, y 中的一

个在 T 中. 令 $X = X_T$ 为交叉的边数, 则

$$E(X) = \sum_{(x,y) \in E} X_{xy} = m \frac{k^2}{\binom{2k}{2}} = \frac{mk}{2k-1}.$$

5. 参考定理 10.1.6 的证明.

6. 分水岭函数: $p = 1/n$. 参考定理 10.3.8.

7. 令 X 表示电梯停留次数的随机变量, 则

$$E(X) = n[1 - (1 - 1/n)^{3n}] \approx (1 - e^{-3})n \approx 0.95n.$$

故预期是合理的.